よい　農業の　やり方

GAP＝Good Agricultural Practice

「適正な農業のやり方で生産しよう！」というとり組みのこと

認証

「GAP認証をとる」とは

GAP認証は，第三者機関の審査によりGAPが正しく実施されていることが確認された証明のことである。これによりGAPを実施していることが客観的に証明される。

GAP認証誕生の経緯

GAP認証は，1990年代にヨーロッパで誕生した。

大手スーパーマーケットは，農家に対して農薬の使用基準などを含めた農産物の生産における安全管理について細かく条件を求め，管理をしていた。しかし，農家にとっては出荷先によって基準がバラバラであったため，それぞれ対応方法を変えなければならなく，非常に負担が大きかった。

また，大手スーパーマーケット側にとっても，生産者に自分たちの農産物の安全管理要求を伝え，そのとおりにつくられているかどうかを確認しなければならなかったため，負担が大きかった。

そこで，各スーパーマーケットは共通のルールをつくることによって，世界中どこから仕入れても大丈夫な生産工程の管理のあり方を共通化し，そのレベルが要求レベルを満たしているかを第三者の客観的視点で評価することを開始した。

これがGLOBALG.A.P.（グローバルGAP）（当時はEUREPGAP）認証の誕生の経緯である。

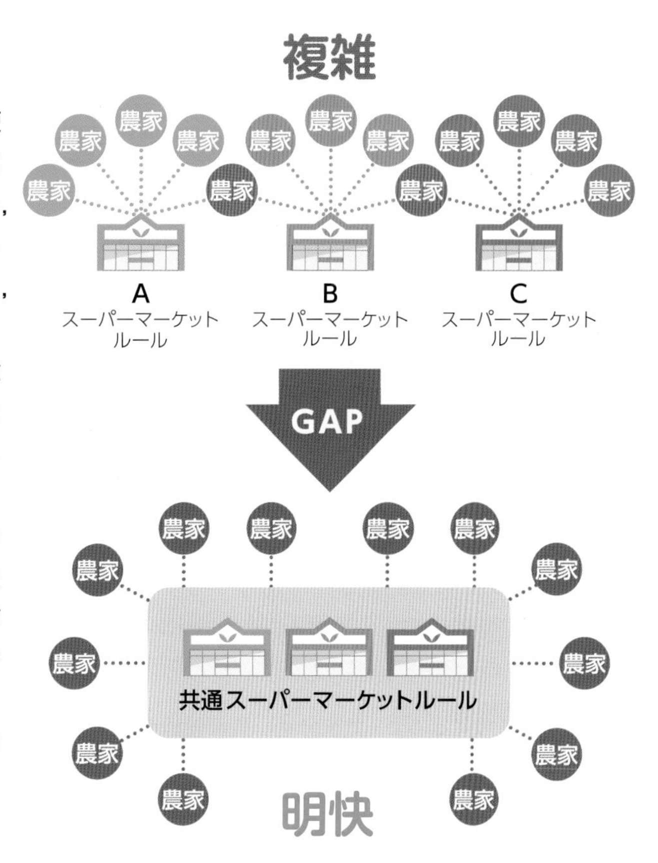

GAP認証の種類

	JGAP	ASIAGAP	GLOBALG.A.P.
運営主体	一般財団法人 日本GAP協会		Food PLUS GmbH（ドイツ）
国内外のマーケットの現状	一部の大手スーパーなどが取得を要求		一部の大手スーパーなどが取得を要求 とくにヨーロッパで普及
東京オリンピック・パラリンピックの調達基準	○		○
GFSI※承認	ー	青果物，穀物，茶について承認	青果物について承認

※GFSI（Global Food Safety Initiative）とは，グローバルに展開する小売業者・食品製造業者などが集まり，食品安全の向上と消費者の信頼強化に向け発足した組織（世界70カ国，約400社が加入するCGF（The Consumer Goods Forum）の下部組織）。

食の安全と消費者の信頼の確保のために実施されているとり組みの概要

とり組み概要図

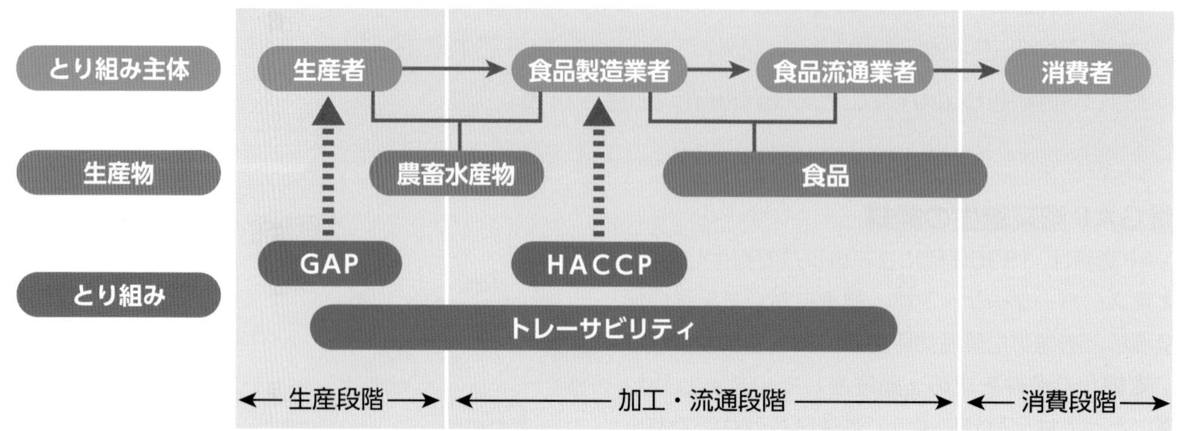

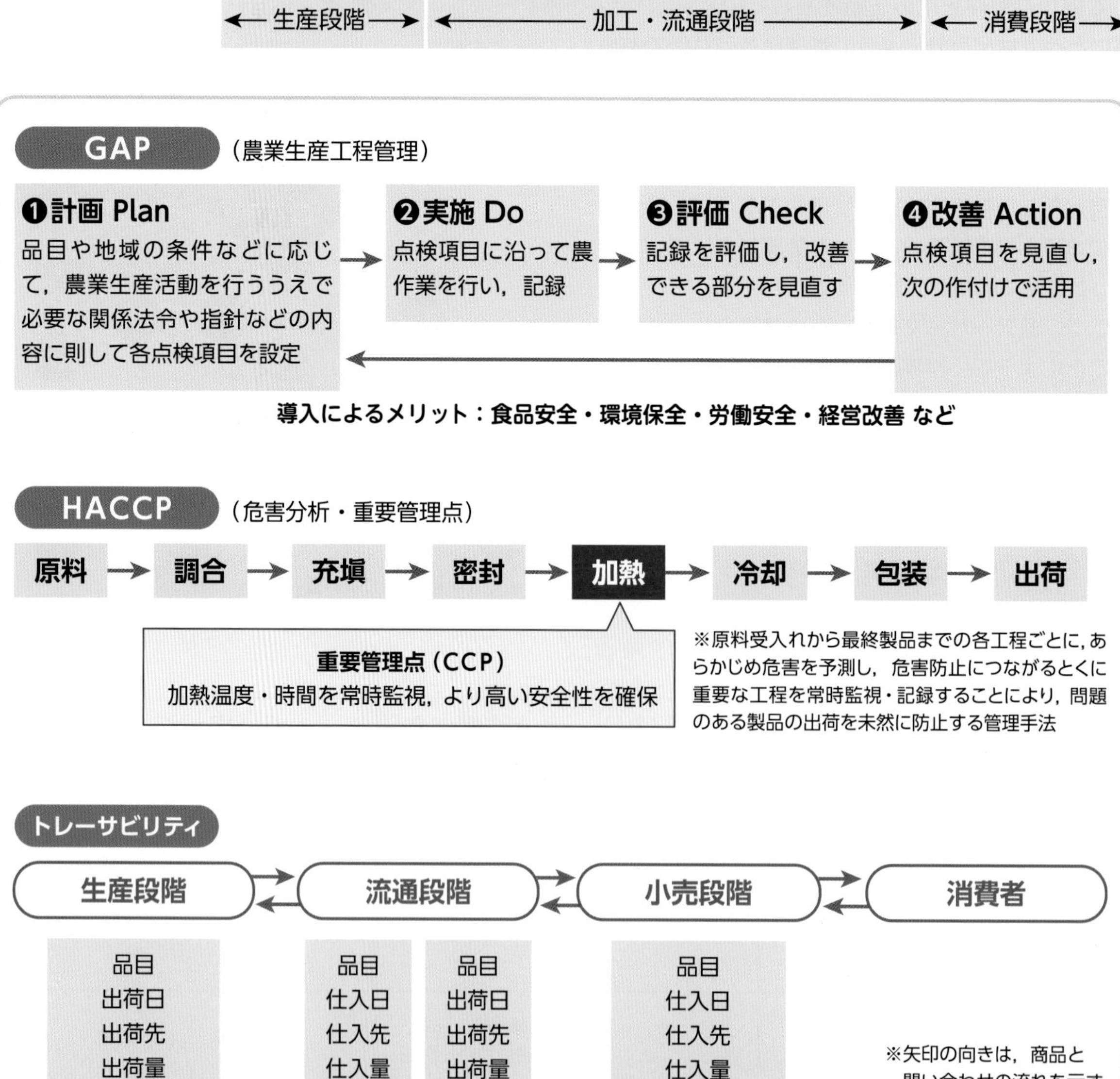

もくじ

第3章
食品流通のしくみと働き

第4章
おもな食品の流通

第5章 食品の品質と規格

第6章 食品の物流

第7章 食品マーケティング

第8章 市場調査・環境分析

凡例

目標	各節の学習目標を示しました。
コラム	本文の内容に関連し，興味ある題材を解説しました。
やってみよう	簡単にとり組める題材を掲載しました。
調べてみよう	自学自習でとり組める課題を掲載しました。
考えてみよう	課題を考察し理解できる問題を掲載しました。
話し合ってみよう	対話学習の題材となる話題を掲載しました。
研究問題	学習した内容を理解するための問題を掲載しました。

序章

「食品流通」を学ぶにあたって

食品流通とプロジェクト学習

「食品流通」を学ぶにあたって

新鮮な野菜・果物，肉類，魚介類，バラエティーに富む加工食品，おいしく調理された惣菜など，私たちは自分の好みにあった食品をいつでも自由に選ぶことができます。こうした私たちの豊かな食生活を支えているのが食品流通です。

レタスを例にして考えてみましょう。全国各地で多くの生産者によって栽培されたレタスは，さまざまなルートをたどって私たち消費者の手元に届きます。そのあいだには，農協などの集荷業者，トラック運送業者，卸売市場の卸売業者，仲買人，スーパーなどの小売店といったさまざまな人々や機関がかかわっていますが，いずれも食品流通の重要な担い手です。もともとは夏の野菜だったレタスが年間を通して食べることができるようになったのは，各地の産地がリレーをして供給する体制が整備されたからですが，そのしくみづくりにも食品流通が関係しています。また，サニーレタスやロメインレタスなどレタスにはいろいろな種類がありますが，消費者がどのようなレタスを求めているかという情報を生産者に伝えることも食品流通の大切な働きです。

そのほかにも，安全な食料を消費者のもとに届けるということも食品流通の働きであり，健康に生活していくために欠かすことのできない「食の安全」を保つ重要な使命も担っています。さらに，国際化や環境といった，現代の社会が直面しているさまざまな課題と食品流通は深くかかわっています。

これから食品流通のことを，さまざまな角度から学んでいきます。この本を通じて皆さんが食品流通を楽しみながら学び，社会のしくみに興味をもつことを期待しています。

……… 食品流通とプロジェクト学習

- プロジェクトの進め方を復習する。
- 「食品流通」の学習の目的を理解する。

1 プロジェクト学習とは

農業学習との相性がよい学習法

食品流通を含む，農業分野の学習には以下のような特徴がある。

(1) 学習の対象が植物，動物，微生物，食品，環境，地域資源，経営，ヒューマンサービスなど幅が広く，さらに日々成長や変化を続けている。

(2) 自分たちが栽培や飼育をしたり，実験や調査を行うことを通じて，体験的に学習できる。

(3) 体験的に学習を進めるときに，よりよいものにしようと工夫や改善をする中で，実践力や想像力が身につく。

農業高校では，このような特徴と相性がよく，効果的とされている学習法が実施されており，その学習法をプロジェクト学習とよんでいる。

プロジェクトを通して学ぶ

プロジェクト学習とは，問題点や課題を発見したうえでプロジェクトを設定し，主体的・計画的にとり組む学習法である。プロジェクトを実施する流れを利用して，新しい知識や技術の習得や科学的な思考力・判断力などを養う。

このことから，プロジェクト学習は課題解決学習ともよばれる。

プロジェクト学習を効果的に行うためには，まずプロジェクトの進め方を理解する必要がある。

2 プロジェクトの進め方

❶ 課題の設定

●現状の把握

身についている知識や技術をもとに，現状を把握する。

●目的・目標の設定

現状をどのように変化させたいのかを考え，プロジェクトを行う目的をはっきりさせる。その目的をなしとげるために必要と考えられる目標を設定する。

●問題点や疑問点の抽出

現状と目標を比較し，問題点や疑問点などをさがす。

●課題の設定

抽出した問題点や疑問点などから，優先的に解決するべきと考えられるものを，プロジェクトの課題として設定する。

❷ 計画の立案

●情報の収集

必要な情報を収集する。

●計画立案

どのような手順や手法でプロジェクトを行うかを計画する。

●計画書の作成

計画が固まったら，内容が具体的にわかるように計画書としてまとめる。

❸ 計画の実施

●実施

計画書に沿ってプロジェクトを実施する。

●データの記録

プロジェクトに関係するデータはできるかぎり詳細に記録し，いつでも振り返ることができるようにする。

●記録の整理

分析・考察を行いやすいよう，記録したデータを整理する。

❶ 課題の設定

❷ 計画の立案

❸ 計画の実施

❺ 次のプロジェクト

●**反省点をいかす**

目標を達成できなかった場合は，反省点に注意して再度プロジェクトを実施する。

●**新しいプロジェクト**

目標を達成しても目的が果たせなかった場合は，違う目標を設定しプロジェクトを実施する。目的が果たせた場合には，新たな目的をみつけプロジェクトを実施する。

❹ 評価・反省

●**分析・考察**

記録したデータを分析し，考察する。

●**評価**

設定した課題は適切であったか。
目的や目標は達成できたか。
計画どおりに実施することができたか。
実施結果を正確に整理し，分析・考察ができたか。

●**反省**

計画どおりに実施できなかった場合や，期待していた結果が得られなかった場合は，その原因を考える。

成果の報告・発表

●**報告書の作成**

プロジェクトの記録と分析・考察結果をもとに報告書を作成する。

●**成果の発表**

プロジェクトの成果を発表会，インターネットまたはマスメディアなどを通じて発信する。

3 食品流通におけるプロジェクト学習

調べてみよう
農業高校では食品流通に関するプロジェクトとしてどのようなことが行われているだろうか。

食品流通を学ぶ目的

「食品流通」という科目を学ぶ目的は，食品の流通とマーケティングに必要な資質や能力を身につけることである。

その目的を達成するために，大きく分けて三つの目標をもとに課題を設定し日々の学習を進めていく。

(1) 食品流通について体系的・系統的に理解するとともに，関連する技術を身につけるようにする。

(2) 食品流通に関する課題を発見し，農業や農業関連産業にたずさわる者として合理的かつ創造的に解決する力を養う。

(3) 食品流通の合理的な管理とマーケティングが経営発展へつながるようみずから学び，農業の振興(しんこう)や社会貢献に主体的かつ協働的にとり組む態度を養う。

食品流通のプロジェクト

実際の食品流通におけるプロジェクトの例をみてみよう。

ある地域では果樹産業が中核をなしているが，近年は販売金額が大きく減少するなど，縮小の一途をたどっている。そこで地元の学校では，果実の価格が高くなる端境期(はざかいき)❶に注目し，収穫後の果実の品質を保った状態で長期保存を行い，出荷時期をずらすことで価値を高め，果樹産業の活性化をめざすプロジェクトにとり組んでいる。

❶農作物などが市場に出回らなくなる時期のこと。これに対して，多く出回る時期を最盛期という。

プロジェクトに必要なもの

実際に上記のプロジェクトを行うとしたときには，農作物の価格形成のしくみや，収穫物の貯蔵法に関する知識，そして，いつ販売すれば価値を高めることができるかを調査・分析する技術などが必要となる。そのため，何も知識や技術を身につけていない状態では，主体的にプロジェクトを計画すること自体がむずかしく，まず知識や技術を身につけていくことが重要である。

しかし，ただ詰め込むのではなく，みずからなぜその知識や技術が必要なのか，どのように活用できるのか考えながら，主体的に学び，食品流通の知識や技術を身につけよう。

そして，いずれは得た知識や技術を活用し，みずから課題を設定しプロジェクトを行い，あらゆる目的や目標を達成していこう。

第1章

現代社会と食品流通

1 ……… 流通の始まりと発展

目標
- ●流通のなりたちを知り，流通とは何かを理解する。
- ●現代の生活と流通のかかわりを学ぶ。

1 私たちの生活と流通

流通とは

昨日の夕食に何を食べたかを思い出してみよう。ご飯やパン，みそ汁，野菜などさまざまな食品が思い浮かぶことだろう。それらの食品は，どのようにして私たちの家庭のテーブルにたどりついたのだろうか。私たちの食生活は，だれかがつくった食品が，さまざまな経路をたどってそれぞれの家庭へ運ばれることによってなりたっている。

だれかがつくったモノを買って生活する立場の人を**消費者**，モノをつくる立場の人を**生産者**[1]とよんでいる。経済が発展し，社会が複雑になればなるほど，消費者と生産者は互いに離れた関係になり，そのままではスムーズにモノの受け渡しが進まない。そこで消費者と生産者のあいだに入り，両者の仲立ちをする働きが必要となってくる。そのような働きを**流通**とよんでいる。

❶農家は農産物を生産する生産者であると同時に，一般の家庭と同じように食料品，衣料品や雑貨などを買う消費者でもある。

調べてみよう
身のまわりにある商品が，どのような経路をたどって私たちのもとに届いたのだろうか。

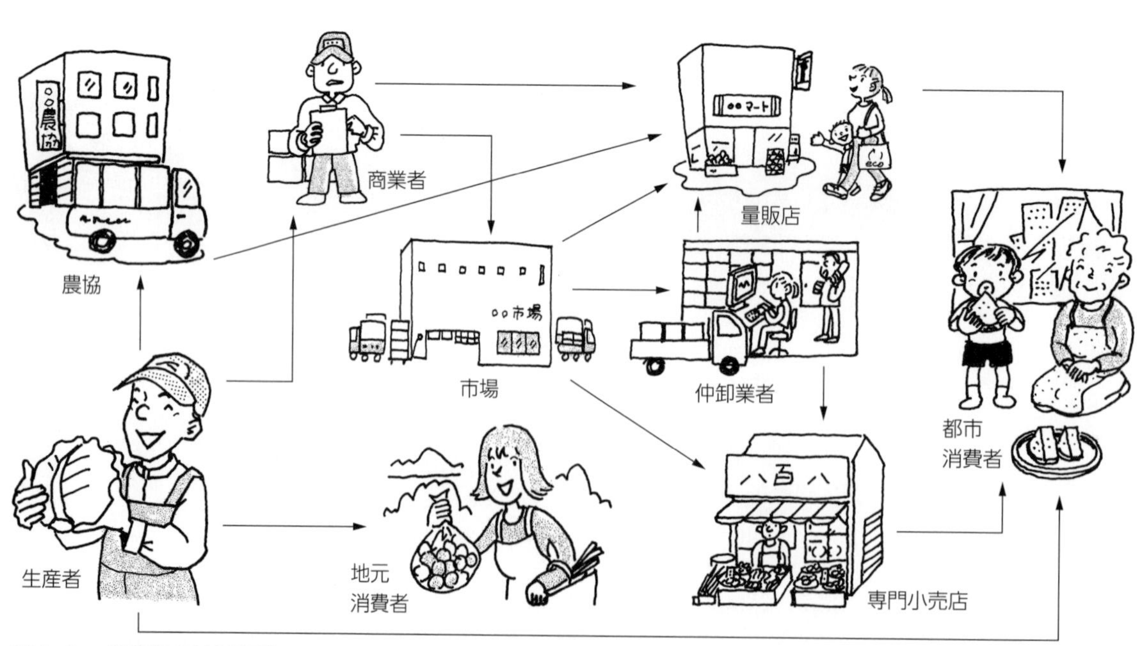

図 1-1　農産物の流通経路のいろいろ

2 自給自足，物々交換から市へ

◆自給自足の生活　「ロビンソン・クルーソー」の物語[1]を読んだことがあるだろうか。乗っていた船が難破し，無人島に漂着したクルーソーが，たった一人で畑を耕し，魚をとり，衣服や家具なども自分でつくって生活する姿を描いた小説である。自分たちだけで何から何までを調達することを，**自給自足**という。経済が発達する以前の原始社会の人々も，クルーソーと同じように身近な集団のなかで自給自足の生活を営んでいた。自給自足をする彼らは外部からモノを調達する必要がないため，流通という働きは必要なかった。

◆物々交換　やがて農業技術が進歩することによって，自分たちの消費量を上回るほどの農産物[2]が生産できるようになった。自分たちで食べきれない農産物を，何かのきっかけで他の地域の生産された農産物やモノと交換するようになる。この**物々交換**が，流通の最初の形である。

◆市の始まり　物々交換がさかんに行われるようになると，今度は特定の場所で行われるお祭りなどの機会を利用し，より多くの人が交換に参加できるように工夫（くふう）がなされた。これが**市**（いち）[3]の始まりである。

❶イギリスの小説家ダニエル・デフォーの小説。第1部の「ロビンソン・クルーソーの生涯と奇しくも驚くべき冒険」は1719年に出版された。

❷**余剰生産物**という。余剰生産物が増えてくると，食料生産以外の仕事に従事する人が多くなり，文明の誕生につながったと考えられる。

❸日本では，邪馬台国（やまたいこく）(2～3世紀)の時代にすでに市があったことが「魏志倭人伝（ぎしわじんでん）」のなかに記されている。

自給自足の生活

余った物を交換する物々交換が始まった。

市の始まり

図1-2　自給自足，物々交換から市へ

3 近代的な流通の発展

◆貨幣経済へ 物々交換では，ちょうどよい交換の相手をみつけるのが大変である。そのような不便をとり除くために，貨幣が用いられるようになった。人々は貨幣さえ持っていれば，好きなときに好きな相手と，自分の欲しい品物を交換することができるようになる。流通はやがて物々交換から，貨幣を仲介とした交換に中心が移っていく。

市が発達し，貨幣経済化が進展するにつれて，人々は自分の得意な分野に専門化し，役割分担をしてさまざまな仕事を行うようになる。これを**分業化**[1]とよぶ。なかには流通を専門に行う人々も現れるようになる。商人と商業の誕生である。また，市における取引のルールが整備され，市場（しじょう）として機能するようになる。

◆流通の高度化 輸送・通信技術が発達し，商品の取引される範囲が拡大し，市場が国全体に広がる。さらに，国境をこえてさまざまな生産物が世界中を行き来するようになる[2]。商品の生産が増え，経済が広がりをもつようになると，流通の働きはますます重要となってくる。

産業は，農林水産業などの第１次産業，鉱業や製造業，建設業などの第２次産業，サービス業の第３次産業に分類することができる。流通業は第３次産業に分類される。経済全体に占める第３次産業の割合が高くなることを**サービス経済化**とよび，経済が発展し，社会が豊かになるほどサービス経済化が進むことが知られている。

❶イギリスの経済学者アダム・スミス(1723―1790)は，「国富論」のなかで，ピンの製造を例にして分業化について述べている。ピンをつくる工程には，針金を引き延ばす作業，それを切る作業，先端をとがらせる作業，ピンの頭部をつける作業などがあるが，それらを一人ですべて担当するよりも，工程ごとにそれぞれの専門家が担当したほうが生産の効率が高くなる。これを**分業化のメリット**(長所)とよんでいる。

❷**経済の国際化**(**グローバル化**)という。食品流通のグローバル化の問題については，p.35を参照。

考えてみよう
身のまわりの作業のなかで，分業化によって仕事がはかどるものはあるだろうか。また，分業化するとなぜ仕事がはかどるのかを考えてみよう。

コラム **電子商取引(eコマース)**

電子商取引とは，コンピュータネットワークを利用して行われる売買取引をいう。パソコンやスマートフォンなどの普及により，消費者がインターネットにアクセスする機会が増え，近年急速に取引量が拡大している。また第３章でみるように，食品流通の分野でも普及が進んでいる。図は日本の電子商取引の状況を示したものであるが，流通における存在感が徐々に高まってきていることがわかる。

消費者向け電子商取引の市場規模
(経済産業省「電子商取引に関する市場調査」による)

2 ……… 流通の働き

目標
- 生産と消費のへだたりについて理解する。
- 流通のおもな働きを知る。

1 生産と消費のへだたり

　生産と消費のあいだに仲立ちが必要なのは，両者に何らかのへだたりがあるからである。では，どのようなへだたりがあるのだろうか。

◆場所的へだたり　モノを生産する場所と，消費する場所が異なっていることである。バナナは暖かい地域でないと生産できないが，寒い地域でもバナナを食べたいという人は多いだろう。農産物に限らずほとんどの商品は，生産地と消費地が離れている。

◆時間的へだたり　モノを生産する時期と消費する時期が異なっていることである。米は秋に収穫されるが，米の消費は1年間を通じて行われる。一方，夏に使われる扇風機は夏よりもずっと前に生産が始められる。

◆人的へだたり　あるものの生産者と消費者が，それぞれ別であるということである。人的へだたりがあるので，消費者がモノを消費するためには，所有権を自分のものにする必要がある。これを所有権の移転というが，モノを買うという行為は，お金を払うことによって所有権が移転することを意味している。

考えてみよう
生産者と消費者とのあいだには，どのようなへだたりがあるか，身近にある商品を例に考えてみよう。

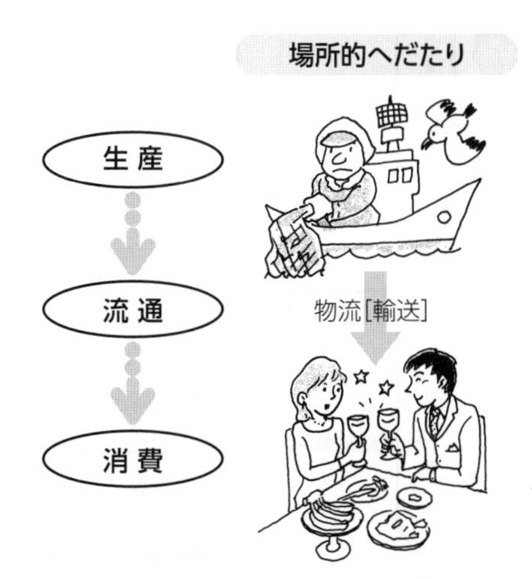

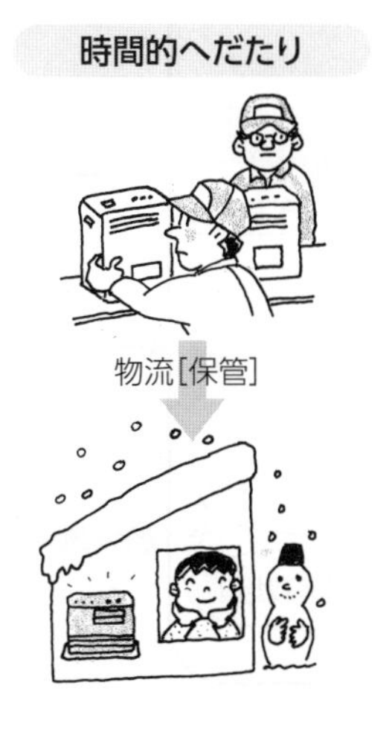

図1-3　生産と消費の三つのへだたり

2 物流，商流，情報流

流通は，**物流**，**商流**，**情報流**という三つの働きをもっている。この三つの流れで，生産者と消費者の場所的へだたり，時間的へだたり，人的へだたりのあいだを埋める。

◆**物流**　場所的へだたり，時間的へだたりを埋める働きをする。場所的へだたりを埋めるために，商品をある場所から他の場所へ移動させることを，**輸送**という。時間的へだたりを埋めるために，商品をある場所にとどめおくことを，**保管**という。物流のおもな役割は，この輸送と保管である。

◆**商流**　人的へだたりを埋める働きをする。生産者と消費者のあいだにたって，所有権と貨幣の交換を仲介することが，商流のおもな働きである。

考えてみよう
さまざまな農産物を例にして，生産者と消費者がもっている情報の違いについて考えてみよう。

◆**情報流**　生産者と消費者では，商品についてもっている知識(情報)は異なっている。情報流は両者の情報をやりとりすることによって，物流と商流を円滑に機能させる働きをする。

たとえば，トマトの生産者は，そのトマトの品種や栽培方法，鮮度などについてよく知っている。それに対して，ふつうの消費者はそのトマトをみただけでは，それがどういうトマトなのかわからない。生産者からトマトに関する情報を入手して，それを消費者にわかるような形で伝える働きが，情報流である。

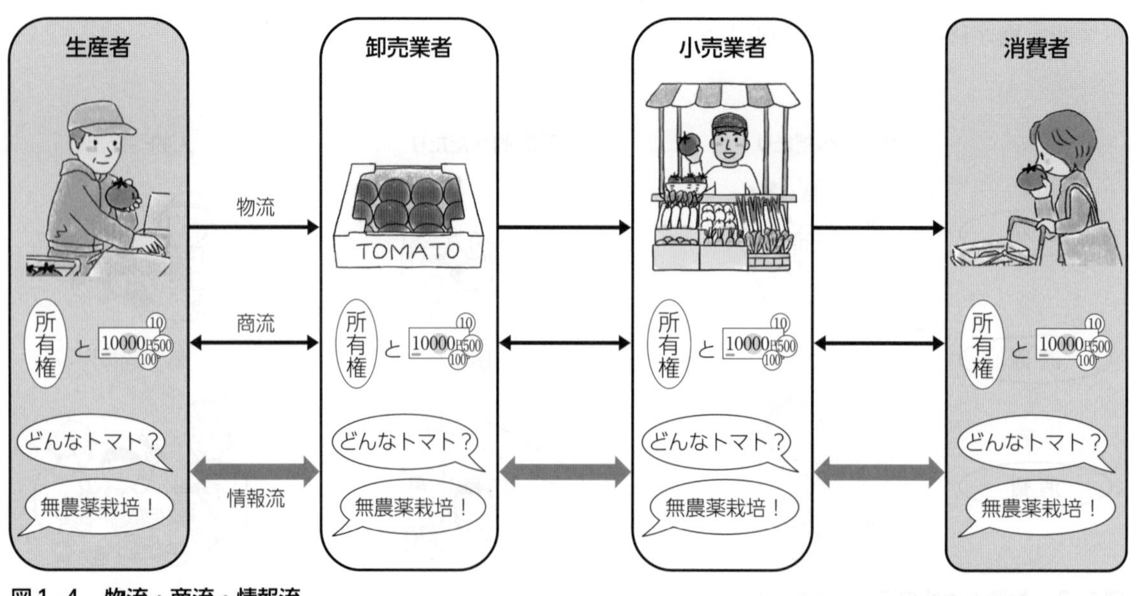

図1-4　物流・商流・情報流

3 流通と費用

取引の単純化

流通のもう一つの大きな働きとして，取引を単純なものにするということがある。図1-5をみてみよう。

この例からもわかるように，生産者と消費者のあいだに商業者がはいることによって取引の数が減る。このように取引が単純化されることによって，モノを流通させるための費用を節約することができる。流通費用の節約は，生産者にとっても消費者にとっても望ましいことであり，流通の大切な社会的役割である。

図1-5左の場合は，生産者と消費者が直接的に取引するので**直接流通**，図1-5右の場合は，両者が間接的に取引するので**間接流通**とよんでいる。モノが生産者から消費者に渡る道筋のことを，**流通経路**というが，直接流通と間接流通は，その最も基本的な形である。流通経路は，商品のもつ特徴や，地理的条件，生産や消費の状況などの要因によってさまざまな形に変化する❶。

❶図1-5の場合は，取引が単純化されたが，商業者が加わることによって，逆に取引が複雑化して，流通費用が増加してしまう場合もある。生産者と消費者のあいだに商業者が何段階かにわたってはいると(**流通の多段階化**)，取引の数は直接流通の場合よりもかえって増加してしまい，流通費用が多くかかかることになる。

考えてみよう
図1-5左で，消費者が6人になったら取引の数はいくつになるだろうか。また同図右で，商業者が2人になったら取引の数はいくつになるだろうか。

〔直接流通〕

1 2 3 4
生産者
消費者
1 2 3 4 5

生産者(企業)が4人いて，それを5人の消費者に販売する状況を考える。まず，図は，生産者と消費者が直接に取引をする場合を表している。生産者から消費者に伸びている線は取引を意味しているが，総取引数は4×5＝20となる。

〔間接流通〕

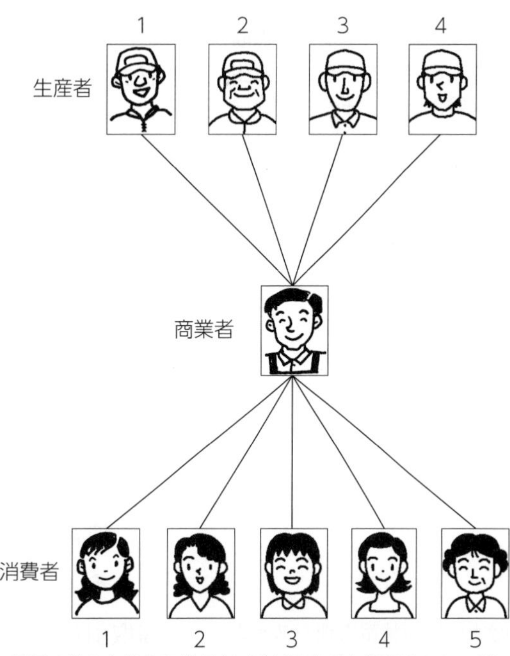

流通の働きを担う商業者(1人)が生産者と消費者のあいだにはいった場合を表している。取引の数はいくつになるだろうか。左の図の場合より大きく減って，4+5＝9となる。

図1-5　直接流通と間接流通

4 流通を支えるしくみ

流通がうまく働くように，現代の社会にはさまざまなしくみが整備されている[1]。

金融

銀行などの金融機関は，企業や家計から余裕資金を預かり(**預金業務**)，資金の不足しているところに貸し付けを行っている(**貸出業務**)。

企業が商品を生産し，流通させるためには資金[2]が必要であるが，銀行などの金融機関は，資金が不足している企業に対して資金を貸し出す[3]ことによって，生産・流通活動を支える役割を担っている。

また売上代金を安全かつ確実にやりとりすることは，流通にとってきわめて大事なことであるが，金融機関は企業にかわって代金の受け払いを代行したり，手形や小切手などの取り立てを仲立ちしたりしている(**為替**(かわせ)**業務**)。

保険

倉庫に保管していた商品が火災で焼失したり，運送中の商品が事故で破損するといった，予測することのできないリスク(危険)に流通活動はつねにさらされている。こうしたリスクに備え，安心して取引が行えるようにするしくみが**保険**[4]である。保険は，同じようなリスクに向き合っているものどうしが資金を出し合い，それを準備金として積み立てておき，そのなかのだれかが損害を受けたときに準備金から損害を補うことによって，企業や個人が直面するリスクを減らす。

情報通信システム

消費者に商品の情報を届けたり，小売店が商品を問屋に発注するためには，必要な情報を伝えるしくみが必要である。コンピュータやデータ通信などに代表される情報技術(IT)の急速な進歩によって，情報通信システムが整備され，大量の情報を素早く確実に伝えられるようになった。それによって，インターネットを使った電子商取引(eコマース)や，第6章で詳しく学ぶ**POSシステム**[5]のような流通管理システムが発達し，流通の姿を大きく変えてきた。

❶第6章で詳しく説明する物流も流通を支える重要なしくみである。

❷機械，施設，店舗など比較的長期間にわたって必要な資金を**設備資金**，原材料費，賃金など比較的短期間に用いられる資金を**運転資金**とよんでいる。

❸銀行が資金を貸し出すには，以下の二つの方法がある。
1)企業がもっている満期前の手形を銀行が買い取ることによって資金を融通する**手形割引**
2)企業などの求めに応じて，一定期間資金を融通し，その見返りに利息を受け取る**貸し付け**

❹保険には，建物や商品などの財産を対象とする**損害保険**と，人の生命を対象とする**生命保険**がある。また損害保険には，火災保険，海上保険，自動車保険などの種類がある。

❺販売時点情報管理システム。詳しくは第6章で説明する。

3 ……… 食品流通の役割

目標
- 過去の事例を通して食品流通の重要性を学ぶ。
- 食品流通に求められる安定性，安全性，効率性を理解する。

1 生活に欠かせない食品流通

「食品流通」も流通の一つの分野であり，これまで説明してきたさまざまな流通の働きは，そのまま食品流通にも当てはまる。その一方，私たちの生活に欠かすことのできない食料を消費者に届けるという重要な使命を，食品流通はもっている。もし，この使命が十分に果たせなかったとしたならば，どのような事態になるのだろうか。次に示す二つの事例は，私たちに食品流通の重要性を教えてくれる。

米騒動

日本人の生活にとって米は欠くことのできない大切な食料であるが，その米がふつうの人々には手の届かないような高値になってしまったとしたら，社会に及ぼす影響は果てしなく大きい。「米騒動」は，いまから100年以上も前に起きた事件であるが，「飢え」に直面した社会がひき起こすパニックのこわさを，私たちに教えてくれる。

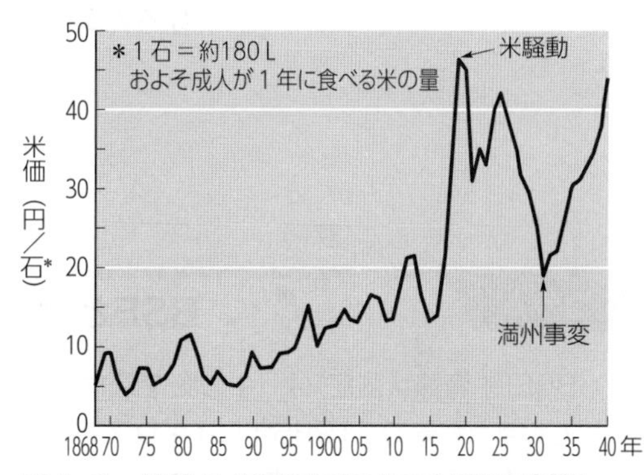

図1-6 明治から昭和にかけての米価の推移

1900年前後から，不作などによって米価はたびたび高騰し，1918年から1920年の暴騰で米騒動が発生した。

図1-7 米騒動（岡山精米会社の焼き打ち）

1918年7月，富山県魚津町の漁民の婦人たちが，米の値下げを要求し，米の県外移送を阻止するために運動を起こした。当時，経済発展によって都市の人口が急速に増大したため，米の消費量は増えていたが，生産はそれに追いつくことができなかった。さらに，将来の米の値上がりをみこして，米商人たちが米の買い占めに走ったので，米の価格は暴騰した。米を買うことができなくなった低所得層の人々が，米価上昇の元凶と思われる米商人や資産家に対してたち上がったのである。
この運動はたちまち全国に広がるとともに，暴動をともなったものとなり，各地の米屋が襲撃された。当初，警察がこの暴動の鎮圧に当たったが手に負えず，結局政府は軍隊を動員することによって，ようやく平静をとり戻すことができた。

東日本大震災

2011年３月11日14時46分頃，三陸沖を震源とする「東北地方太平洋沖地震」が発生した。この大地震とそれにともなう津波によって，東北地方を中心に大きな被害が生じ，多数の尊い人命が失われた。さらに，福島県の東京電力福島第一原子力発電所が被災して大規模な原子力事故が発生し，放射性物質による汚染という私たちがこれまで経験したことのない被害をもたらした。

東日本大震災は，私たちの食生活にも重大な影響を与えた。多くの食品工場が被災することによって，納豆，乳製品，飲料といった食品の生産が大きく減少し，食品包装資材や燃料などの不足，交通網の被害によって，食品の物流も大きく混乱した。さらに食料品を買いだめする消費者が増え，小売店の店頭で食料品の品不足が問題となった。

私たちの食生活を支えている食品の生産・流通が震災によって大きなダメージを受けることによって，東北を中心とした被災地はもちろんのこと，日本全国の消費者が深刻な影響を受けたのである。

コラム

BSEと牛トレーサビリティ制度

BSE(牛海綿状脳症)は，牛の脳をスポンジ状にしてしまう病気で，1986年にイギリスで初めて確認された。BSEにかかった牛を食べることによって，人間にも感染するのではないかという疑いがもたれたことから，世界的に大きな問題となった。日本においても2001年に感染した牛が確認されたが，それによってこれまで安全だと信じられていた国産牛肉の売上は大幅に落ち込み，畜産農家は大きな打撃を受けた。これをきっかけに，牛の飼育からと畜，加工，流通段階にいたるまでの体系的な情報管理の必要性が叫ばれるようになり，2003年に牛トレーサビリティ制度がスタートした。この制度によって，牛１頭ごとに個体識別番号を印字した耳標が装着されるようになり，牛の出生から肉として消費者に提供されるまでのあいだ，その個体識別番号が表示されるようになった。これによって，牛の生産履歴を迅速に追跡できるしくみが整備された。

2 食品流通に求められるもの

「米騒動」や「東日本大震災」の事例は，食品流通の重要性とともに，その果たすべき社会的責任の大きさを教えてくれる。ここでは，現代の社会が食品流通に求めていることを，安定性，安全性，効率性という三つのキーワードからみてみよう。

安定性

私たちは食料なしには生きていくことができない。もし食料が何かの理由によって手にはいりづらくなったら，社会は大混乱におちいるだろう。人々が最低限の文化的な生活を維持していくためには，食料の安定的な供給[1]は欠かせない。社会の人々に食料を安定的に供給するには，農業，水産業，食品加工業などさまざまな業種の協力が必要であるが，食品流通業も非常に重要な役割を担っている。

もし食品流通が混乱するようなことがあったとしたら，不利益をこうむるのは消費者だけではない。食品流通の混乱は，農産物価格の乱高下をもたらし，農業生産者や食品メーカーの経営を不安定にする。食品流通を混乱させることなく，安定的に国民に食料を届けるために，食品流通にたずさわる者は，その社会的責任を自覚し，高いモラルを保つことが求められている。

❶国のレベルで，食料供給の安定性を確保することを，**食料安全保障**という(→p.32)。

2011年3月16日のスーパー。食料の買い出しに並ぶ客の列と，空の棚。

図1-8　東日本大震災時のスーパー

安全性

値段が安く，おいしくても，それを食べると病気になってしまうような食べ物では人々に受け入れられない。私たちにとって食料は，安全であるということがなによりも重要である。

「飽食(ほうしょく)の時代」といわれるように，現在の日本では，さまざまな食品を十分な量だけ確保することができる。しかし，食品の安全性について人々は満足しているだろうか。遺伝子組換え作物などの新しい素材を用いた食品が開発される一方で，国際貿易の進展によって，さまざまな国の農産物が輸入されている。また，残留農薬や食品添加物の有害性，あるいはBSE❶などの未知の病気といったように，食品の安全性については解明しなければならない問題が多く残されており，人々の関心を集めるようになっている。

食品流通は，こうした食品の安全性に深くかかわっている。食品流通にたずさわる組織は，安全な食品を生産者から調達し，輸送，保管の段階で，その安全性がそこなわれないようにする責任がある。また，その食品がどのような原料から，どのようにしてつくられたかという安全性に関する情報を，消費者の求めに応じて的確に提供していくことも，食品流通に求められる大きな役割である。

❶BSE(牛海綿状脳症)はプリオンという特殊なタンパク質によってもたらされる。牛の脳や脊髄を食べることによって人に感染する可能性が指摘されており，BSEに感染した牛が流通しないようにさまざまな措置が講じられている(→p.20)。

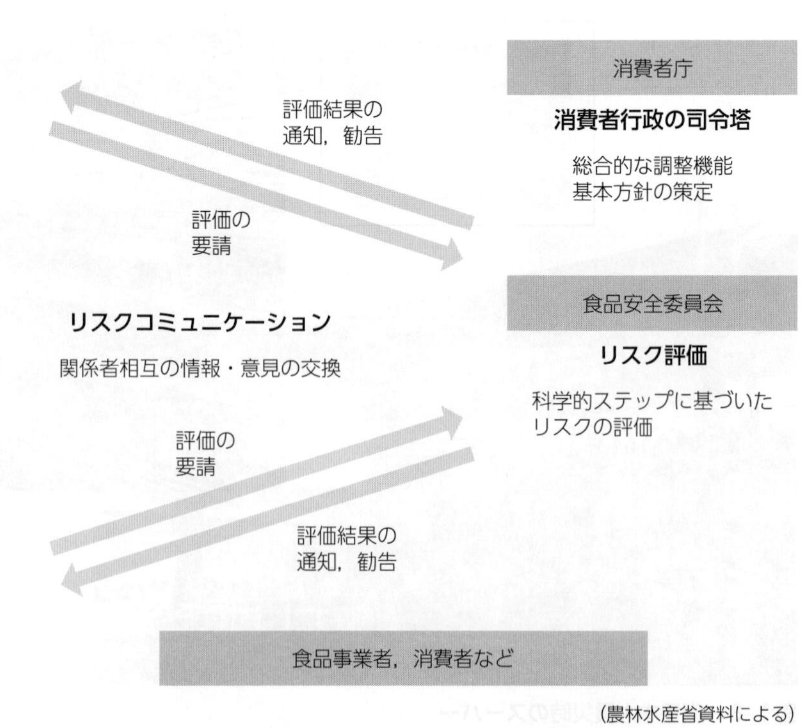

図1-9　食品安全行政の体制

(農林水産省資料による)

効率性

ここでいう効率性とは，食品をできるだけ低いコストで，できるだけ速く，できるだけ少ないロスで消費者に届けることを意味している。

◆低いコスト　図1-10は，ダイコンなどの青果物の小売価格の構成割合を示したものであるが，これによると生産者の受け取る金額は小売価格の約45％にすぎず，あとの約55％は流通経費[❶]である。流通経費の大きさに驚くかもしれないが，もしも，この流通経費を低くすることができたとしたらどうであろうか。消費者は，いまよりも安い価格で食料を手に入れることができるし，生産者の収入の増加も見込まれるなど，社会的なメリットが大きい。

❶野菜のおもな流通経費は，包装・荷造材料費，集出荷経費，卸売会社手数料，その他販売経費などである。

調べてみよう
農林水産省のWebページにアクセスして，図1-10の報告書からさまざまな青果物の流通段階別の価格を調べてみよう。

◆鮮度の維持　食料品，とくに生鮮食料品は鮮度が商品の価値を決める。消費者に付加価値の高い食料品を提供するためには，スピーディな流通のしくみをつくり上げることが不可欠となっている。

◆少ないロス　現代の日本では，食べ残しなど食品のむだをよく目にするが，流通段階でも売れ残り商品の廃棄などによって，かなりの**食品ロス**[❷]が生じている。こうした食品ロスを減らすことは，コスト削減といった観点だけでなく，廃棄物の処理にともなう環境負荷の軽減にも役立つことである。

❷製造・流通段階で廃棄された食品や「食べ残し」のこと。

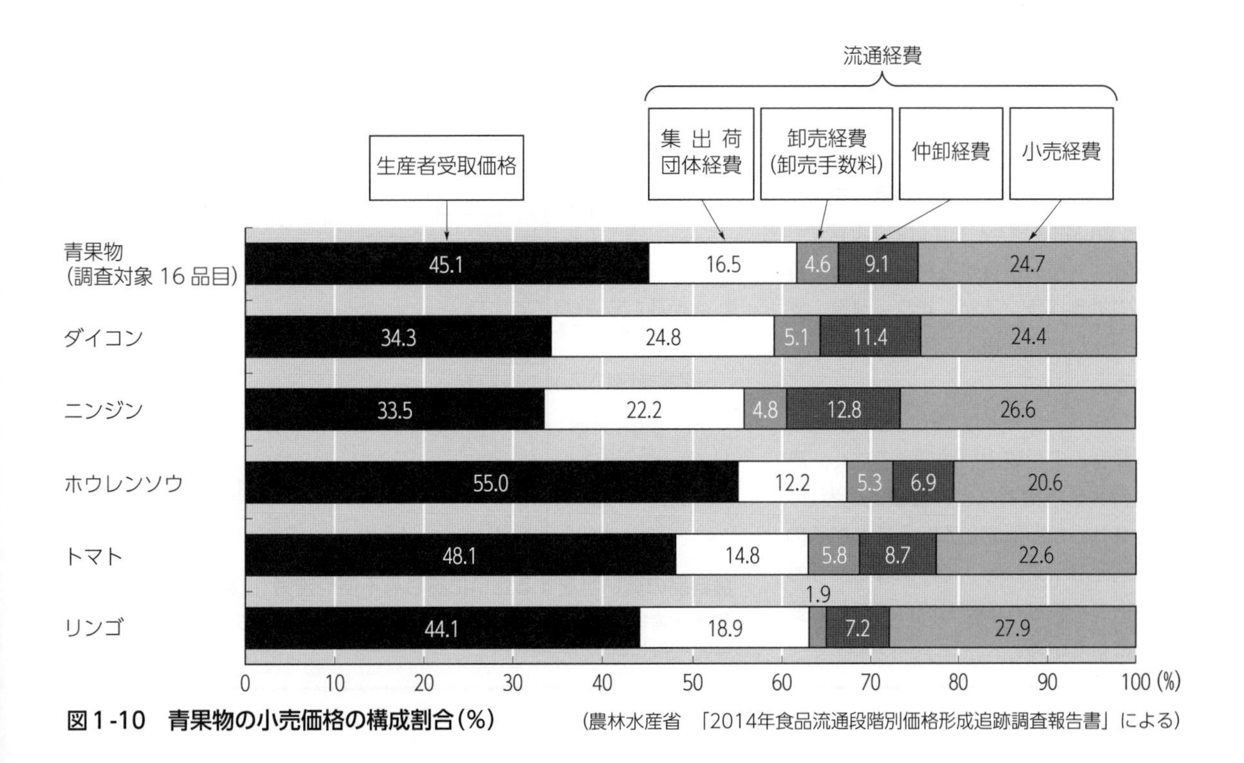

図1-10　青果物の小売価格の構成割合(%)　(農林水産省「2014年食品流通段階別価格形成追跡調査報告書」による)

研究問題

1 自分が住んでいる地域で，もし自給自足をしなければならなくなったら，どのような状況になるか考えてみよう。

2 身近な食品をいくつか選び，それぞれが，どこで，誰によって生産され，加工され，流通してきたかを調べてみよう。

3 流通のおもな働きについて，まとめてみよう。

4 買い物をするときに，商品に関する情報を，どこから，どのようにして入手しているかを調べてみよう。

5 自分の身のまわりで，どういった食品ロスが発生しているかを調べてみよう。

6 食品の価格が大きく変動したら，誰がどのように困るかについて考えてみよう。

7 食品の安全性について，流通がどのような役割を果たせるかを考えてみよう。

8 食品流通に何を期待するかについて，みんなで話し合ってみよう。

コラム

フードデザート（食の砂漠）問題

フードデザート（food desert）とは，地元の食料品店が撤退したり，交通機関を利用することができないなど，さまざまな理由によって生鮮食料品を手に入れることが困難になった地域のことを意味している。過疎化が進んだ地域，高地価のためスーパーなどが移転してしまった都市の中心部，自家用車を利用できない高齢者が多く住む地域など，フードデザートは現代の日本社会でも決してめずらしい存在ではない。フードデザートで暮らす人々は「買い物難民」ともよばれているが，新鮮な食料品が食べられないために食事の栄養バランスがくずれ，健康に支障をきたすなど多くの困難に直面している。

フードデザートはたんに食料品店と消費者との距離の問題だけでなく，高齢者や低所得者などの社会的弱者が，地域社会から孤立していることがその原因となっている。その意味で，福祉や街づくりなどの総合的な対策が必要とされている。

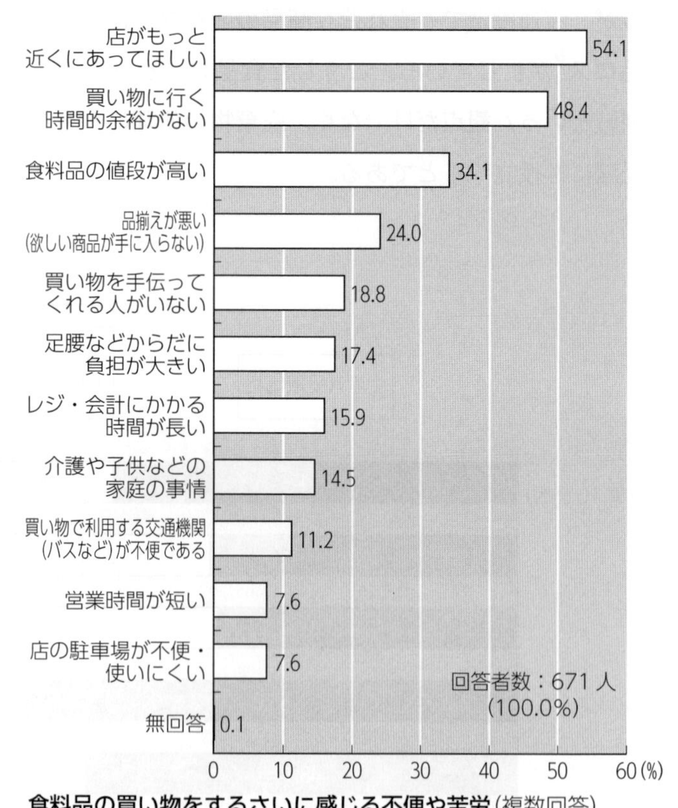

食料品の買い物をするさいに感じる不便や苦労（複数回答）

（農林水産省「食料品アクセス（買い物弱者等）問題に関する意識・意向調査」（2016年）による）

第2章

経済活動と食料

1  経済発展と食料消費

目標
- 所得水準と食料消費の関連，日本の特徴を理解する。
- 文化や宗教が食料消費に及ぼす影響を理解する。

1 経済システムの基本

現在の私たちの経済体制は，資本主義経済とよばれる。企業が，資本，労働，原材料をもとに生産を行い，消費者が，みずからの所得をもとに消費する。消費者の多くは，企業に雇用される労働者である。政府は経済活動においては補助的な役割を果たす。

資本主義経済が運営される基本は，モノやサービスが商品として自由に取引される**市場経済システム**にある。企業は利潤の最大化をめざし，消費者は幸福を追求するが，いずれも，みずからの自由意思にしたがって行動する。

◆経済規模をはかる諸指標　経済活動の規模は，生産・消費されるモノとサービスの金額によってはかられる。一般的な指標には，**国内総生産**（**GDP**❶），**国民総生産**（**GNP**❷），**国民総所得**（**GNI**❸），**国民所得**（**NI**❹）などがある。いずれも**付加価値**❺ではかられる。ふつう，経済成長とはこれらの数字の増加率で示される。

戦後の復興を終えた日本は，1950年代の後半から高度経済成長とよばれるめざましい経済発展をとげ，先進国の仲間入りをした。

❶Gross Domestic Product の略。

❷Gross National Product の略。GDPに外国から受け取る純所得を加えたもの。

❸Gross National Income の略。基本的にはGNPとかわらない。世界銀行などが用いている指標。

❹National Incomeの略。次式で定義される。GNIとは根本的に異なる概念。
GNP－固定資本減耗
　（減価償却）
　－間接税
　＋補助金

❺商品の生産・販売，サービスなどにより新たにつけ加えられた価値額で，売上から，原材料費などを除いて計算される。労働に対する報酬や資本への収益などの所得となる部分である。

コラム　真の豊かさとは

GDP，GNPなどの数値は，戦争のための武器を生産しても，公害被害で医療費がかかっても増加するもので，真の豊かさを反映しない面もあると指摘されてきた。しかし近年では逆に，情報通信サービスやコンピュータの性能向上が価格に反映されないなど，実質的な豊かさが高まっているという指摘がある。

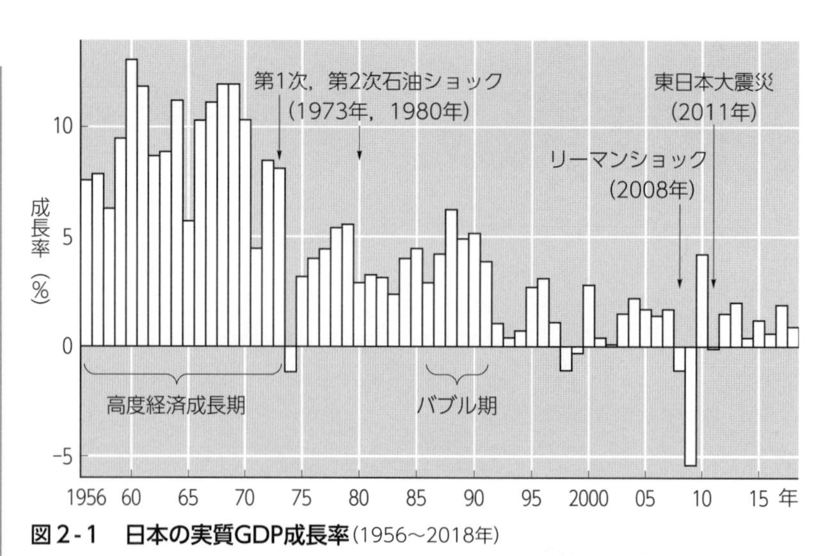

図2-1　日本の実質GDP成長率（1956～2018年）
（内閣府「国民経済計算」による）

2 所得水準と食料消費

エンゲル係数と食料消費

いま，世界全体で８億人をこえる人々が，十分な栄養を摂取できない状況にあるとされる。一方で，わが国など先進国では，飢(う)えに苦しむ人はほとんどおらず，むしろ豊かな食生活を楽しんでいるといえる。

どのような食品をどれほどの量だけ消費するかは，その国の食習慣，文化や伝統のほかに，**所得水準**[1]と大いにかかわっている。慢性的栄養不足をもたらす最も重要な要因の一つは，所得水準が低いことである。所得水準が低いと，一般に所得のうち多くの部分を食料のために支出しなければならない。逆に所得水準が高まり，十分な食料を購入できるようになった人々は，増加した所得のうちより多くの部分を，食料費以外の支出に振り向けるようになる。

家計支出のうち，食料費の占める割合のことを**エンゲル係数**[2]とよぶ。エンゲル係数は，所得水準の上昇とともに低下する傾向がみられる。この傾向を**エンゲルの法則**とよぶ(図２-２)。

❶一般に，GDPやGNI，GNPを指標として用いるが，図２-２のような国際比較を行うさいには，ふつう各国の通貨を米ドル(US ＄)に換算する。

❷数式でかくと，

$$\frac{\text{食料費}}{\text{家計支出}}\times 100(\%)$$

エンゲル係数が50％以上，つまり，家計支出の半分以上を食料費にあてなければならないのは，経済的にかなりきびしい状況といえる。

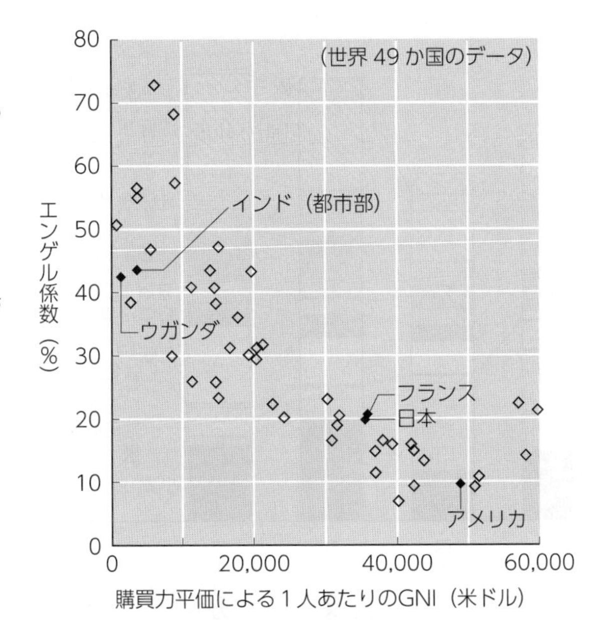

図２-２　所得水準とエンゲル係数との関連

(GNIは世界銀行，エンゲル係数は国際労働機関による)

注：GNIは2011年の，エンゲル係数は2003年頃のデータを中心に作成。購買力平価とは，為替変動や物価水準の違いを考慮した指標。

コラム　主食となる作物の地域性

所得の低い段階では，生存に必要な栄養を摂取することが第一の目的となり，最も安価で長期間保存できる食品を中心に消費される。各国で伝統的に生産されている主食穀物がそれであり，日本や多くのアジア諸国の場合は米，ヨーロッパや北アメリカなどでは小麦だが，アフリカ諸国などのように，トウモロコシ，モロコシ(ソルガム)などの雑穀やキャッサバ(穀物ではない)が主食とされてきた地域もある。

トウモロコシ

キャッサバ

食生活の高度化

所得水準の上昇は，消費される食品の構成にも影響を与える。主食穀物の消費割合はしだいに減少し，やがて絶対量でも減少するようになる。かわって消費されるのは，食肉や牛乳・乳製品・油脂など，より高価で栄養価も高い食品となる。食事内容は豊かでバラエティに富んだものとなり，また外食費の割合も高まる。以上のような変化を**食生活の高度化**とよぶ。

図2-3は，世界のいくつかの国に関する食料消費パターンである。エチオピアとウガンダは低所得国で，供給カロリーも低水準である。インドは平均的には十分なカロリー供給量である。多くの欧米諸国はアメリカと似た消費パターンを示すが，**高所得国**❶のなかで，日本は穀物消費が比較的多い消費パターンを示す。

宗教・文化的背景と食料消費

食生活を形づくる文化や伝統としては，宗教や思想・信条もしばしば重要な役割を果たす。イスラム教では酒類や豚肉が禁忌(きんき)とされる❷。また，ベジタリアン❸が食肉などの動物性食品を避けるなどの例がみられる。

❶「先進国」,「発展途上国」とは，分類が少し異なる。世界銀行は，2017年の1人あたりGNIを基準とした場合，低所得国(995米ドル以下)，低位中所得国(996～3,895米ドル)，高位中所得国(3,896～12,055米ドル)，高所得国(12,056米ドル以上)の分類を公表している。

❷たんに食材の問題だけではなく，家畜のと殺方法など，生産過程においても多くのしきたりがある。

❸菜食主義者と訳される。無精卵や乳製品を食べるケースや食べないケースなど，さまざまな形式がある。日本の精進料理もベジタリアン食であるといえる。

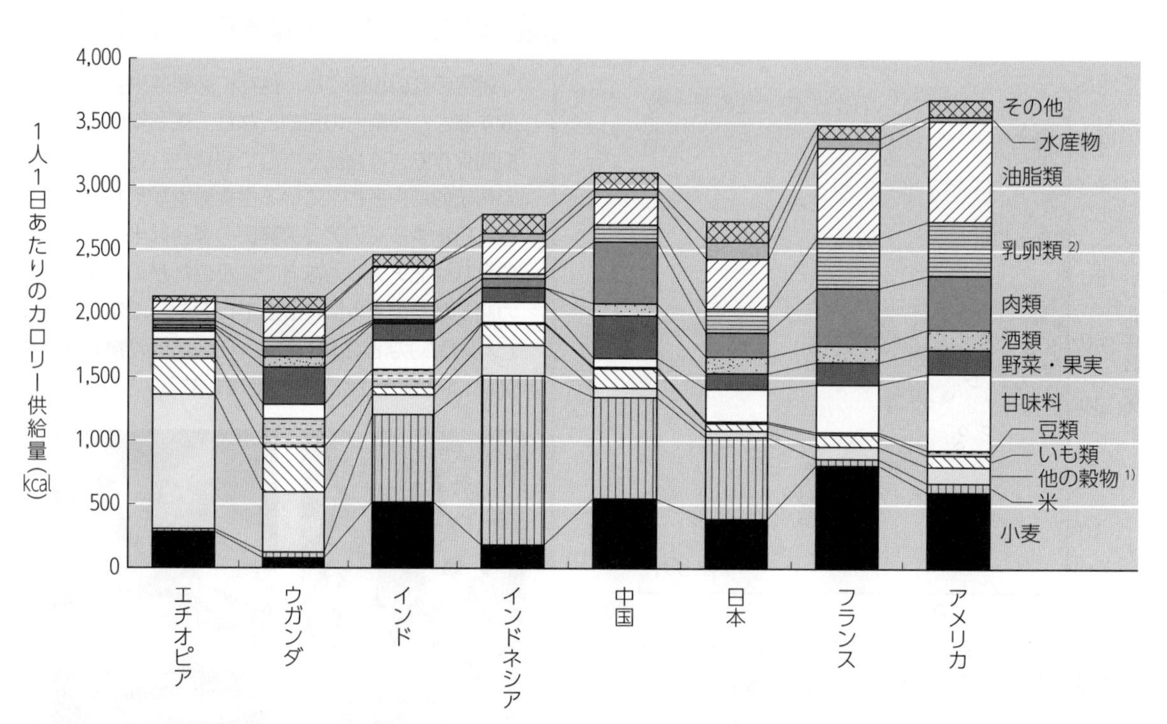

図2-3 各国の品目別カロリー供給量(2013年)　(国連食糧農業機関(FAO)の統計システム(FAOSTAT)による)

注：1)おもにトウモロコシ。
2)牛乳・乳製品および鶏卵。バターは油脂類に含まれる。

2 ……… 世界の食料事情

目標
- ●世界の食料生産と人口の関係を知る。
- ●国際食料価格の特徴と貿易の流れを知る。

1 増加する人口と食料生産

戦後の人口爆発

1950年に約25億人だった世界の人口は，2017年に75億人をこえ，国連による人口予測の中位推計では，2030年に85億人に達すると見通されている。人口増加のほとんどは，相対的に貧しい発展途上国とよばれる国々で起こっている。発展途上国の人口が占める割合は，1950年から2020年にかけて68％から84％に上昇し，2030年には約85％になると見通されている。先進国の人口はかなり以前から安定し，日本の人口はすでに減少局面となっている。しかし多くの発展途上国では，今なお高い割合で人口が増加している(図2-4)。食料生産は大丈夫だろうか。

食料生産の動向

図2-4で1961年と2013年の1人1日あたりの**食事エネルギー供給量**[1]をみると，世界平均で約2,200kcalから約2,900kcalに増加した。平均的には十分すぎるほどの量である。食料生産は人口増加率を上回る速度で増加したことがわかる。

❶供給された食料を熱量単位に換算したもの(生産量＋輸入量－輸出量±在庫の増減)。国民が実際に摂取したものよりはやや多くなる。結果として，食料需要に等しいとみる。エネルギー供給量はカロリー供給量と同義。

調べてみよう
人間に必要な食事エネルギー量は1日あたり何kcal(キロカロリー)か？ただし年齢・性別・体重，運動量(横になっているだけ，ふつうに働く，重労働など)によって必要量は異なる。

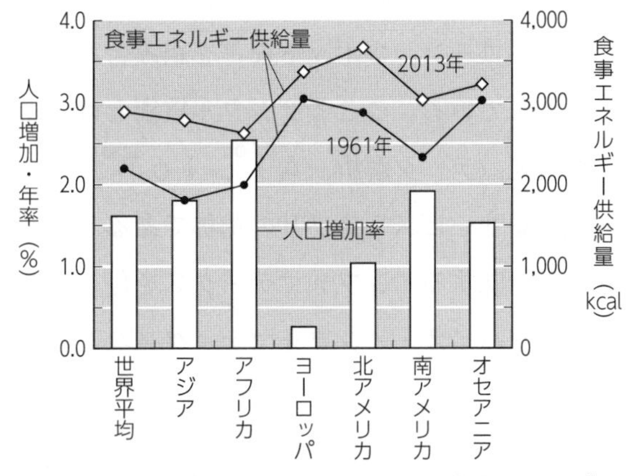

図2-4 人口増加率と1人1日あたり食事エネルギー供給量の変化(1961～2013年)

(FAOSTATによる)

コラム 世界の人口と「人口爆発」

新石器時代の紀元前7000年には500万人程度であった世界の人口は，農耕や牧畜の広がりを契機に増加率を高め，西暦元年頃には3億人に，さらに産業革命の時代を経て，世界の人口はそれまでにない急激な増加を始めた。とくに第2次大戦後の人口急増は「人口爆発」とよばれる。このような人口の推移をあえて図で示すならば，下図のようになる。

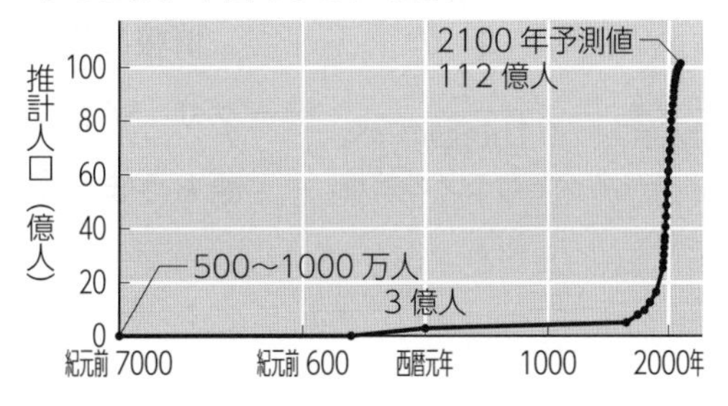

食料生産の増加要因

おもなエネルギー源となる穀物について，世界全体の生産量が増加した要因をみると，収穫面積はあまり増加していないが，単位面積あたりの収量が増加したことが大きい。単位面積あたりの収量増加をもたらしたのは，灌漑の発達，**緑の革命**[1]とよばれる技術進歩，化学肥料の増加などである。食肉，牛乳，鶏卵などの畜産物生産においても，品種改良や飼養管理技術の向上などによって飼料効率が著しく向上した。

水産業の発展

国連食糧農業機関(FAO)によると，世界の漁業生産量は1950年頃の2000万トンほどから，近年では２億トンをこえた。農業生産をはるかにしのぐ増加率である。しかし，近年の漁業生産の増加を支えているのはもっぱら養殖漁業で，天然資源を採取する漁獲漁業の生産量は，1990年代末以降に9000万トン台まで増加したのち，ほとんど増加しなくなった。

バイオテクノロジーの役割とインフォマティクス

緑の革命のように，食料生産力を高める技術進歩は，バイオテクノロジーあるいは遺伝子工学の発展に支えられてきた。この分野では**遺伝子組換え作物**[2]に注目が集まるが，**生物農薬**[3]，**組織培養**[4]，**人工授精**[5]，**受精卵移植**[6]，**バイオリアクター**[7]など，現代ではむしろローテクとよべるものを含む多くの技術が古くから広く利用されてきた。

また，食料生産のさらなる効率化と資源の節約をもたらす新たな技術革新として，栽培環境を精密にコントロールする植物工場や，デジタル技術とセンサー，ドローン，ロボットなどを組み合わせるスマート農業などが注目されている。ここでデジタル技術とは，インターネット，携帯端末技術，データ解析，ＡＩ[8]，ＩｏＴ[9]，さらにはデジタル的に提供されるサービスやアプリの総称である。

情報に関連する諸分野を意味するインフォマティクスを付したアグリ・インフォマティクスやバイオ・インフォマティクスなどの用語もうまれている。

❶イネ，コムギなどの高収量品種の開発・普及による技術革新。

❷伝統的な品種改良によってではなく，いわゆる遺伝子組換え技術によってうみ出された作物(→p.133)。

❸病害虫・雑草の防除に利用される微生物，天敵，寄生昆虫などを施用しやすく，かつ効力を発揮しやすいよう製剤化したもの。

❹動植物の組織や細胞を試験管内の培養液中で増殖させる技術。ジャガイモやヤシなどの繁殖に利用されている。

❺家畜の交配は人工授精で行うのが一般的である。精液は，凍結することで半永久的に保存できる。

❻日本では高値で取引される黒毛和牛とよばれる品種の受精卵を，乳用種などに移植する技術が一般化している。

❼酵素の触媒反応など生物的な反応を工業的に利用する装置。アミノ酸，異性化糖，アルコールなどの生産が代表的。

❽Artificial Intelligenceの略。人工知能。

❾Internet of Thingsの 略。インターネットとモノの接続。

慢性的栄養不足人口

1990～1992年の平均で10億人を数えた発展途上国を中心とする世界の**栄養不足**❶人口は，2017年においてもなお8.2億人を数える。国連では，2000年の**ミレニアム開発目標**（**MDGs**（エムディージーズ）：**Millennium Development Goals**）❷において，2015年までに栄養不足人口が総人口に占める割合を，1990年の半数にすることを掲げ，さらに2030年を目標年次とする2015年の**持続可能な開発目標**（**SDGs**（エスディージーズ）：**Sustainable Development Goals**）❸では，第2目標で「飢餓（きが）をゼロに」と謳（うた）っている。

2017年までの実績で，世界全体でみた総人口に占める慢性的栄養不足人口の割合は1990～1992年平均の18.6%（発展途上国は23.2%，先進国は1.9%）から10.9%へと低下している。状況が最も深刻なのは，サハラ以南アフリカであり，2010年代における同割合は若干だがむしろ上昇した。平均的には，ほとんどの地域が十分な食事エネルギーを供給しているにもかかわらず，栄養不足状況が広範に存在するのは，経済的な側面，すなわち平均的な所得水準がなお低く，貧富の差も大きいことが主因である。飢餓のような極端な状況は，一時的なもの，あるいは，戦争・内乱などによる場合が多い。

この点は，世界の食料生産の総量をたんに増加させることが，必ずしも問題の解決につながらないことを示唆し，20世紀に私たちが得た教訓でもある。

❶生活するために必要な食事エネルギーの摂取量が不足する状況。FAOによって世界の状況が報告されている。

❷国連の場における2000年のミレニアム宣言でまとめられた。8つの目標からなる。

❸MDGsの後継。貧困撲滅，持続可能な農業，健康と福祉，教育，ジェンダー平等など17の目標とその下に169のターゲットと232の指標が決められている。

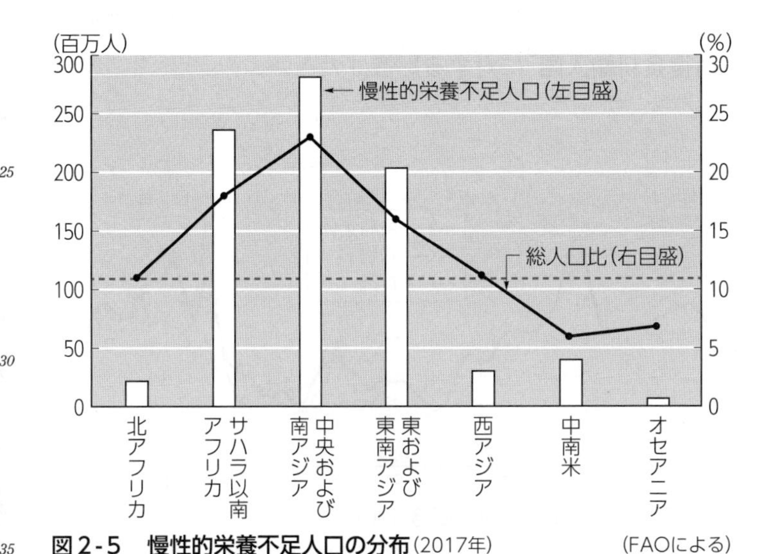

図2-5　慢性的栄養不足人口の分布（2017年）　（FAOによる）

北米と欧州は除く。破線は総人口比の世界平均で，10.9%。

コラム　緑の革命の問題点

収量でみた生産性は著しく向上したが，問題として以下の側面も指摘されている。

（ア）伝統的な生産方法に比べて，肥料・農薬を多投し，土壌劣化や環境への悪影響を及ぼす。

（イ）灌漑などの投資が必要な技術であることから，資金力のない小規模農民が疎外される。

（ウ）栽培される品種の多様性が減少して，病害への耐性が損なわれるおそれがある。

食料の国際価格

食料の国際価格をみると，しばしば大きな短期変動をともないながらも，2000年代前半まではおおむね下落基調であった[1](図2-6)。戦後における世界の食料事情は，図2-4でみたように基本的には改善してきたことを反映するものであろう。一般に，不作などで国内供給が不安になった国は，輸入や在庫とりくずしで国内の安定供給をはかるが[2]，食料の国際価格は**需給**(じゅきゅう)[3]動向によって，ときに大きく変動する。農業生産は気象変動の影響を強く受けるので，食料の価格は工業製品などに比べて激しく変動する。しかし近年では，食料価格は以前よりも高水準で推移している(図2-6)。

◆近年の国際価格高騰の要因　2007～2008年の**食料危機**の頃から，穀物・大豆など主要食料農産物の国際価格を趨勢(すうせい)的に高めるいくつかの要因が指摘されている。一つは**BRICS**(ブリックス)[4]など新興国の旺盛(おうせい)な畜産物消費にともなう飼料用需要の拡大，もう一つは，アメリカやEUなどでの**バイオ燃料**[5](→p.34)生産の推進策である。バイオ燃料の主原料は，トウモロコシ，サトウキビ，大豆などで，食料需要との競合が心配された。

食料安全保障

各国政府は，国民に対してつねに安定的に食料を供給する責任がある。この課題は，しばしば**食料安全保障**と表現される。食料，とくに主要なエネルギー源である穀物は，相対的には安価な商品なので，国際価格の上昇が日本のような先進国にとってさし迫った驚異となる可能性は低い。しかし，とくに非農業部門の貧困層，あるいは**低所得食料輸入国**[6]に対する影響は大きい。

❶物価変動を考慮したドル建ての実質価格でみている。

❷輸出国であれば輸出を減らしたり，輸入国に転じたりする。

❸需要と供給のこと。輸出は需要，輸入は供給として計上する。

❹かつてのNIEs(ニーズ)に続き，近年のめざましい経済発展で国際的な地位を高めたブラジル，ロシア，インド，中国，南アフリカを示す。

❺糖質(またはデンプン質起源の糖)の発酵で生成するバイオエタノールはガソリンに代替し，植物油脂を成分とするバイオディーゼルは軽油に代替する。

❻FAOによる分類。1人当たりGNIが一定水準以下，またカロリー換算した食料貿易が純輸入の国。当該国はリストからの除外を求めることができる。2016年現在，アフリカとアジアを中心に52か国を数える。

コラム　食料危機

戦後の食料難を別にすると，代表的な食料危機は，1972～1974年頃，1996年頃，2007～2008年頃の3回である。最初と最後の2回は，原油価格の高騰局面とも一致する。2007～2008年危機，またそのあとに続いた価格高騰下においては，1990～1992年以降徐々に減少していた世界の栄養不足人口が下げどまった。

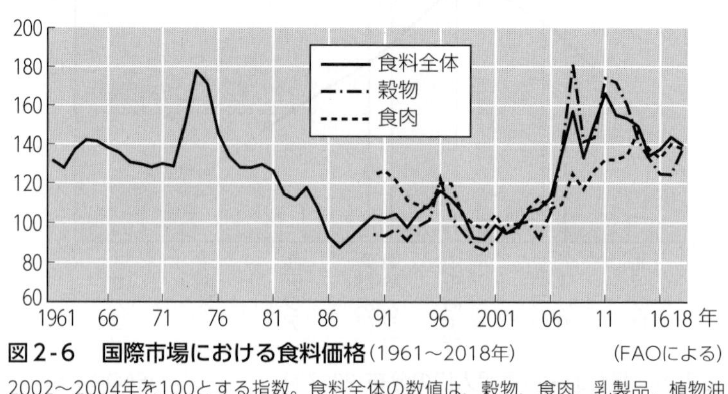

図2-6　国際市場における食料価格(1961～2018年)　(FAOによる)

2002～2004年を100とする指数。食料全体の数値は，穀物，食肉，乳製品，植物油脂および砂糖の5品目を対象とする。

2 世界の食料需給　輸出する国，輸入する国

◆国際貿易の意義　自国での生産が有利な製品は自国で生産し，さらに外国に輸出する。一方，自国での生産が不利な製品や自国に存在しない資源は，外国からの輸入にたよる。これを世界全体でみれば，各国がみずから得意な製品の生産に特化する**国際分業**をし，相互の**自由貿易**を行う。結果，各国および世界全体の富と所得も増加する。以上は，第２次世界大戦後の国際経済秩序❶がよってたつ**自由貿易主義**の理論的背景❷で，**ボーダーレス化・グローバル化**は，経済発展の原動力であり，結果でもあるといえる。

◆食料品の国際貿易　産業化が比較的進んでいない発展途上国は，第２次，第３次産業に比べて農業など第１次産業の割合が高い国々でもある。一方，先進国は工業部門，サービス産業部門が相対的に発達した国々である。

それでは，世界の食品貿易の流れはどうか。発展途上国は農産物・食料などを主として輸出し，先進国が主として輸入しているのであろうか。答えは，むしろ逆の場合が多い。

❶1944年のブレトンウッズ協定に基づくIMF（アイエムエフ）・GATT（ガット）体制とよばれる。IMFは国際通貨基金，GATTは貿易および関税に関する一般協定のこと。2019年12月現在，それぞれ189か国，164か国が加盟している。GATTのもとで1995年に設立された世界貿易機関（WTO（ダブルティーオー））は，物品の国際貿易を規律する主役といえる。

❷最初に自由放任の経済運営と自由貿易主義を説いたのはアダム・スミス（→p.14），本文にある国際分業の意義を説明する比較生産費説（ひかくせいさんひせつ）を説いたのはデヴィッド・リカード（1772～1823）である。自国での生産が相対的に有利なことを，**比較優位**（ゆうい）があるという。逆は比較劣位（れつい）という。

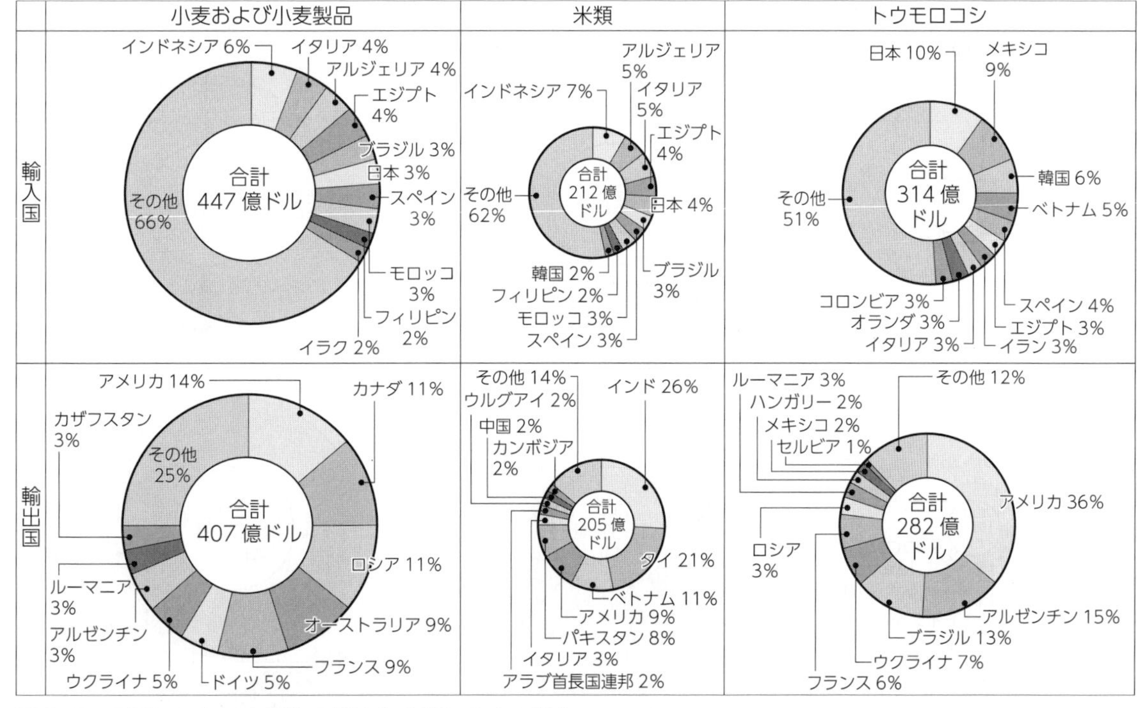

図2-7　国別にみた三大穀物の輸出入金額に占める割合（2016年）　（FAOSTATによる）

主要品目の輸出入

近年まで，主食である小麦と**飼料穀物**[1]，食肉，乳製品などの主要な輸出国は，アメリカ，オーストラリアと**EU**[2]諸国であった。発展途上国で大規模な穀物輸出を行っていたのはアルゼンチン，タイなど比較的少数の国に限られていた。多くが熱帯・亜熱帯地域に位置する発展途上国の，伝統的な輸出品目は，コーヒー，紅茶，カカオ，砂糖，バナナなど熱帯果実，ゴム(食料ではない)など，いわゆる熱帯産品が中心である。また，水産物のうちエビなどは，発展途上国から先進国への輸出が主要な流れになっている。

穀物・大豆に関して，近年台頭している主要な輸出国には，顕著な経済発展をとげつつある国がめだつ。EU諸国の輸出が減る一方で，農業に適した広大な土地を有するブラジルが大輸出国となり，またそのほかの中南米諸国，東欧諸国，インドなどが台頭している。

図2-7，図2-8は，主要な食料品目のいくつかについて，世界全体の輸出入金額に占める割合を国別にみたものである[3]。米は各国で自給されることが多く，貿易量・生産量比率が比較的低い(表2-1)。小麦の場合，主産地はアメリカ・カナダやEU諸国で，伝統的に生産が少ないアジアやアフリカ諸国への輸出がめだつ。

❶トウモロコシ，モロコシ(ソルガム)，大麦などの雑穀で，**粗粒穀物**(そりゅう)とよぶ。そのほか油脂をしぼったあとの大豆粕やなたね粕も栄養価の高い飼料で，両者を合わせて**濃厚飼料**とよぶ。

❷European Unionの略。欧州連合。主として西ヨーロッパの先進諸国により構成されてきた経済的・政治的共同体。しだいにメンバー国を拡大してきたが，近年イギリスの離脱が問題となった。

❸各国の報告に基づく世界の貿易に関する統計では，輸入合計と輸出合計が一致しない。輸入には輸送費などが含まれること，また集計時にすべての国の報告を得ていない場合があることなどが原因である。

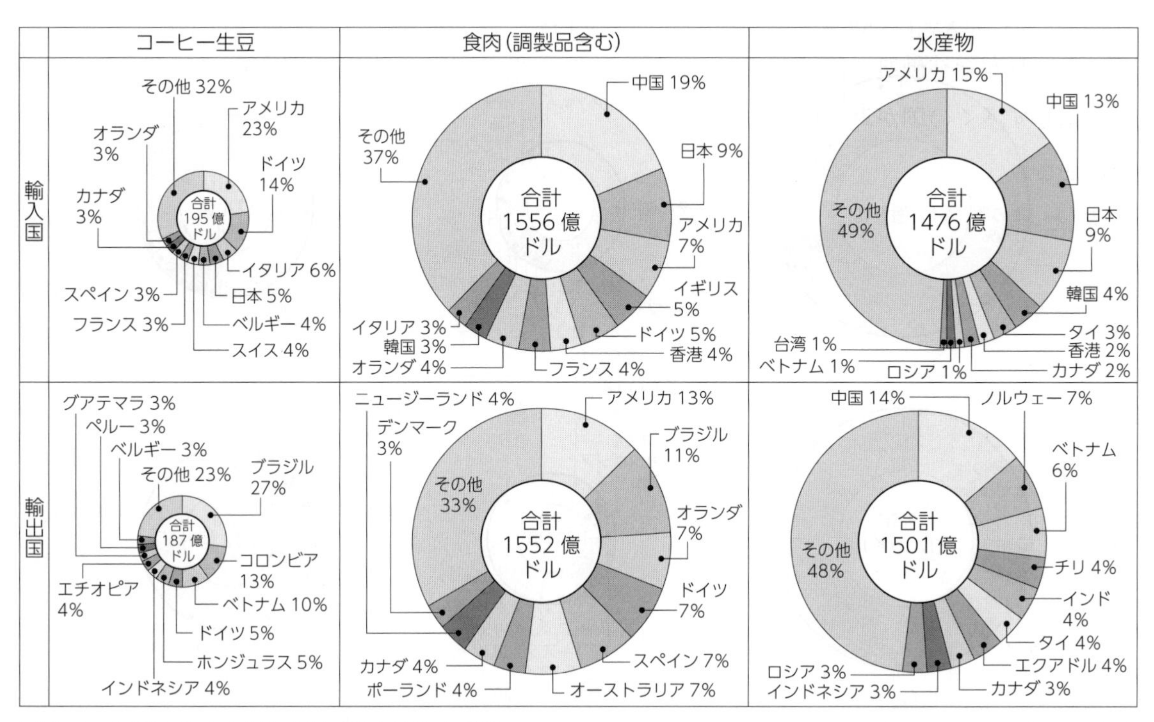

図2-8　国別にみた食料輸出入金額に占める割合　(FAOSTATおよびFAOによる)

3 グローバル化する食品流通をめぐる諸問題

貧富の格差

食料・農水産物の貿易が拡大する(表2-1)と，1次産業への依存度が高い発展途上国の経済発展が進むと期待されている。しかし否定的な見方もある。利益を得ているのは主として先進国であり，発展途上国・先進国間の貧富の格差はむしろ広がっているという。

ここでは，経済における競争原理と国際分業を前提とする自由貿易という体制そのものが誤りであるとする見解，先進国は発展途上国の製品に対して，十分な対価を支払っていないとする見解がある。**フェアトレード**[❶]は，後者の見解にしたがってうまれた運動で，熱帯産品であるコーヒーやカカオ，また食料ではないが手工芸品などが生産国労働者を支援するための対象商品となっている。

また，とくに農産物に関していえば，先進国の多くが保護的な貿易制度をとり，発展途上国の輸出機会をうばっているとする批判が，自由貿易を推進する立場からも提起され，WTOの**ドーハ・ラウンド交渉**[❷]が紛糾した背景の一つとなっている。

グローバリズムと環境問題

第1次産業は，農地や水，水産資源など自然資源への依存度が高い。植民地時代の現発展途上国では，宗主国(そうしゅこく)[❸]によるプランテーション開発が森林破壊などをもたらした。こんにちでも，発展途上国に限らず多くの国がみずからの資源・環境を犠牲にして農林水産物を生産し，それらが貿易を通じて世界をめぐっている。SDGsの対象[❹]とされる問題である。

❶公正な取引(Fair Trade)。もともとは発展途上国の製品に対して，その価値あるいは投下された労働に対して正当な対価を支払うべきとするもの。児童労働など不当な労働環境への対応や，次に述べる環境問題への配慮など，広範なテーマを掲げる運動として展開している。

❷前身であるGATTの時代から数年ごとに実施された多角的貿易交渉をラウンドとよぶ。2001年にカタールのドーハで開始されたのがドーハ・ラウンド。ただし農業分野については2000年から交渉が開始された。輸出補助金の廃止など部分的な合意は達成されたが，2012年には，包括的な合意は当面見送られた。

❸植民地を支配・管理する国。

❹12番目の目標(SDG12)「責任ある消費と生産」。食品ロスや廃棄もSDG12の対象である。

表2-1　主要食料の貿易量・生産量比率(%)

年	小麦	米	トウモロコシ	コーヒー豆	肉類	砂糖類	大豆	鶏卵類	牛乳	ワイン
1961	21	4	7	60	5	38	16	4	4	13
1990	18	4	15	83	8	27	24	2	9	15
2016	27	8	13	90	14	35	40	2	15	37

(FAOSTATによる)

世界全体の生産量に対する輸出量の割合として計算している。ただし，小麦粉やチーズなどの製品は原材料にさかのぼって換算している。
注：2016年の砂糖類とワインに関しては2014年の数値。

コラム　先進国の農業保護

先進国の多くは，自国の農業を経済的に支援したり，貿易を制限したりすることによって海外との競争をやわらげる政策をとっている。

エコラベルは，私たち消費者が環境負荷の少ない商品をより多く購入するように誘導して，この問題にとり組もうとする代表的な運動である。環境に配慮した商品であることを表示して，消費者の判断をうながすしくみで，GATT/WTO制度の下で規制される貿易制限的な政策とはみなされない。一般にはNGO/NPOの第３者機関が認証を与え，商品にはそのことを示すロゴが表示される。各国・地域の有機農産物認証(→p.138)が代表的だが，日本の「エコマーク」も一例である。環境負荷の高い農林水産品の大規模な国際貿易を対象とする民間レベルの認証制度には，FSC[1]，MSC[2]，RSPO[3]などがある。

また**フードマイル**[4]や**ウォーターフットプリント**[5]のように，単純な数値によって環境負荷の程度をわかりやすく表現する指標も提起されている。ただしこれらの指標は，真の環境負荷とはかけ離れた数値になることがあり，扱いには注意が必要である。

食品ロスと食品廃棄

ところで，国境をこえる食品の流通が拡大し食の外部化が進むなか，また多くの途上国では慢性的栄養不足がなお広範に残されるなか，食品を無駄にし，資源・環境にも負荷を与える問題として食品ロスが注目されている。

FAOによる代表的な調査報告[6](2011年)によると，サハラ以南アフリカや南・東南アジアなどでは農業生産段階，収穫後の処理・貯蔵および流通段階における散逸・品質劣化などによるロスの割合が高い。欧州，北米，アジアなどの高所得国では，消費者段階でのロス，つまり食品廃棄や食べ残しの割合が比較的高い。品目別には，イモ類，野菜・果実類および水産物のロス率が比較的高く，油脂・豆類，肉類，酪農品のロス率が比較的低い。穀類は中間に位置する。

食品ロスや廃棄が発生する原因はさまざまで，そもそも実った作物を一粒残らず私たちが利用することは不可能である。削減のためには新たな資源・労力・エネルギーを要する場合が多い。食品ロスや廃棄をどこまで，またどのように削減することが望ましいのかを明確に判断することはむずかしい[7]。

❶Forest Stewardship Councilの略。森林管理協議会。

❷Marine Stewardship Councilの略。海のエコラベルと称する。持続可能な水産業の推進をめざす。

❸Roundtable on Sustainable Palm Oilの略。持続可能なパーム油のための円卓会議。熱帯雨林と生物多様性の保全を目的とする。

❹Food mile。食品が生産地から消費地に移動したさい，その重量と移動距離の積によって定義される。日本では**フードマイレージ**として知られる。

❺Water Footprint。ある量の農産物が生産されるさいに，投入された農業用水の量として定義される。似た概念に**バーチャルウォーター**(**Virtual Water**)がある。これは輸入された農産物について，かりに自国で生産する場合に必要となる農業用水の量として定義される。

❻食品ロスをかなり広義に定義した調査報告である。

❼たとえば最小限の栄養所要量をこえた食品摂取やみばえを追求する食卓は慎むべきか。人間が食べられる農作物を家畜に与える行為(すなわち多くの畜産物消費)は無駄といえないのか。一定の価値判断がなければ答えの得られない論点も想定される。

3 ……… 日本の食生活，食料需給と自給率

- 日本の食料消費の変化と特徴を理解する。
- 食料生産・輸出入の動向と貿易制度を理解する。
- 日本の自給率の動向を知る。

1 日本の食生活

◆食料消費支出の動向　現在の私たちの食生活は，戦後において急激な変化を経たものである。戦後復興期に食料の絶対的な不足は克服できたが，エンゲル係数はまだ高く，一般的な食事内容は，米を中心とする質素なものであった。高度経済成長期に，国民の食料消費支出は，**実質額**[1]でみて急速に増加した(図2-9)。1960年代初めには，十分な食事エネルギーは一般的に摂取されていたことから，現在の支出金額の増加は，副食品，し好品や外食など，より高価なものに内容が変化した結果だといえる(図2-10)。

◆食生活の洋風化と外部化　具体的には，米の消費が年々減少し，パン食や畜産物消費の拡大などの**洋風化**と，家庭での調理時間を節約する外食・調理食品の利用拡大という**外部化**が進んだ。洋風化と外部化は，副食品の相対的な増加と並んで，日本の経済発展下での食生活の変化を象徴するキーワードである。ただし，主食の一つであるパンの消費量は，1980年頃からあまり変化していない。

❶金額表示された統計を長期的に比較するときは，物価水準の変化を考慮しなければならない。一般的には，もとの数値(名目額)を物価指数でデフレートする(割り算する)ことにより，この実質額を算出する。図2-10の例でいえば，1963年には消費者物価指数・食料は，2015年を100として21.3だったので，もとの金額(1世帯16,315円÷4.30)を0.213で割ることによって実質金額(17.8千円)とする。一種の数量指数とみなしている。

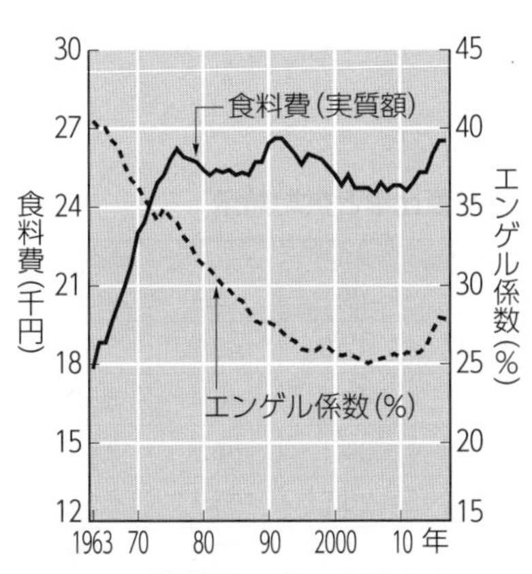

図2-9　世帯員1人1か月あたりの実質食料消費支出とエンゲル係数の推移　(総務省「家計調査」による)

全国2人以上世帯を対象。農林漁家は含まない。

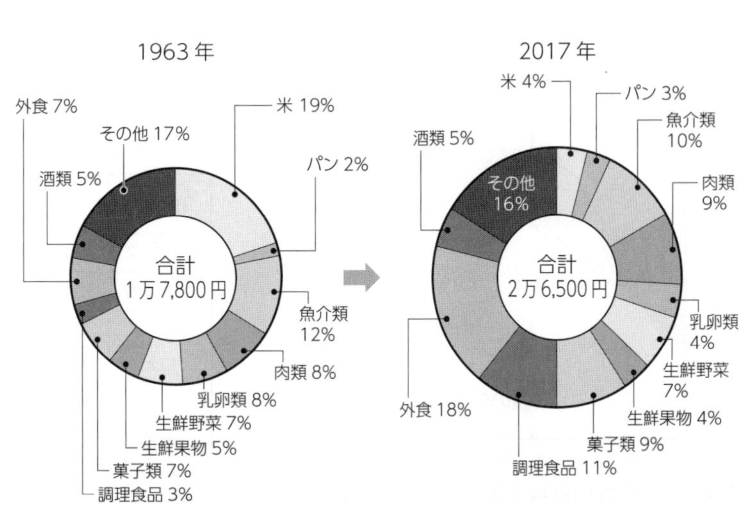

図2-10　世帯員1人1か月あたりの実質食料消費支出の内訳

全国2人以上世帯を対象。　(総務省「家計調査」による)

食の外部化とその要因

食の外部化には，食材だけでなく調理サービスに対する支払いも生じているので，消費者の所得と大きく関係する。経済成長率が低下した1990年代から2011年頃にかけて，実質食料消費支出は減少傾向となり，外食費の割合はほぼ一定を保っている(図2-11)。しかし，**中食**[1]の拡大を反映する調理食品費割合の上昇によって，**食の外部化率**[2]は全体として上昇を続けている。食の外部化の進展は，所得の動きよりは，むしろ私たちの生活様式の変化が関係しているとみられる。

◆食の外部化の要因　ある調査結果[3]をみると，私たち消費者が持ち帰り弁当などを購入したおもな理由に，「時間の節約になるから」，「1人で食べることが多いから」，「自宅でつくるより経済的だから」と回答されている。これらの理由の背景を考えてみよう。

第一に，日本の世帯数は人口増加を上回る勢いで増加しており，単身世帯や高齢者だけの世帯も増加している[4]。第二に，家庭の主婦の就業が進んでいる[5]。第三に，世帯構成員の生活時間帯が，昔と比べてずれてきている。以上が，食の外部化が進展してきた理由の重要な背景であると考えられる。とくに第三の背景では，帰宅時間が遅かったりばらばらだったりするために1人で食事をする(個食や孤食とよばれる)機会が増えたことなどが考えられるだろう。

❶弁当類，持ち帰り食品などのことで，食材を家庭で調理してとる食事(内食)と外食の中間的なものとして使われることばである。

❷「家計調査」(総務省)を用いるとき，一般に食料消費支出に占める外食費割合と調理食品費割合の合計として定義される。

❸「図説食料・農業・農村白書平成13年度」による。

❹「国勢調査」(総務省)によると，1世帯あたりの人数は，1990年には3人を切り，2015年には2.3人となった。

❺「労働力調査」(総務省)によると，25～64歳の女性の労働力人口比率は，1980年から2018年にかけて，各年齢階層で35～20ポイント上昇した。労働力人口とは，就業者と完全失業者(求職活動を行っている者)の合計として定義される。

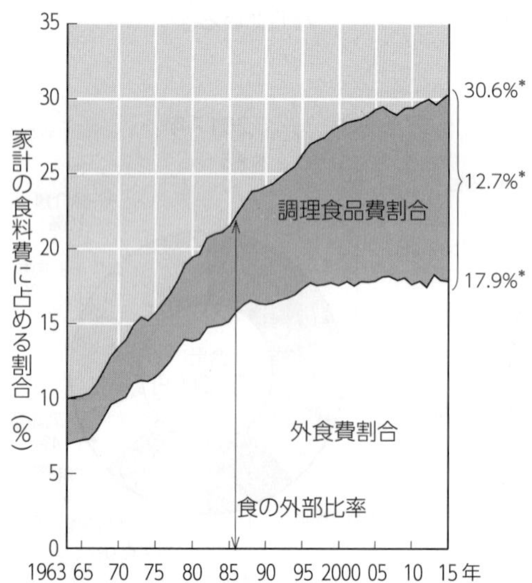

図2-11　家計の食料消費における外食費割合と調理食品費割合　(総務省「家計調査」による)

＊2017年の数値。

表2-2　各国のPFC供給熱量比率と供給熱量

国　名	年	タンパク質(%)	脂質(%)	炭水化物(%)	供給熱量(kcal)
フランス	2013年	12.8	42.0	45.2	3,325
アメリカ	2013年	12.3	41.4	46.4	3,509
日本	2018年	13.0	30.1	56.9	2,443
	1980年	13.0	25.5	63.1	2,562
	1960年	12.2	11.4	76.4	2,291
中国	2007年	11.9	27.7	60.4	2,981
インド	2007年	9.8	18.5	71.7	2,352

(農林水産省「食料需給表」による)

注：酒類等は含まない。望ましいPFC比率は，タンパク質13%，脂質25%，炭水化物62%とされる。日本の2018年は概算値。

栄養バランスでみた日本の食生活

私たちの食生活は，米や麺類を主食とし，魚介類や野菜を副食とする伝統型から，畜産物と油脂をより多く消費する欧米型に近づいた。栄養水準は高まったが，おもに炭水化物を供給する穀物の消費割合は，欧米諸国に比べてなお高い。これは日本の食料消費の特徴である。

一般に畜産物の多い食生活では，熱量のとりすぎだけではなく，脂質の供給熱量比率が高くなり，適正水準をこえると**生活習慣病**[1]の一因となる。表2-2は，日本と諸外国の食料消費における**PFC供給熱量比率**[2]である。1980年当時の平均的にみた日本の食生活では，このPFC比率が，適正とされる水準にきわめて近かった。このことから**日本型食生活**ともよばれ，その状態を維持することが好ましいとされた。1985年に，政府は**食生活指針**[3]を策定した。

しかし，その後も続く畜産物の消費の拡大や，栄養バランスのかたよったファストフードや外食利用の増加などにより，私たちの食生活は，平均的にみて脂質の摂取割合が適正水準をこえる状況になっていると思われる。

◆食育　20代，30代の男性を中心に，朝食の欠食(けっしょく)率が30％前後になる[4]など，栄養バランスだけではなく，食習慣の乱れも指摘されている。これも生活習慣病の引き金の一つであるといわれている。以上の状況から，食に関する知識，健全な食生活を実践する能力を養う啓蒙(けいもう)活動としての**食育**(しょくいく)が推進されている。

❶三大死因であるガン，心臓病，脳卒中のほか，糖尿病，高血圧など，歳をとるにつれて多発する病気の総称。以前は成人病ともいった。糖尿病，心臓病，高血圧などは，食生活の影響も強いとされる。

❷三大栄養素別に，タンパク質(Protein)，脂質(Fat)，炭水化物(Carbohydrates)のそれぞれから摂取される熱量の比率。

❸食品から摂取する栄養バランスを適正に保つ指針だけではなく,「食事を楽しみましょう」,「食文化や地域の特産物を…」「…むだや廃棄を少なく」など，精神面，文化面，環境面にも配慮した内容となっている。

❹「国民健康・栄養調査」(厚生労働省)による。

コラム　食の外部化・個食化と食品ロス・食品廃棄

農林水産省「平成26(2014)年度食品ロス統計(世帯調査)」によると，一般世帯の食品ロス率(廃棄と食べ残し)は全体では3.7%で，現在の調査方法となった2003年に比べて1.1%ポイント低下した。世帯構成別では，3人以上の世帯の3.4%に対して，単身世帯は4.1%と高く，また品目別では，野菜や果実のロス率が高い。調理食品のロス率は1.8%と低いが，家庭系ゴミの相当部分が，食品に起因する容器・包装である点には注意が必要である。「平成27(2015)年度食品ロス統計(外食調査)」によると，外食の食品ロス率(食べ残しのみ)は，食堂・レストランでは3.6%だが，結婚披露宴および宴会では，12.2%，14.2%と非常に高い。

なお，一般にいう食品廃棄とは，上記の食品ロスのほか，食材である農林水産品の非可食部分(魚の骨や内臓，果物や野菜の皮や種，泥のついた根など)の廃棄も含む。後者は加工段階，流通段階，さらに家庭や外食企業が購入した食材からも必然的に発生するもので，食材のむだを意味するわけではない。p.53に食品廃棄の全体像について説明しているので，参考にしてほしい。

2 日本の食料需給と農産品貿易

食事内容がむかしに比べて豊かになったのとは対照的に，日本の農業・水産業は縮小傾向にある。私たちの食卓，そして調理食品と外食の食材には輸入食品が多い。ここではおもに原料農水産物にさかのぼった需給動向，農産品貿易の特徴，そして日本の農産品貿易に関する政策の概要を把握しよう。

食料生産

日本は人口に比べて耕地面積が狭く，アメリカなど，人口に比べて広大な耕地をもつ国々よりも農業生産には不利である。また水産業も，**200海里経済水域**[1]などにより制約を受けている。水産物の生産量は，1980年代後半の約1200万トン台をピークに，近年では400万トン台に減少した[2]。生産額でみると約1.6兆円であり，そのうち養殖業が３割ほどを占める[3]。

耕地面積は，1965年までの約600万haから，400万ha台に減少した[4]。しかし，非食用農産物を含む農業生産額は，1960年の約8.1兆円から1986年の11.4兆円に増加した[5]。これは，単位面積あたりの収量増大など生産性の上昇と，畜産・施設園芸などあまり土地を必要としない生産部門が拡大したことによる。しかし，1990年代以降，農業生産額は減少傾向となっている[5](図２-12)。

❶沿岸から200海里(約370km)までで，沿岸国が排他的管轄権を宣言した海域。1982年に採択された国連海洋法条約に基づく。これにより日本はかつての漁場の多くを失った。

❷「食料需給表」(農林水産省，以下の統計も同じ)による魚介類の数量。

❸「農林水産基本データ集」(農林水産省)による。

❹2018年７月現在で442万ha。田，畑，牧草地の合計。畑は普通畑と樹園地からなる。「作物統計」(農林水産省)による。１ヘクタール(1ha)は10,000m²である。

❺いずれも実質額(デフレーターは，農産物価格指数・総合)。「生産農業所得統計」(農林水産省)による。

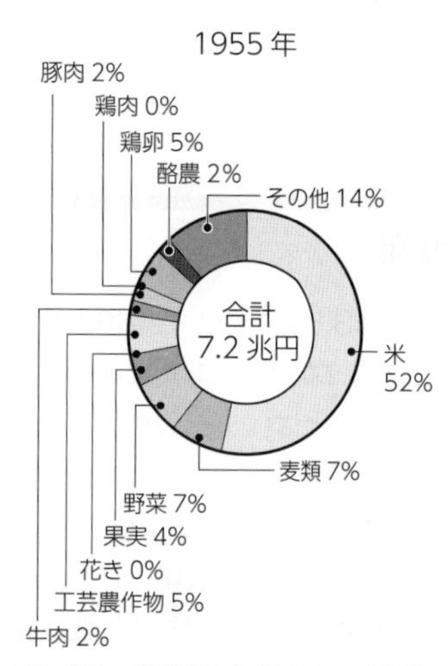

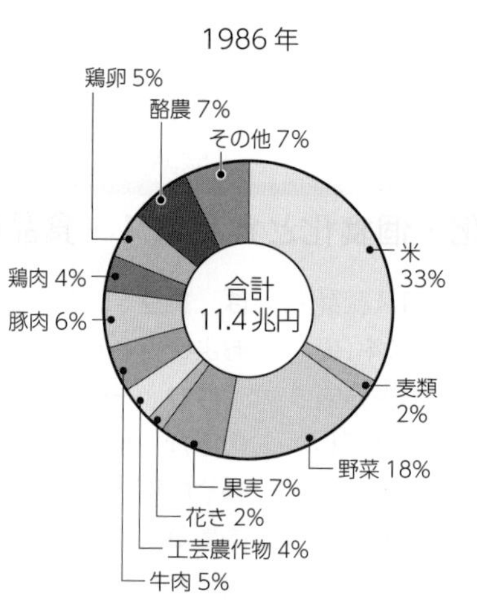

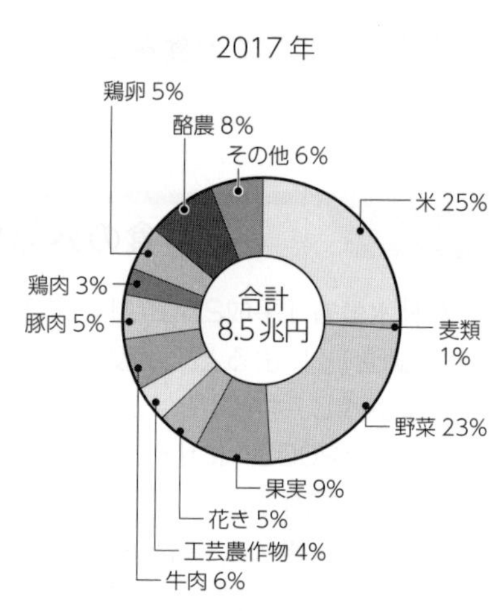

図２-12　農業産出額とその構成　(農林水産省「生産農業所得統計」による)

注：1)産出額は，2015年基準の農産物価格指数でデフレートした実質額。
2)「工芸農作物」は，砂糖原料のサトウキビおよびテンサイ，畳原料のい草など。
3)「その他」は，雑穀，そば，豆類，いも類，養蚕など。
4)「牛肉」は，原資料では「肉用牛」と「乳用牛」の合計から「生乳」を除いたもの。
5)「酪農」は，原資料では「生乳」のこと。

主要品目の需給動向

品目別にみた日本の食料需給の特徴としては，以下の５点が指摘できる。2013年の原料農産物レベルでみた品目別供給熱量を表す図２-３(→p.28)，過去半世紀以上にわたる食生活の変化をみた図２-10[❶](→p.37)，そして図２-12[❷]，図２-13(→p.42)なども合わせてみてみよう。

1)主食の米が生産額の半数を占める1955年の状況に比べれば，国内生産は多様になった。しかし，需要が増加した品目のうち，主食のパン・麺類の原料である小麦[❷]の生産は大幅に縮小し，植物油脂とデンプンの原料作物[❸]の生産も縮小した。

2)需要が減少した米は，生産額・占有率ともかなり減少した。

3)戦後に需要が拡大した，肉類・乳卵類(にゅうらん)の畜産物と果実の国内生産は，一定水準があった。しかし日本では，畜産物生産に投入される飼料穀物[❹]は，これまでほとんど生産されたことがなく，輸入に依存してきた。この意味で，国内で飼養(しよう)された家畜による畜産物でも，純粋な意味での国産とはよべない。

4)果実は1970年代の終わり頃から，また畜産物は1990年代以降，国内生産は減少傾向となっている。

5)カロリーをあまり供給しない野菜が，現在の日本の農業で中心的な地位を占める一部門となった。

◆需要と供給の不一致　以上のような主要品目の需給動向は，所得水準の上昇と食生活の変化によってうまれた新たな食品需要に，国内生産が十分に追いつけなかったようすを表している。熱帯産品は別にしても，生産があまり多くない農産物・飼料穀物は，いずれも広大な土地で耕作することが有利な**土地利用型作物**であり，耕地面積の狭い日本にとっては相対的に不利な作物である。

土地利用型に分類される米が，国内消費にみあった生産を続けてこられたのは，日本が米の輸入をきびしく制限し，国内生産を手厚く保護したからである。消費は減少傾向にあるのに，むしろ生産だけ増えて，早くも1960年代の後半には米の過剰が問題となった。このため，1970年から2017年までの長きにわたり，「**減反**(げんたん)」とよばれる**生産調整**[❺]政策が実施されてきた。

❶家計消費の場面をみた図2-10では，「その他」に含まれる各種の加工食品や調味料，菓子，調理食品，外食など，原料が特定しづらかったり，複数の原料を用いたりする品目もあり，原料農水産物との厳密な対応関係はとらえられない。

❷図２-12では，大麦などの雑穀とともに，麦類の一部として計上されている。

❸植物油脂(サラダ油)の原料(油糧種子とよぶ)は，大豆，なたね，トウモロコシ，アブラヤシなど。デンプンの原料は，トウモロコシなどの穀物といも類。デンプンは異性化糖(果糖などの甘みの強い糖)の原料であり，加工食品などでも多様な用途をもつ，実はかくれた主要食料なのである。

❹牛などの反すう動物の飼養では，濃厚飼料とともに牧草などの「粗飼料」も給餌される。粗飼料はかさばるので，外国からの輸入はあまり一般的ではない。それでも日本はおよそ２割を輸入に依存している。

❺生産調整への参加は強制ではなかったが，地域社会での調整や参加することが補助金の受給要件となるなどして，生産制限がなされた。補助金による，主食用米以外の生産振興は2018年以降も継続している。

❶自由な国際市場で成立している価格と国内価格との差。輸入が自由化されていれば，関税以外の内外価格差は発生しない。

❷1985年初めに約260円だった対ドル為替レートは，同年の**プラザ合意**以後，円高傾向を強め，1990年には145円に，1995年には一時89円となった。その後は変動を繰り返しながら，2011～12年には80円を切る水準まで上昇したあと，2015年以降の数年間は120円～110円前後の水準が続いた。ドルで決済される輸入品の円建て価格は，円高のときにはその分だけ低下し，円安のときには高くなる。

❸関税以外の輸入制限を非関税障壁とよぶ。また産業保護とは別の理由で，とくに食料・農水産品の輸入を規制するものに検疫制度がある。食品としての安全性確保を目的とする食品検疫および動植物防疫のための輸入検疫がある。さらに第5章で学ぶ規格・基準に関する制度や原材料・賞味期限などの表示制度も貿易を制限する場合がある。いずれも，国際的基準を逸脱したり，科学的根拠を欠いたりする規制は，偽装された保護主義あるいは非関税障壁として，しばしば批判される。

第1次産業と輸出入

以上のような食料需給動向のもと，日本は世界でも有数の食料輸入国となった。古くからの漁業国であった日本は，かつて多くの水産物を缶詰などの形態で輸出していたが，近年輸出される食料の多くは，菓子類，調味料，アルコール飲料，水産加工品などに限られ，金額にすると輸入の1割にも満たない(図2-13)。輸入から輸出を差し引いた純輸入では世界の1，2位を争ってきた。

もともと耕地に恵まれない日本で，戦後の経済発展と産業構造の高度化が進むなか，農水産業が**比較優位**(→p.33)を失い，**内外価格差**❶が高まったことが，食料輸入の増加した最大の要因と考えられるが，次に説明する**貿易自由化**が進められたことも重要である。また1980年代から1990年代前半にかけての**円高**❷傾向は，内外価格差の拡大に拍車(はくしゃ)をかけた。

◆国境障壁と関税 物品を輸入するさい，輸入者は関税を国に納めなければならない。関税率を高めに設定することで，内外価格差の大きい品目でも，輸入増加による国内市場への影響を抑制することができる。

日本は，ほとんどの工業製品やエネルギーなどの鉱物資源について，まったく関税を課していないか，きわめて低率の関税しか課していない。一方で，国際競争力の劣る農水産物については，同種ないしは競合する産品の国内生産を一定程度保護する目的をもって，関税率を高めに設定したり，輸入を禁止したり，数量的に制限したりする場合が多かった。これらをまとめて，**国境障壁**(こっきょうしょうへき)❸とよぶ。

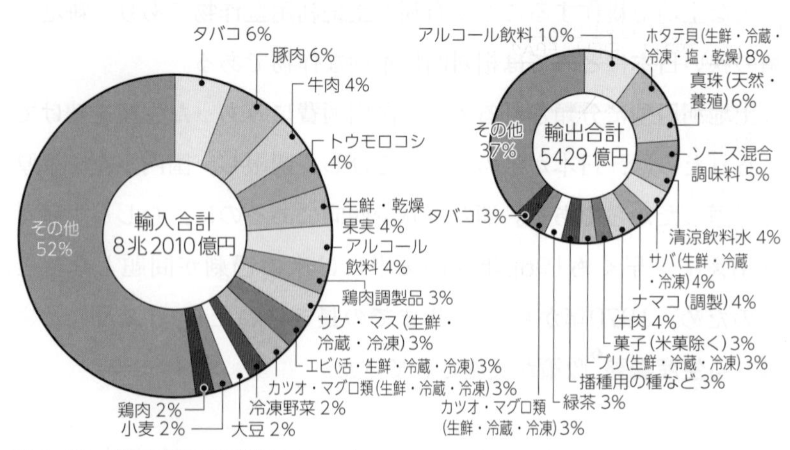

図2-13 農水産物の輸出入(2017年における金額上位品目)

(農林水産省「農林水産物輸出入概況」による)

注：食料以外の品目を含む。全品目の合計は，輸入が約75兆円，輸出が78兆円であった。

食料貿易自由化の進展

日本は1960年代前半に先進国となり，**ラウンド**とよばれるGATTの**多角的貿易交渉**などの対外関係で，農産品の市場開放を強く求められてきた。割安な外国産の輸入拡大は，消費者に利益となる。

対外的に最も影響を受けたのはアメリカであったが，GATTのラウンドが重要な節目となり，日本は食料の市場開放を進め，関税率も引き下げてきた(表2-3，表2-4)。**重要品目**[1]である米，麦類，チーズ以外の乳製品，デンプン，雑豆(ざつまめ)[2]なども，1994年の**ウルグアイ・ラウンド(UR)農業合意**によって，**関税化**(かんぜいか)[3]された。

❶国内産業保護の目的から，当面の自由化がとくに困難なもの。**センシティブ品目**ともいう。

❷大豆以外の豆で，エンドウ，小豆，そら豆など。

❸あらゆる非関税障壁を撤廃して関税に置きかえ，輸入を自由化すること。実施時期は米以外が1995年，米は例外とされ1999年。URの合意に7年の歳月を要した。

表2-3　戦後における食料貿易自由化の歴史

年次	事項・出来事	内容・自由化品目
		1960年以前の自由化品目：飼料用トウモロコシ，ナチュラルチーズなど
1960	日本：外国為替・貿易自由化大綱	品目ごとの自由化スケジュールの設定。
～		早期自由化品目：鶏肉，生鮮野菜，バナナ，大豆，コーヒー豆など
1967	GATT・ケネディラウンドの合意	実施期間：1968～72年
～		日本：この間のおもな自由化品目：レモン，ソルガム，生きた牛，レモンジュース，ブドウ，グレープフルーツ，植物油脂，なたね，チョコレート，豚肉(差額関税)，配合飼料など
1979	GATT・東京ラウンドの合意	実施期間：1980～87年
～		日本：この間のおもな自由化品目：豚肉調製品，グレープフルーツジュース
1988	日本：牛肉・オレンジなどの自由化の決定(対アメリカなど)	牛肉と生鮮オレンジの輸入自由化を約束(1991年実施)。
～		この間のおもな自由化品目：プロセスチーズ，トマトケチャップ・ジュース，牛肉調製品，パイナップル製品，果汁(リンゴ・ブドウ・パイナップル・オレンジ)
1994	GATT・UR農業合意	輸入禁止や数量制限などの非関税障壁を関税に置きかえる包括的関税化を即時実施し，以後関税率と国内保護水準を順次引き下げる。実施期間：1995～2000年
～		日本：残存輸入制限品目(米，麦類，指定乳製品，豚肉，砂糖，大豆以外の豆類，など)の輸入自由化
2001	WTOドーハラウンド開始	10年あまりの交渉を経るも，2012年秋に，合意達成を当面の間は断念。
2002	日・シンガポール経済連携協定発効	日本初の地域貿易協定(RTA：Regional Trade Agreement)
2005	日・メキシコ経済連携協定発効	関税割当による豚肉・牛肉の関税率引き下げなど。
～	以後多数の経済連携協定の締結・発効や交渉開始など	多数の関税撤廃，引き下げ，関税割当によるアクセスの改善を実施。しかしUR農業合意における関税化品目の多くは関税撤廃の例外。
2018-20	TPP11，日EU・EPAの発効	牛乳，乳製品，ワインなどで比較的大幅な関税引き下げを約束。

コラム　さまざまな関税

関税は，まず従価税(じゅうかぜい)と従量税(じゅうりょうぜい)に分類される。前者は輸入金額に対する一定割合，後者は輸入量(重量や個数)に対する一定金額として計算される。両者を組み合わせた混合税や，次のような特殊な関税もある。

①特恵関税(とっけいかんぜい)：特定の国からの輸入に対して低率の関税を，差別的に適用する。先進国が途上国に対して供与するものと，自由貿易協定などによるものがある。

②関税割当：一定数量までの輸入に対する税率を比較的低率とし(一次税率)，その数量をこえると高率を適用する(二次税率)。UR農業合意による関税化品目に対して，各国が適用している。

③差額関税：価格が一定額を下回る輸入品に対して，その差額を関税とする。GATTでは，非関税障壁に分類された。

④季節関税：国産品が出回る時期に比較的高率とし，それ以外の時期には低率とする。

GATTから地域貿易協定へ

ドーハ・ラウンドは，2012年秋に当面の包括的合意が見送られたが，じつはURが混迷していた1990年頃から，世界では経済グローバル化を進める少数国間のとり組みである**地域貿易協定**（**RTA**❶）や，**自由貿易協定**（**FTA**❷）の動きが活発化していた。FTAでは関心国数が限られ，合意を達成しやすいだけではなく，WTOでの約束よりもふみ込んだ自由化を進めたり，逆に農産物など一部の**重要品目**を自由化の対象から除外したりするなどの自由度がある。

かつて，日本のFTAへのとり組みはやや遅れているとみられたが，2002年の対シンガポールの**経済連携協定**（**EPA**❸）を皮切りに，多くの国との連携を急速に強めつつある。古くからのRTAの一つであるEUの拡大，東南アジア諸国連合（ASEAN）の**自由貿易地域**，日本・中国・韓国とASEANとの連携強化，北米自由貿易地域，多くの環太平洋諸国が連携をはかる**環太平洋パートナーシップ協定**（**TPP**❹）や**東アジア地域包括的経済連携**（**RCEP**❺）など，いまやRTA・FTAによる関係は世界中に広がり，組み合わせも複雑である。

ただし日本のEPAをみると，UR農業合意において重要品目として扱われている多くの農産品は，自由化対象品目から事実上はずされていることが多い。

❶Regional Trade Agreementの略。多国間協定のGATTと並立してとりかわされる。協定締結国はその内容をGATTに通告する。

❷Free Trade Agreementの略。自由貿易地域(Free Trade Area)もさす。地理的に離れた国間の協定も多く，用語としてはRTAよりも頻繁に使われる。

❸Economic Partnership Agreementの略。貿易自由化だけではなく，資本・労働力移動など，さまざまな分野の協力の要素を含むことから，このように命名された。

❹Trans-Pacific Partnershipの略。2017年の協定発効時にアメリカが離脱して日本を含む11か国での協定(TPP 11)となり，その後日米間のRTAが2国間で進められた。

❺Regional Comprehensive Economic Partnershipの略。

表2-4　日本のおもな農水産品の関税率(2019年)

品目名	関税率
牛肉(主要部位)	38.5%
鶏肉(骨つきもも除く)	11.9%
鶏肉(骨つきもも)	8.5%
ソーセージ類	10%
鶏卵(食用，生鮮・冷凍)	17%
鶏卵(食用，加熱)	21.3%
プロセスチーズ	40%
ナチュラルチーズ	無税～29.8%
マグロ・カツオ類	3.5%
水産物調製品*1	4.8～11% (3.2～9.6%)
ジャガイモ(食用，生鮮・冷蔵)	4.3%
ジャガイモ(食用，冷凍)	8.5%
ジャガイモ(食用，乾燥)	12.8%(10%)
タマネギ(生鮮・冷蔵)	無税～8.5%*2
タマネギ(乾燥)	9%

品目名	関税率
バナナ(生鮮，4～9月)	20%(10%)
バナナ(生鮮，10～3月)	25%(20%)
バナナ(乾燥)	3%(無税)
オレンジ(生鮮，6～11月)	16%
オレンジ(生鮮，12～5月)	32%
ブドウ(生鮮，3～10月)	17%
ブドウ(生鮮，11～2月)	7.8%
ブドウ(乾燥)	1.2%(無税)
リンゴ(生鮮)	17%
パイナップル(生鮮)	17%
パイナップル(乾燥)	7.2%
アボカド(生鮮・乾燥)	3%(無税)
マンゴー(生鮮・乾燥)	3%(無税)
トウモロコシ(飼料用)	無税
大豆	無税
ナタネ	無税

品目名	関税率
ナッツ類(生鮮・乾燥)*3	無税～12%
コーヒー豆(煎ったもの)	12%(10%)
コーヒー豆(煎ったもの除く)	無税
緑茶葉(飲用)	17%
紅茶葉(飲用，3kg以上)	3%(2.5%)
コショウ(小売容器入り除く)	無税
スパゲッティ・マカロニ	30円/kg
野菜調製品*1	無税～23.8%
オレンジジュース	21.3～29.8%， 23円/kgなど*4
ナタネ油・からし油	10.9～13.2円/kg
オリーブ油	無税
油かす	無税
カカオ豆・カカオ脂	無税
菓子類	6～34%
ウイスキー・ブランデー	無税

米・小麦・豚肉・砂糖などUR農業合意による関税化品目は除外。関税率の( )内は発展途上国に対する一般特恵の適用税率。
*1 缶詰・びん詰など。　*2 輸入価格が低下すれば関税を課す一方，上昇すれば無税とするスライド関税を適用。
*3 落花生は含まれない。　*4 加糖の程度などによって異なる。
(財務省「実行関税率表」による)

3 日本の食料自給率

食料自給率の低下の原因の一つには，いままで学んだ，日本の農産物需給と食料品貿易に関する状況がある。

◆自給率の動向と目標　図2-14は，過去半世紀間の**品目別自給率**[1]の動向である。鶏卵を始め，いくつかの畜産物が比較的高い自給率を維持しているが，濃厚飼料のほとんどは輸入品である。

日本は1999年の**食料・農業・農村基本法**で，食料自給率の維持向上を謳（うた）った。2015年3月に策定された「食料・農業・農村基本計画」では，**総合食料自給率**[2]に関する2025年度の目標として，**熱量（カロリー）ベース**で2013年度の値である39%から45%に，**生産額ベース**では同じく65%から73%へ，それぞれ引き上げるとしている（図2-15）。日本の食料自給率は，主要先進国のなかで，きわめて低い水準のグループに属する（表2-5）。

◆自給率低下の要因　日本の自給率がなぜこのように低下したのか。農業生産の縮小や輸入の増加にのみ，目が向きはしないだろうか。しかし図2-12でみたように，日本の食料生産は一定の水準を保つ時期もあった。「自給率低下の原因は国内生産の衰退」あるいは「輸入拡大とそれによる国内生産の縮小」とだけ簡単に考えることはできず，米など自給率が相対的に高い食品の消費減少，畜産物など伝統的に生産・消費していなかった食品の需要増加が重要である。

◆食料自給力　食料安全保障の観点では，潜在的な生産力も重要である。国内の農地などをフル活用した場合にどれだけの食料を生産することが可能かを試算した**食料自給力指標**が，2015年に国によって提起された。

[1]「食料需給表」の数値をもとに算出される。品目別自給率は，重量ベースで，

$$\frac{\text{国内生産量}}{\text{国内消費仕向量}}\times 100$$

と定義される。国内消費仕向量とは，国内生産量に純輸入と在庫の純増を加えたもの。在庫変動を0とすると，純輸出であれば，自給率は100%をこえる。

[2]供給熱量または生産額に基づき，食料全体を集計する指標が総合食料自給率である。畜産物・加工食品生産の輸入飼料・原料は，自給分から除外される。

表2-5　総合食料自給率の国際比較（2013年，熱量ベース）

国名	総合食料自給率（%）
アメリカ	130
カナダ	264
ドイツ	95
スペイン	93
フランス	127
イタリア	60
オランダ	69
スウェーデン	69
イギリス	63
スイス	50
オーストラリア	223
韓国	42
日本	39

（農林水産省HPによる）

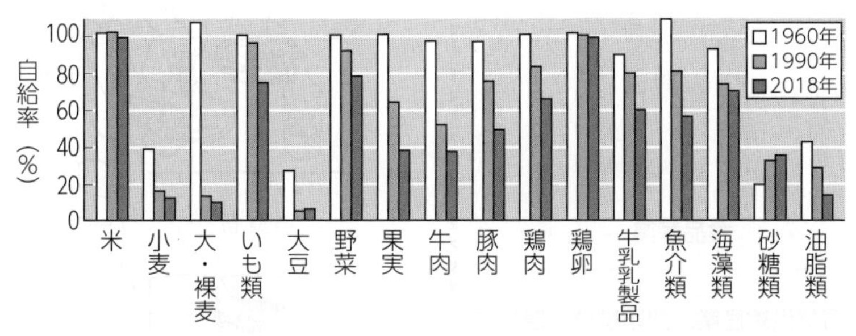

図2-14　品目別自給率の推移

（農林水産省「食糧需給表」による）

注：2018年は概算値。

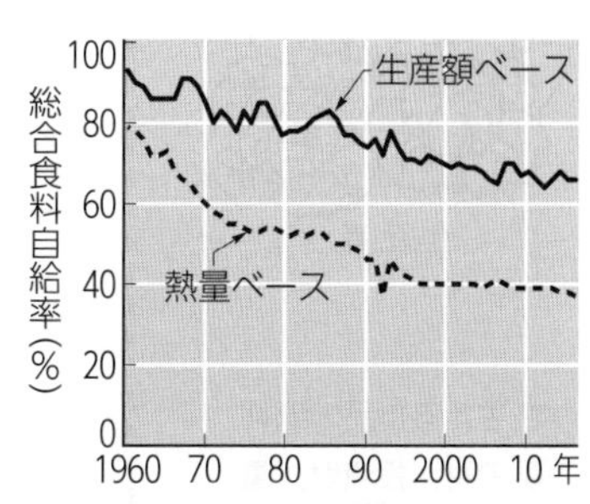

図2-15　総合食料自給率の推移

（図2-14と同じ資料による）

4 ………私たちをとりまくフードシステム

目標
- ●経済全体に占める食品流通の位置づけを理解する。
- ●フードシステムのしくみを理解する。

1 フードシステムのしくみ

食品に関連する産業の分類とフードシステム

私たちの食生活を支える産業の範囲を広くとらえているのは，農林水産省の定義による**農業・食料関連産業**[1]という概念である(図2-16)。

食品産業という用語は，**食品流通業**，**食品製造業**および**外食産業**からなる狭い概念である。食品流通業は，さらに**食品卸売業**と**食品小売業**からなる。

農業・食料関連産業と食品産業の中間的な概念である**フードシステム**[2]という用語が，近年はよく使われている。

フードシステムは，農場や海・川・湖沼など生産現場から加工，販売にいたる食品の流れを形成する。これを川の流れにたとえて，農水産業を**川上**(かわかみ)**産業**，食品製造業と食品卸売業を**川中**(かわなか)**産業**，外食産業と食品小売業を**川下**(かわしも)**産業**とよぶ。食品流通業は，川中と川下にまたがる産業ということになる。また，消費者は**みずうみ**(湖)にたとえられる。

[1] 農・漁(水産)業，食品製造業，外食産業のほか，肥料・農薬やトラクタなど生産資材と設備を供給する産業(資材供給産業および関連投資)，そして以上の産業のかかわる関連流通業までを含む。農・漁業は，農林水産省の定義では，林業の一部(キノコなどの特用林産物)を含むことになっている。また，関連流通業は，商業と運輸業からなる。

[2] 農水産業と食品産業を含む概念である。

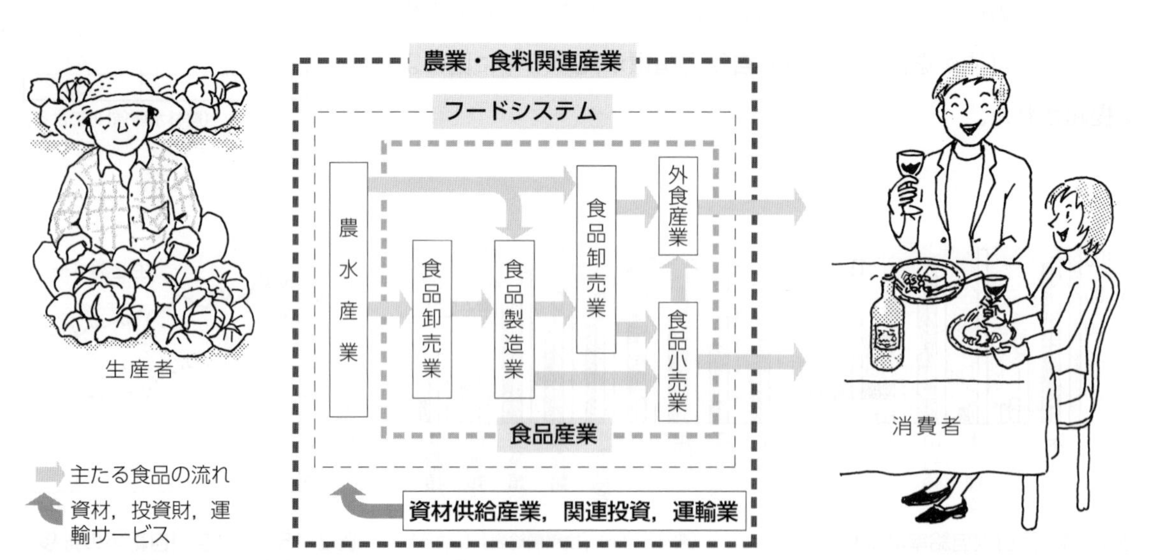

図2-16 農業・食料関連産業とフードシステムのしくみ

経済全体に占める農業・食料関連産業の地位

日本の農水産業は，**産業構造の高度化**[1]の過程で相対的な地位が低下しているが，1990年代以降は，絶対的な水準としての生産額もまた減少傾向を示している。

就業者数の構成をみると，第１次産業では一貫して減少し，2019年２月で178万人，全産業(約6656万人)に占める割合は2.7%である。ちなみに第２次産業の就業者数も，1990年代に入ってからは減少傾向となり，日本経済の**ソフト化**[2]**・サービス化**がますます進んでいる。現在，およそ３分の２の就業者が第３次産業に従事している[3]。

農業・食料関連産業が経済全体に占める地位の変化を，生産額でみたのが図２-17である。全産業に占める農業・食料関連産業の割合が低下するなか，内訳として，農・漁業と食品製造業が相対的な地位を低下させ，外食産業を構成する飲食店と流通業(商業)の相対的な地位は上昇したことがわかる。経済全体，そして農業・関連産業と食料消費の動向を反映する動きといえる。

◆６次産業化　通常の産業分類にしたがって川上に向かうほど，その市場の成長度は低くなる傾向がある。このため，農林水産業のみを担ってきた農林漁家などが，加工，直売所やインターネットでの販売，さらに農村レストランや民宿経営などで多角化して，高付加価値・高所得を実現する方向性が推進されている。これを**６次産業化**とよぶ[4]。

❶経済発展にともなって，第１次産業の比重が下がり，第２次産業，さらには第３次産業の比重が，生産額，就業者数でみて高まっていくことをいう。多くの国でも一般的にみられる傾向で，これを**ペティ＝クラークの法則**とよぶ。

❷機械や設備(ハード)よりも，情報や技術，デザインなどソフト面により多くの金をかけるようになること。

❸統計数値は「労働力調査」(総務省)による。

❹農林漁業者が，生産(第１次産業)，加工(第２次産業)，販売やサービス(第３次産業)を兼ねたり，２次，３次産業と連携したりするので，以上の数値を加えて(あるいは掛け算しても)６になることから命名された(→p.113)。

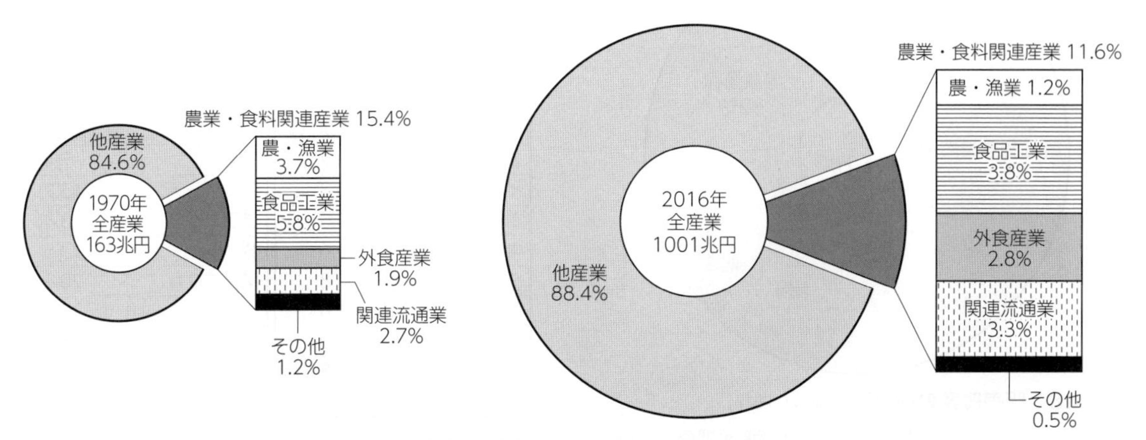

図２-17　全産業に占める農業・食料関連産業の地位(生産額ベース)　(農林水産省「農業・食料関連産業の経済計算」による)

注：「その他」は関連製造業のうちの資材供給産業および関連流通業のうちの運輸業。流通業とは関連流通業のうちの商業。

2 フードシステムを構成する産業

フードシステムは，特徴の異なるさまざまな産業により構成されている。ここでは，フードシステムを川上からたどり，どれほどの企業・**経営体**[❶]と就業者がそれぞれの産業にかかわっているのかをみる。 5

川上産業：農水産業

2015年，日本では約216万戸の**農家**と8万戸あまりの漁業経営体が，農畜産物と水産物を生産している[❷]。しかし，会社組織による大規模な経営は少なく，家族経営や小規模な共同経営が大部分である[❸]。 10

農業に関して，日本の農地面積が約442万haであることから[❹]，農家１戸あたりの所有面積は2.0haとなる。これは国際的にみるとそれほど低い水準ではないが，アメリカやオーストラリア，また，先進国からなるEU諸国などに比べると，100分の１から10数分の１という水準である(表２-６)。前節でみたように，日本の農業が 15 国際競争力をもたない最大の原因である。

農家も漁家も減少が激しく，2010年に比べると，それぞれ約37万戸，４千戸の減少となっている[❺]。また，他産業への就業と兼業する世帯が多い(図２-18)。就業者数の減少は先にみたとおりであるが，2018年の農業就業者の平均年齢は66.6歳と，**高齢化**の進展 20 が激しい。また新規学卒就業者がほとんどいないという特徴もある。

❶農漁家，会社，共同経営，協同組合，生産組合など，さまざまな形態を総称して経営体とよぶことがある。

❷以下の統計数値は，「農林水産基本データ集(平成31年４月１日現在)」(農林水産省)による。原資料は，「2015年農林業センサス」「作物統計」などである。

❸ここでの数字は農産物をほとんど販売しない自給的農家を含む。農産物を一定金額以上販売した実績のある販売農家数は，2018年現在で116万戸にすぎない。

❹「作物統計」による2018年現在の数値。

❺「2015年農林業センサス」による。通常，就業者に関する統計としては，「労働力調査」が用いられるが，農業と水産業に関しては，農林水産省が独自の調査による統計を公表している。定義などの違いにより，異なった数字となる。

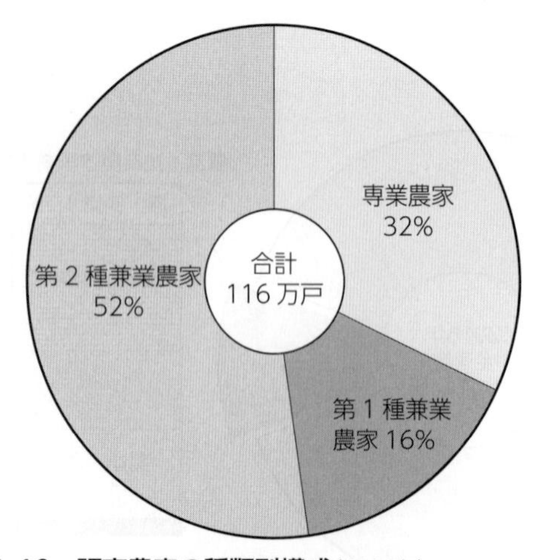

図２-18　販売農家の種類別構成(2018年)

(農林水産省「農業構造動態調査」による)

注：1)「第１種兼業」は農業所得が非農業所得よりも多い農家。
　　2)「第２種兼業」は非農業所得が農業所得よりも多い農家。

表２-６　農業者1人あたりの農地面積の国際比較

(2011年)

国名	1人あたりの農地面積(ha)	国名	1人あたりの農地面積(ha)
エジプト	0.2	イタリア	7.4
インド	0.3	スウェーデン	13.2
エチオピア	0.5	ブラジル	13.4
中国	0.6	ドイツ	13.5
タイ	0.8	南アフリカ	20.2
日本	1.8	フランス	23.9
ナイジェリア	1.9	アルゼンチン	48.0
イラク	4.8	アメリカ	81.6
メキシコ	5.2	オーストラリア	471.4
		世界平均	1.9

(FAOSTATによる)

農用地面積を農業人口で除した値。

川中産業：食品製造業

2017年現在，日本には製造業全体で約37万の**事業所**[1]がある。そのうち食品製造業[2]は全体の13％，約46,700事業所を数える。1965年には95,200事業所，製造業全体に占める割合も17％であった。しかし，製造業全体に占める割合は1980年以降あまり変化しておらず，食品製造業は**一割産業**とよばれる。また2017年現在，製造業全体に従事する**従業者**[3]数は792万人，総販売額は305兆円に上り，食品製造業はそれぞれ16％と13％を占める。

その平均的な規模は，１事業所あたりの従業者数でみると製造業平均よりも26％多い約27人，従業者１人あたりの出荷額は約3,000万円で，製造業全体を２割下回る。

事業所間あるいは企業間，さらには産業間での格差は大きく，多くの販売額をあげる少数の大企業と大多数の零細企業が併存する状況となっている[4]。表２-７で，食品製造業にはどのような産業が所属するのかもわかる。

❶「工業統計表」(経済産業省)による。工場・加工所など，１区画を占めるものをいい，複数の工場や加工所を経営する企業とは違う。

❷「工業統計表」の用語では食料品製造業。ここでは,「飲料・たばこおよび飼料・有機質製造業」を含めて食品製造業としている。

❸就業者数から臨時雇用者などを除くが，定期的に雇用されている通常のアルバイト・パートなどは含む。

❹一般に大企業ほど雇用や賃金が安定していることが多く，たんに企業の規模だけではない経済状況の格差がある。このような状況を二重構造とよび，しばしば問題とされる。製造業に分類される企業や事業所には，大規模なものもあれば小規模なものもある。食品製造業においても事情は同じである。

表２-７　食品製造業のさまざまな業種

業　種	事業所数に占める割合（％）	従業者数に占める割合（％）	出荷額に占める割合（％）	従業者１人あたりの出荷額（百万円）
食料品製造業				
畜産食料品	6.2	12.5	17.0	41
水産食料品	15.8	11.6	9.0	23
野菜缶詰・果実缶詰・農産保存食料品	5.1	3.8	2.0	16
調味料	5.4	4.4	5.2	36
糖類	0.3	0.5	1.4	81
精穀・製粉業	2.3	1.2	3.5	85
パン・菓子	17.3	20.6	13.5	20
動植物油脂	0.5	0.8	2.5	92
その他の食料品	32.3	36.0	20.5	17
飲料・たばこ・飼料製造業				
清涼飲料	1.6	2.3	5.6	72
酒類	4.2	2.9	9.1	97
茶・コーヒー（清涼飲料を除く）	5.9	1.7	1.6	28
製氷業	0.6	0.2	0.2	23
たばこ	0.0	0.1	5.8	1,264
飼料・有機質肥料	2.5	1.2	3.3	81
食品製造業全体	100.0	100.0	100.0	30
製造業全体に占める割合	12.7	16.0	12.6	78.8%

(経済産業省「平成29年　工業統計表」による)

コラム　産業の集中度

独占禁止法を司る公正取引委員会は，主要産業における経済力集中の実態を把握する目的で，生産・出荷集中度という指標を作成している。これは，個別事業者(事業所単位ではなく企業)の国内での市場占拠率をもとに，上位３社による市場占有率(累積集中度：ＣＲ3とよぶ)，上位10社による市場占有率(CR10)，などと算出される。2014年における品目別のCR３をみると，発泡酒，ウイスキー，カレーなどのルウ類で90％をこえるほか，マヨネーズ，パン，小麦粉，即席麺，スポーツドリンクなども高い値を示している。

川中・川下産業：食品流通業

2016年，「商業」とよばれる流通業は全国に約136万の事業所があり，1,160万人の従業者が働いている[1]。流通業は，川中産業である卸売業と川下産業である小売業に分類することができる。事業所の数，従業者とも小売業が圧倒的に多い。

食品流通業に関しては次章でも詳しく説明するので，以下では事業所数，従業者数，商品出荷額，従業者一人あたりの出荷額の4つの指標を紹介する(表2-8)。

◆食品卸売業　卸売業は全体で，36万の事業所数，従業者数で394万人を数える。そのうち，食品卸売業[2]の事業所は7.1万件(19%)，従業者数は77万人(20%)で，89兆円(20%)の商品販売を行っている。事業所数，従業者数は生鮮魚介卸売，野菜卸売が多いが，1人あたりの出荷額は，酒類，米麦，砂糖・味噌(みそ)・醤油(しょうゆ)などの順で多い。

食品卸売業を営む事業所の2016年における平均的な姿を描くと，11人の従業者(男女比は6：4)で，1年間の販売額はおよそ12億6000万円，従業者1人あたりでは1億1500万円である。

❶「平成28年経済センサス」(経済産業省)による。以下の統計数値も同じ。

❷「商業統計表」(経済産業省)では，「飲食料品卸売業」という用語が使われている。

表2-8　食品卸売業のさまざまな業種(2016年)

業種	事業所数(構成比)		従業者数(構成比)		商品出荷額(十億円)(構成比)		従業者1人あたりの出荷額(百万円)
農畜産物・水産物卸売業	33,461	(47.4)	346,246	(44.8)	36,837	(41.4)	106
米麦	2,375	(3.4)	18,136	(2.3)	3,335	(3.8)	184
雑穀・豆類	817	(1.2)	6,920	(0.9)	1,033	(1.2)	149
野菜	7,542	(10.7)	101,233	(13.1)	9,650	(10.9)	95
果実	1,692	(2.4)	18,435	(2.4)	1,765	(2.0)	96
食肉	6,368	(9.0)	65,755	(8.5)	8,368	(9.4)	127
生鮮魚介	10,390	(14.7)	94,910	(12.3)	9,138	(10.3)	96
その他の農畜産物・水産物	2,732	(3.9)	27,264	(3.5)	3,289	(3.7)	121
食料・飲料卸売業	35,672	(50.5)	414,287	(53.7)	52,059	(58.6)	126
砂糖・味噌・醤油	1,070	(1.5)	8,417	(1.1)	1,311	(1.5)	156
酒類	2,720	(3.9)	38,759	(5.0)	8,976	(10.1)	232
乾物	2,424	(3.4)	17,725	(2.3)	963	(1.1)	54
菓子・パン類	4,364	(6.2)	47,657	(6.2)	4,286	(4.8)	90
飲料(別掲を除く)	2,100	(3.0)	35,543	(4.6)	4,366	(4.9)	123
茶類	1,822	(2.6)	13,833	(1.8)	820	(0.9)	59
牛乳・乳製品	2,392	(3.4)	27,581	(3.6)	3,725	(4.2)	135
その他の食料・飲料	13,880	(19.7)	175,793	(22.8)	26,088	(29.3)	148
飲食料品卸売業全体	70,613	(100.0)	772,054	(100.0)	88,897	(100.0)	115
卸売業全体に占める割合	19.4		19.6		20.4		104

(経済産業省「平成28年経済センサス」による)

注：産業中分類および産業細分類格付不能の事業所を含めているため合計と内訳の合計が一致しない場合がある。

◆**食品小売業**　おもにとり扱う商品の種類による**業種**と，店舗の形態による**業態**(ぎょうたい)という，２種類の分類が一般的である。**商業統計表**では，食料品をおもにとり扱う**飲食料品小売業**(いわゆる**商店**)と，食料品以外の雑貨などもとり扱う**百貨店・総合スーパー等**[1]に業種を分類している(表２-９)。

全国に99万ある小売事業所のうち，飲食料品をとり扱う両業種に属する事業所は，30万件(31%)を占め，従業者は337万人(44%)，商品販売額は54兆円(38%)となっている。菓子・パンや，酒類の小売業のほか，コンビニエンスストアの割合が多い。

食品小売業を構成するのは，ほとんどが零細な商店で，生産性が低いため，事業所数は1991年の62万から2016年にはおよそ半数の30万に減少した。

[1] 正式には「各種商品小売業」。従業者が常時50人以上のものだけを百貨店・総合スーパーとし，それ以外は「その他の各種商品小売業」としている。

コラム　ドラッグストア

近年著しい成長をみせた業態にドラッグストアがある。もともとはコンビニエンスストアに似た営業形態で薬品や化粧品を中心に扱うものが多かったが，しだいに日用雑貨や食料品をとり扱うようになった。事業所数は2016年に1.5万を数えるが，すべてが食料品をとり扱うわけではなく，表2-9には計上されていない。

表２-９　食品小売業のさまざまな業種

業種	事業所数に占める割合(%)	従業者数に占める割合(%)	商品出荷額に占める割合(%)	従業者１人あたりの出荷額(百万円)
各種商品小売業*1	1.1	10.6	23.7	36.1
飲食料品小売業	98.9	89.4	76.3	13.8
各種飲食料品小売業*2	9.1	30.4	37.7	20.0
野菜・果実小売業	6.1	2.5	1.8	11.4
食肉小売業	3.7	1.7	1.3	12.4
鮮魚小売業	4.5	1.7	1.3	12.9
酒小売業	10.7	2.8	2.9	16.4
菓子・パン小売業	20.5	11.0	4.4	6.5
その他の飲食料品小売業*3	43.8	38.0	26.9	11.4
うちコンビニエンスストア	16.4	22.2	16.0	11.6
各種商品小売業＋飲食料品小売業	100.0	100.0	100.0	15.7
小売業全体に占める割合	30.5	44.0	37.5	85.3

(経済産業省「平成28年経済センサス」による)

＊1　百貨店・総合スーパーは各種商品小売業に分類される。
＊2　酒類，食肉，鮮魚，野菜，果実，菓子・パン，米穀類を複数扱うもの。
＊3　牛乳，茶類，料理品などをおもに扱うもの。

コラム　フードシステムの砂時計構造

フードシステムを川上から川下にたどると，最も川上の農水産業を支える経営体が膨大な数に上るのに対して，川中の食品製造業と食品卸売業の事業所数ははるかに少なく，川下の食品小売業および外食産業にいたると，再び膨大な数の事業所によって支えられていることがわかる。

この構造は中央部分がくびれた砂時計の形に似ている。

川下産業：外食産業

食の外部化の進展により，私たちが家庭の外で食事をする機会は増えている。そして，これを支える外食産業の市場規模[1]も，1975～2018年のあいだに３倍ほどに成長し，販売金額にして26兆円と推計されている(図２-19)。外食の増加は，もともと所得水準の上昇を背景としているので，景気が非常に低迷した1997～2002年の５年間，また2008～2011年にかけては，毎年，市場規模が縮小した[2]。

外食産業には，各種の飲食店・居酒屋，ホテルのパーティ会場など，そもそも飲食を目的に利用されるもののほかに，宿泊施設・病院・航空機内・社内食堂での食事や学校給食も，外食であることにかわりはなく，さまざまな形がある。したがって，外食を提供する事業所数や就業者数を正確にとらえることは困難だが，政府統計[3]から「飲食店」だけをとってみると，2014年時点で，62万の事業所と423万人の従業者がたずさわっている。飲食店数は2009年に比べ８％ほど減少し，従業者数は４％減少した。個人事業者が全体の７割を占め，１事業所あたりの従業者数は6.8人と零細事業者が多く，また女性従業者が男性従業者より多いこともこの業界の特徴である。

❶外食はさまざまな業種・業態で提供されることから，その実態を正確に把握するのはむずかしく，さまざまな統計資料を用いて推計される。

❷1997年には，29兆円をこえる市場規模になった。

❸「宿泊業･飲食サービス業」に関する以下の統計数値は，いずれも総務省発表の「経済センサス－基礎調査」(2009年および2014年)による。

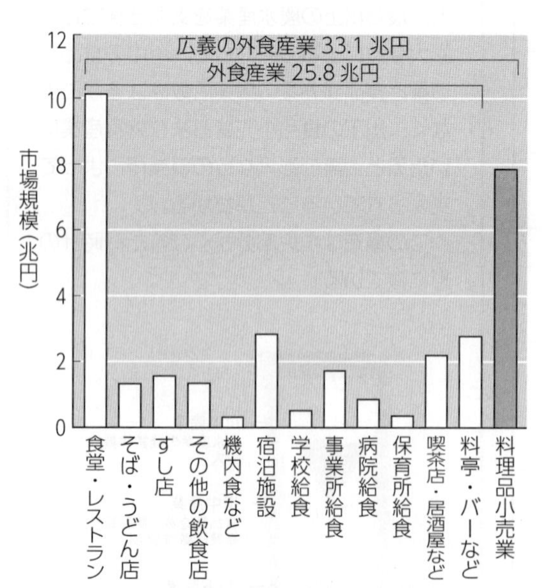

図２-19　外食産業を構成する業種と市場規模(2018年)

(一般社団法人日本フードサービス協会「平成30年外食産業市場規模の推計について」による)

注：「事業所給食」には弁当給食を含む。

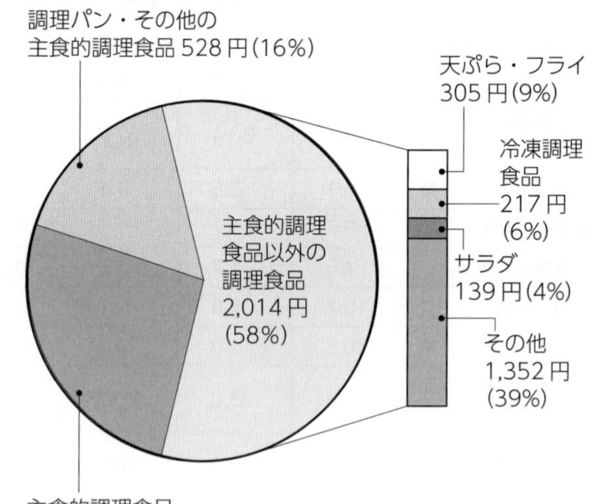

図２-20　家計消費における調理食品購入金額の内訳

(2018年)　(総務省「家計調査」による)

全国２人以上世帯についての調査で，金額・実数値は１人１か月あたり円。

注：主食的調理食品以外の調理食品の「その他」は，惣菜材料セット，やきとり，ウナギのかば焼き，ぎょうざなど。

中食を供給する産業

近年の食生活における外部化の進展では，外食ではなく，むしろ中食の拡大が大きく寄与している[1]。中食を供給する産業の実態をこれまでのような政府の公式統計でとらえることはむずかしいが[2]，最も代表的な推計では，2018年において7.3兆円とされている。これにより，食の外部化を支える**広義の外食産業**の市場規模は33兆円となる(図2-19)。

ちなみに，「経済センサス」によるコンビニを含まない「料理品小売業」だけをとらえると，2014年で約2万事業所がある。減少が著しく，この10年ほどで半減した。15万人が従事し，1.1兆円を販売している。零細事業者の割合がとりわけ高く，従業者1人あたりの販売額は年間751万円にすぎない。また中食の内訳を，家計消費での支出金額でとらえたのが図2-20である。内容は多様であるが，ご飯を主とする弁当類が3割近くを占める。

❶「家計調査」による「調理食品」の購入金額をもって中食とみなした。この場合，こづかいや交際費などによる支出は含まれていない。

❷なぜなら，中食となる調理食品は，惣菜や弁当のテイクアウトなどを主として販売する小売店だけではなく，コンビニやスーパーなども販売しているし，伝統的な出前やテイクアウト商品を扱う飲食店も多く，標準的な産業分類によって中食産業を定義することが困難だからである。

コラム　フードシステムから排出される廃棄物

私たちに食品を供給するフードシステムも，通常の産業活動として，さまざまな廃棄物を排出している。最大のものは家畜糞尿(ふんにょう)で，日本全体の産業廃棄物およそ4億トンのうち約20%を占めるが，ほとんどが肥料などとして再利用(リサイクル)される。また食品廃棄物(左図)は，フードシステムを支える産業による事業系廃棄物(産業廃棄物および一般廃棄物)および家庭系廃棄物として排出されている。

一般に，事業系廃棄物として，ときに2,000万トン程度の数値を目にしているかもしれない。しかし，この場合の対象とは「食品廃棄物等」であり，大豆粕(かす)，ふすま(小麦を精麦したさいに削られる糠(ぬか))など有価物として取引され濃厚飼料や肥料の原料，またエネルギー利用される部分，約1,400万トンを含む。誤解をまねきやすいとり扱いとなっているので注意しよう。また，以上の数値は2015年度のもので，いずれも環境省「食品廃棄物等の利用状況等(平成27年度推計)〈概念図〉」による。

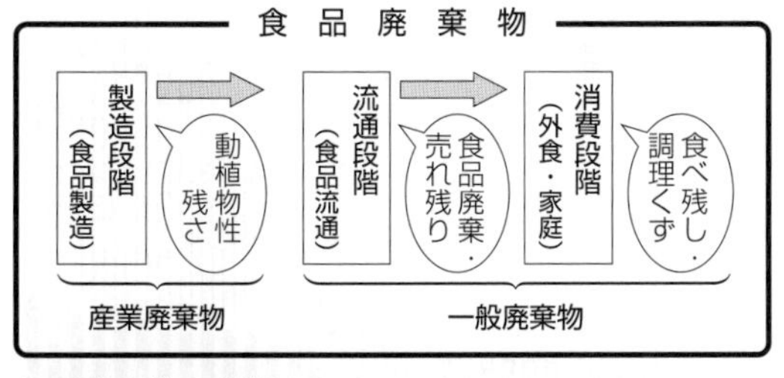

食品廃棄物の分類

(環境省「2012年版環境・循環型社会・生物多様性白書」による)
事業活動にともなって発生した廃棄物のうち，法令で定められた20種類のものを**産業廃棄物**といい，それ以外を**一般廃棄物**という。前者は事業者の処理責任，後者は市町村の処理責任である。一般廃棄物はし尿とゴミ(さらに事業系と家庭系に分離)からなる。

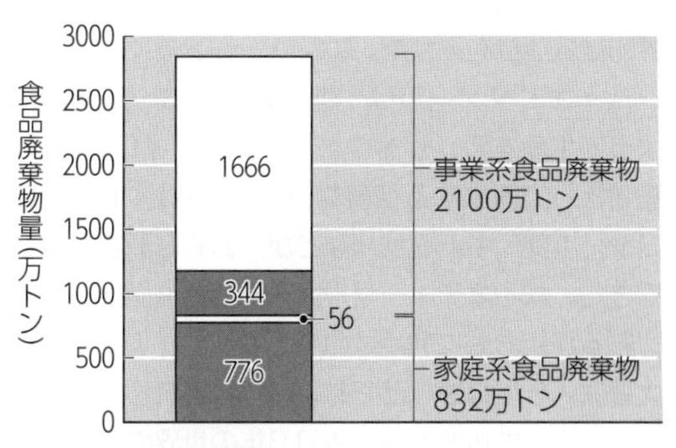

食品廃棄物等の発生と処分(平成27年度)

(環境省による)
白塗り部分が再生利用されたもの，黒塗り部分が焼却・埋め立て処分されたものである。

研究問題

1 日本の食料消費に関して，1)戦後から近年までの経済発展の過程で，どのように変化したか，2)栄養バランスからみた問題点は何か，3)食の外部化とはどのような状況であるのか，3点を要約してみよう。また，4)食の外部化をもたらす要因を，私たち自身の生活と対比させて考えてみよう。

2 日本の総合食料自給率(熱量ベース)が約40%という低水準にまで低下したことの理由・背景を，1)国内生産，2)食料消費，3)食品の貿易，の観点から考えてみよう。

また，日本と同じ先進国のアメリカやEU諸国の食料自給率は高い。この違いをもたらしている要因は何かも考えてみよう。

3 フードシステムを支える産業にはどのようなものがあり，それぞれどのような役割を果たしているといえるかをまとめてみよう。

4 日本の食品流通業について，その産業としての特質を要約してみよう。

5 食品の国際貿易の流れにはどのような特徴があるか，そのような特徴をもたらしている要因は何か，またどのような問題を生じていると考えられるか，グループで話し合ってみよう。

コラム バイオ燃料と食料

地球温暖化の原因とされるCO_2の排出削減などのため，化石燃料にかわる資源としてバイオマスが注目されている。薪炭(しんたん)，家畜の糞，作物残さなどは，むかしからある伝統的なバイオマスエネルギーであるが，今日注目されているものにバイオ燃料がある。おもにはバイオエタノールとバイオディーゼルの2種類があり，それぞれガソリン，軽油に代替する。ブラジルは1930年代から利用していたが，2000年代になると，アメリカやEU諸国を始めとして世界的な広がりをみせた。

バイオエタノールは，糖質のアルコール発酵によって生産する。サトウキビ・テンサイ(砂糖の副産物として産出する糖蜜ないしは砂糖)・トウモロコシ・小麦・キャッサバなどが，おもな原料となってきた。バイオディーゼルは，動植物油脂から精製されるが，おもに利用されてきたのは，パーム油・大豆油・なたね油などである。図はこれらバイオ燃料生産量の推移である。2018年の世界の原油生産量は，45億トンであった。

糖蜜以外の原料は，食料や家畜飼料との競合が懸念される。そこで，ジャトロファ(有毒な油脂を産する熱帯果実)や藻類などの新たな原料の利用，木質(もくしつ)・稲(いな)わらなどのセルロースの糖化・発酵，あらゆるバイオマスが理論上は利用可能となる熱分解などの新技術によって，食料との競合を避けるための努力が続けられている。

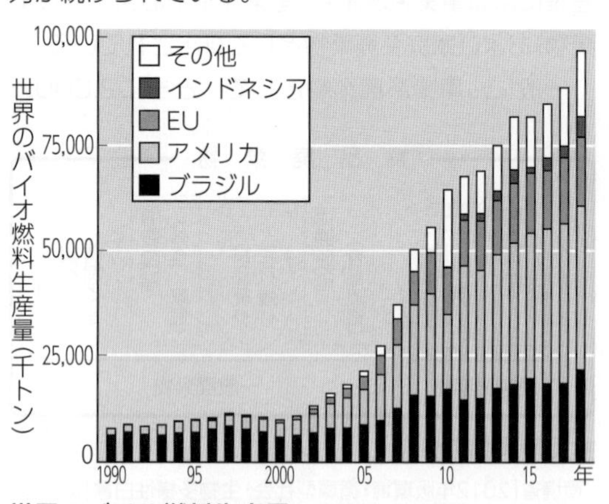

世界のバイオ燃料生産量(1990～2018年)

(「BP世界エネルギー統計」による)

エネルギー密度により原油換算した数量である。

第3章

食品流通のしくみと働き

1 食品流通の特徴

2 食品流通のしくみ

3 価格の形成と流通経費

1  食品流通の特徴

目標
- 商品としての食品の特徴を理解する。
- 流通からみた農業生産の特徴を知る。
- 食品の需要の特性を学ぶ。

1 商品の特徴

食品とは，人間が日常的に食物として摂取するものの総称である。しかし，食品とは何かについて，どこでも通用するという定義はなく，その時々に応じて使い分けているというのが実情である。それでは，食品を商品としてみた場合，どのような特徴をもっているのだろうか。食品とひと口にいっても多種多様であり，一般的な特徴をあげるのはむずかしいが，生鮮食品に注目すれば，次のような特徴があげられる。

乏しい貯蔵性

ほとんどの食品には，いちばんおいしく食べることのできる時期「食べ頃」というものがある。この「食べ頃」を逃がしてしまえば，しだいに風味が落ち，さらに時間がたてば腐敗して食べることができなくなる。つまり食品は，長く貯蔵しておけば新鮮さを失い，徐々に商品としての価値を失っていくのである。

鮮度とは，食品の新鮮さを表すことばであるが，鮮度を保ち新鮮な食品を消費者に送り届けるために，食品流通の現場ではさまざまな工夫(くふう)がなされている。たとえば，第６章で学ぶように，冷蔵・冷凍を始めとする**温度管理技術**，迅速に食品を輸送するための技術などが鮮度維持に大きく役立っている。また，第５章で学ぶ食品衛生法などの法律や規格・基準を設けることによって，古くなった食品が消費者に渡らないようなしくみをつくっている。

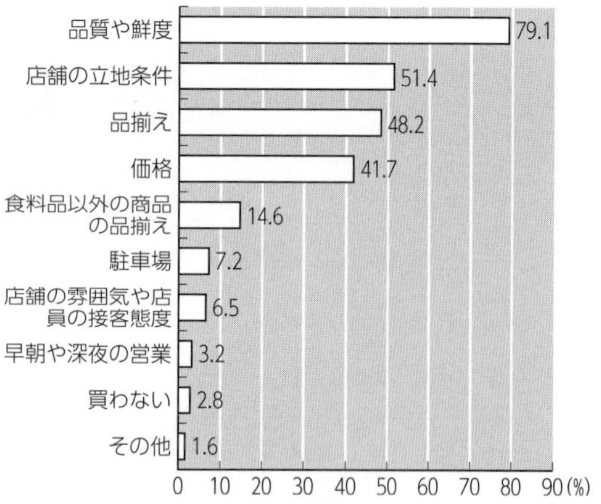

項目	(%)
品質や鮮度	79.1
店舗の立地条件	51.4
品揃え	48.2
価格	41.7
食料品以外の商品の品揃え	14.6
駐車場	7.2
店舗の雰囲気や店員の接客態度	6.5
早朝や深夜の営業	3.2
買わない	2.8
その他	1.6

0 10 20 30 40 50 60 70 80 90 (%)

図3-1　消費者が生鮮食品を購入するときに重視すること

(東京都「食品の購買意識に関する世論調査」(2016年)による)
東京都に住む消費者1653人へのアンケート調査，複数回答

規格化がむずかしい

農業や水産業など生物を対象にして生産活動を行う産業では，天候などの自然条件の影響を受けるため，生産物には必ず個体差が生じる。大きさ・色・品質などを指定し，製品の規格化を進めたくても，工業製品のように厳密なものはできない[1]。また，たとえ技術的に規格化が可能だとしても，それは，非常に費用がかかるものとなってしまう。

規格化された工業製品や加工食品などは，実際に商品をみなくても，その商品の規格を知るだけで売買の取引ができる。それに対して，規格化のむずかしい生鮮食品の場合は，売り手と買い手が1か所に集まって，商品を目にしてから取引を行う必要がある。**卸売市場**(→p.65，91)ができた背景には，このような事情もある。

❶たとえば，表3-1にあるキュウリの出荷規格をみてみよう。日本の青果物の規格は世界的にみると非常に細かく決められているが，それでも工業製品と比べた場合は緩やかにみえる。

製品差別化がしにくい

製品差別化とは，競争相手の製品と区別させるため，品質，包装，デザインイメージなどで自分の製品を特徴づけて，買い手に強調することである。乗用車を例にとれば，人を乗せて走るという機能においては，どのメーカーの乗用車も同じようなものである。しかし，デザインを改良したり，インテリアを豪華なものにかえたり，カーナビを標準装備にしたりというように，各メーカーはそれぞれに工夫をこらし，自社の車は他社とは違うということをアピールし，売上を伸ばす努力をしている。

品質やデザインなどを比較的自由にかえることのできる工業製品と比べ，農水産物は製品差別化を行いにくい。ただし，近年ではこうした農水産物の特性にもかかわらず，さまざまな工夫をすることによって，製品差別化への試みがなされている。たとえば，有機栽培や無農薬栽培をアピールした青果物や，特別な飼料を使って飼育したことを強調した牛肉なども製品差別化といえる。これらは**産地間競争**に生き残るための生産者たちの努力の現れである。

調べてみよう
日頃，目にする農産物や水産物で，どのような製品差別化が行われているか調べてみよう。

表3-1　キュウリの出荷規格(品質区分のA品は品質・形状・色沢良好なもの，B品はA品につぐもの，である。)

形量区分	選別標準		調整	容器	内容量	荷造方法
	重量(1本)	1箱入本数				
L	120g以上140g未満	39～42	①過熱，割れ，傷みを除く。 ②曲がりは次のように区分する。 A品：1.5cm以内 B品：3.0cm以内	D·B	5kg標準	2箱重ねとし，キの字がけにする。
M	110g以上120g未満	48				
S	90g以上110g未満	54				
2S	80g以上 90g未満	60				

2 生産の特徴

調べてみよう

農産物の生産量の変動は，世界的な穀物価格の変動の原因ともなっている。たとえば2006年から2007年にかけてのオーストラリアにおける干ばつ，ヨーロッパの天候不順，2012年のアメリカにおける干ばつなどは，世界的な穀物価格高騰の引き金となった。インターネットや図書などで，穀物生産量の変動と穀物価格の関係を調べてみよう。

生産量の変動

農産物の生産は，自然条件に大きく影響されるので，生産量は年によって変動する。米を例にとれば，夏場に低温の日が続けばイネは生育せず不作となるが，逆に，天候に恵まれ日照量が十分あれば豊作となる。日本の稲作は技術的に世界最高水準にあり，農産物のなかでは収量が安定しているが，それでも自然条件の変化にともなう変動は大きく，ときには冷害に代表される異常気象によって，極端な不作となることもある。

生産量が変動することによって問題となるのは，生産物の価格が不安定となることである。価格は需要量と供給量のバランスによって決まるが，生産量が変動するということは供給量が不安定になるということであり，それによって価格も不安定になる。

第1章でも学んだように，価格が不安定になるということは，消費者にとっても，生産者にとっても不利益となる。農産物の生産量が変動することによって，農産物価格が乱高下するのを防ぐために，さまざまな対策が政府によって実施されている。その政策のことを**農産物価格安定政策**[❶]とよんでいる。

❶豊作のときに政府が買い入れて備蓄し，不作のときに売り払う「市場介入方式」も農産物価格安定政策の一つである。

コラム 水稲と冷害

日本の米どころである東北地方は，古くから冷害に悩まされてきた。オホーツク海高気圧が夏季に張り出し，北海道から東北にかけて冷たい北東風を吹かせるが，冷害の多くはこの**やませ**によってもたらされる。東北地方では数年に一度の頻度で冷害が発生しているが，ひとたび冷害が発生すると被害は甚大になる場合がある。たとえば1993年の大冷害では，東北全体の水稲**作況指数**が56となり，市町村のなかには収穫が皆無となったところもあった。

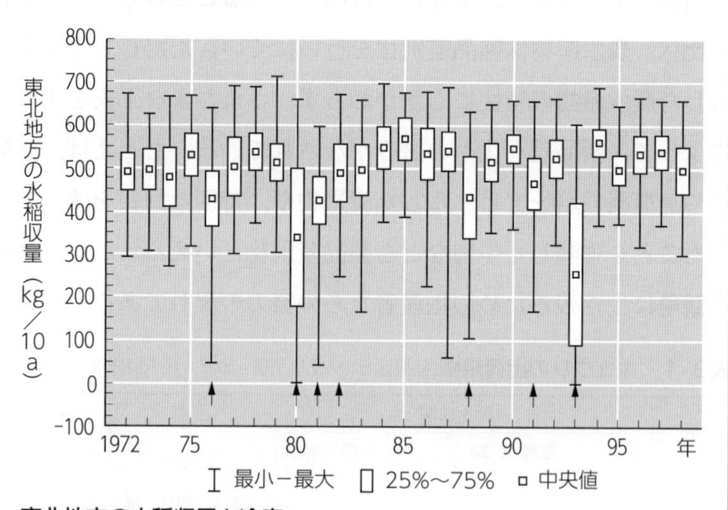

東北地方の水稲収量と冷害

（農業・食品産業技術研究機構「図説：東北の稲作と冷害」による）
市町村ごとの水稲収量データを用いて表示。図の矢印は冷害の年を表す。

長い生産期間

穀物や野菜などの農産物にしても，豚肉や牛乳などの畜産物にしても，工業製品と比べると生産のためには長い時間が必要である。このことは，将来価格の予想をしなければならないという困難な問題を生産者にもたらしている。

養豚経営者が生産計画をたてる場合を例に考えてみると，子豚がうまれてから出荷されるまで，通常は６か月前後の期間がかかる。生産者が何頭の豚を飼育するかを決めるためには，現在の豚の価格はあまり参考にならない。なぜならば，いまの価格が維持されるという保証はなく，６か月ほど先には大きく価格がかわっているかもしれないからである。したがって，養豚経営者は，的確な生産計画をつくるためには，将来価格を正確に予想しなければならないが，これは非常にむずかしいことである。

このように，農産物の場合には生産期間が長いという特質のために，生産者は農産物価格の不確実性によるリスクを負担することになる。

コラム

農産物価格の周期変動

農産物の生産期間が長いことによって，農産物価格が周期的に変動する現象をひき起こす場合があることが知られている。子牛生産を例に説明してみよう。

まず，①なんらかの要因で子牛の取引頭数が減少したとする。するとそれによって②子牛価格が上がり，それによって③繁殖農家は子牛の生産量を増やそうとする。それから，種付け，妊娠，分娩，育成，出荷という過程を経て，④17～18か月後に市場に以前より多くの子牛が出荷される。子牛が多く出回るようになって，⑤子牛価格が低下し，今度は⑥繁殖農家の生産意欲が低くなって，⑦子牛出荷頭数の減少をまねき，再び①子牛価格の上昇に戻っていく。このような循環（サイクル）によって，子牛の価格は上がったり下がったりを繰り返すことになる。こうした循環をもつ農産物としては，牛，豚などがあり，それぞれ**ビーフサイクル**，**ピッグサイクル**とよばれている。

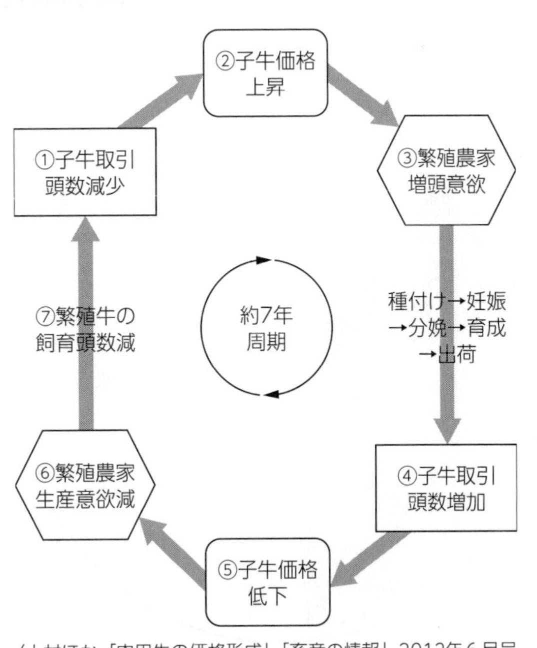

（上村ほか「肉用牛の価格形成」「畜産の情報」2012年６月号による）

各地に分散する多数の生産者

日本の農業は，多数の小規模な生産者によって担われている。2018年時点で全国に約122万の農業経営体があるが，そのうちの80％以上が年間農産物販売額500万円未満である。日本の農業においても，少しずつ生産者の規模は大きくなっているが，それでも他の産業と比べると圧倒的に小規模で，それが全国各地に分散している。

それに対して，自動車や家電製品などの工業製品は，少数の規模の大きな企業が中心となって生産を行っている。たとえば，製造業(工業部門)は，国内総生産(GDP)❶の約21%を占めているが，その事業所の数は約18万か所(2017年)である。農業が国内生産の約1%程度しか占めていないことを考えれば，農業経営体の数がいかに多く，その規模がいかに小さいかがわかる。

生産者が多数で零細だということは，食品の流通にとって次のような意味をもっている。一つは，小規模で各地に分散している生産者から，効率よく生産物を集め，流通過程に乗せなければならない。卸売市場は，そのための工夫(くふう)の一つである。

もう一つは，生産者(売り手)が零細であるために，農産物の買い手よりも市場交渉力が弱く，不利な条件で取引を行わなくてはならない恐れがあるということである。

❶2017年におけるGDPの産業別構成比は，農林水産業1.2%，製造業20.8%，建設業5.8%，卸売・小売業14.0%，金融・保険業4.2%，不動産業11.4%，運輸業5.1%，情報通信業4.9%となっている。

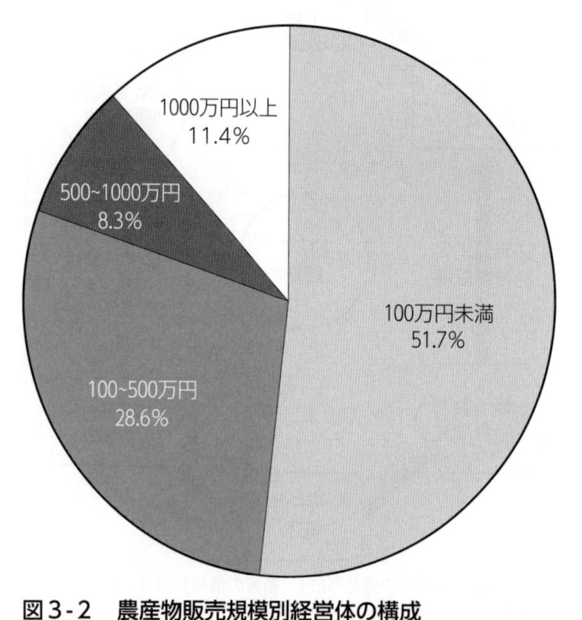

図3-2　農産物販売規模別経営体の構成

(農林水産省「2018年農業構造動態調査」による)

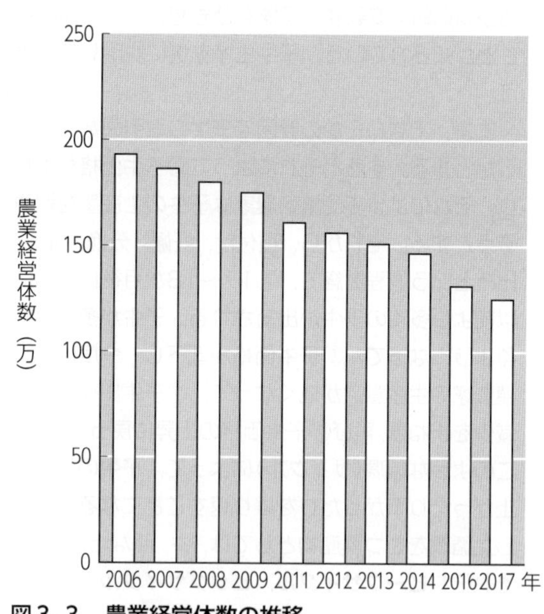

図3-3　農業経営体数の推移

(農林水産省「農業構造動態調査累年統計」による)

3 需要の特徴

日常的に購入

商品は，消費者の購買習慣によって，次の３種類に分類することができる。

◆最寄品（もよりひん）　消費者が身近な店で日常的に購入する比較的安価な商品。日用雑貨や下着・靴下などの実用衣料など。

◆買回品（かいまわりひん）　消費者がいくつかの店で価格・品質・デザインなどについて商品を比較し，自分の好みにあったものを購入する高価な商品。洋服・家庭電化製品・家具など。

◆専門品　消費者が特定の生産者の商品に価格以外の点で魅力を感じ，その商品を販売する店を訪問して購入する比較的高価な商品。有名デザイナーの洋服・高級家具・輸入車など。

食品は，日常的に購入されることから，最寄品に分類されることが多い。しかし，すべての食品が最寄品というわけではなく，例外も少なくない。たとえば，おいしいケーキを求めて洋菓子店を訪ねるといった場合，ケーキは買回品に分類される。また，めずらしいワインや，高級料亭の弁当などは専門品とみなすことができる。

考えてみよう
身のまわりにある商品が，最寄品・買回品・専門品のどれに分類されるかを考えてみよう。

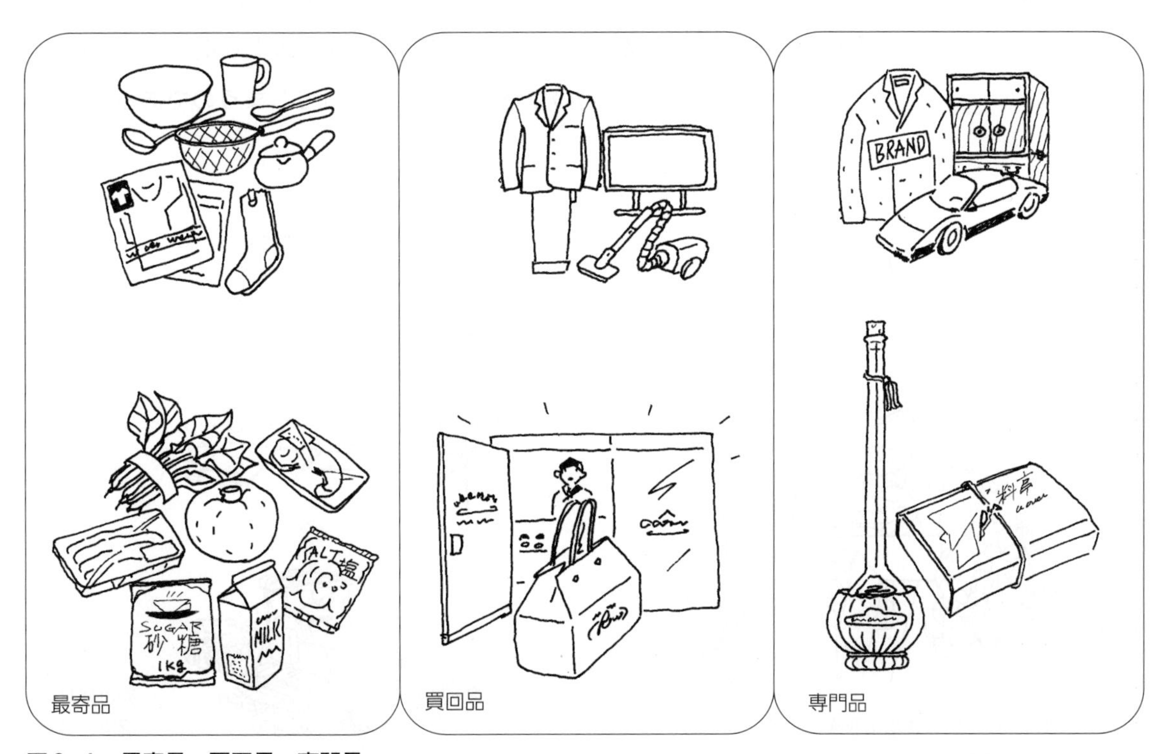

図3-4　最寄品・買回品・専門品

価格の変化に反応しにくい

商品の価格が下がれば，その商品の需要は増加する。たとえば，1台20万円だったパソコンが半額の10万円に値下がりすれば，そのパソコンはたくさん売れるようになるだろう。もちろん，食品も価格が下がれば需要は増える。しかし，食品の場合は，他の商品と比べて需要の増え方がにぶい[1]のである。

かりに，米10kgが4,000円で売られているとする。それが半額の2,000円になった場合を考えてみよう。以前よりも多く売れるかもしれないが，爆発的に売れるというわけにはいかない。いくら米が安くなったとしても，食べることのできる量は限られている。もし，米を安く買うことができたら，安くなって節約できた代金を，他の商品に振り向けるという人が多いのではないだろうか。このように，多くの食品の需要は，価格の変化に対して反応しにくいのである。

豊作貧乏(ほうさくびんぼう)とは，天候に恵まれ農作物がたくさんとれたのにもかかわらず，価格が大きく下がったために，農家の収入が結果的に少なくなってしまうことをいう。この豊作貧乏は，食品の需要が価格変動に反応しにくいことから起こるのである。農作物をいつもよりたくさん収穫したら，それを売りさばくために価格を安くしなければならない。しかし，価格を下げても需要はあまり増えない(反応しない)ので，農作物の価格は大幅に下がってしまうのである。

[1] 需要が価格に反応しにくいことを，「需要が価格に対して**非弾力的**」という。

調べてみよう
食品のなかには，肉類や果物のように価格の変化に需要が比較的反応しやすいものもある。身のまわりの食品のなかで，需要が価格に反応しやすいものは何かを調べてみよう。

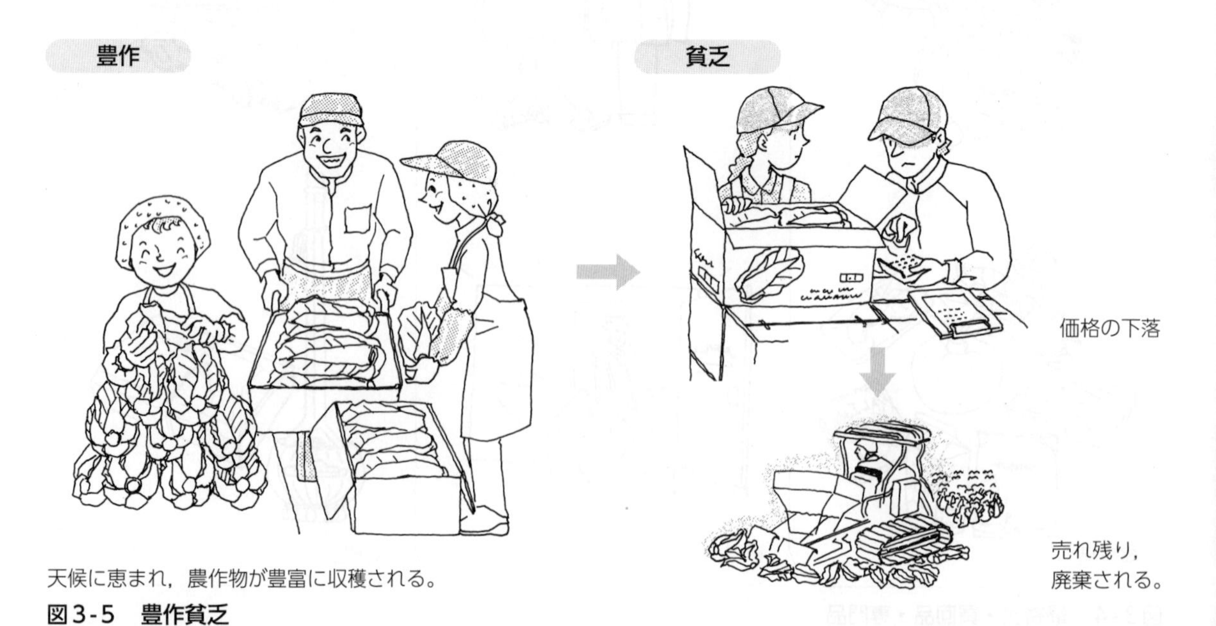

図3-5　豊作貧乏

食料消費の成熟

生存に必要な栄養量が満たされれば，食料を求めようとする意欲はうすれてくる。もちろん，必要な栄養量を満たしても，より豊かな食生活への欲望はなくならないだろうが，空腹のときのそれとは比べようもない。経済が発展し社会が豊かになると，1人あたりの食料消費量の増加がとまる段階がくる。それを**食料消費の成熟**とよんでいる[❶]。

食料を生産する農業や，食料を消費者に送り届ける食品流通業にとって，食料消費の成熟は，食料需要が伸び悩むことを意味している。日本では1970年代のなかばにはすでに食料消費の成熟の段階を迎えており[❷]，農業や食品流通業の発展をはかるためには，食料品の付加価値を高めるさまざまな工夫が求められている。

高級化，簡便化，健康・安全志向

食料消費は成熟しているが，すべての食品の需要が停滞しているわけではない。近年の食品需要には，次のような傾向がある。

◆高級化　一部の消費者は，より高価な食品を求める傾向にある。また，消費者のし好が，**カロリー単価**[❸]の低い食品群(穀物など)から，カロリー単価の高い食品群(畜産物など)へ移行する傾向がある。

◆簡便化　女性の社会進出や所得の向上によって，いままで家事に使っていた時間が減ってきた。そのため，調理に手間のかかる食材にかわって，冷凍食品や無洗米(むせんまい)など調理時間を節約できる食品や，調理の必要がない惣菜などの調理食品や外食への支出も増加してきた。

◆健康・安全志向　社会が豊かになることによって，人々の健康への関心が高まってくる。それにともなって，低塩分，低糖，低脂肪といった健康に配慮した食品が好まれるようになってきた。また，**機能性食品**[❹]のように健康の維持・増進を支援する食品への関心も高まっている。

❶これはp.27で学んだエンゲル係数が，所得の上昇とともに低下することと同じことを意味している。

❷日本人の1人1日あたりの食事エネルギー供給量は1950年代に急速に増加した。しかし1960年代になるとその伸びはゆるやかになり，1970年代のなかば頃に横ばいとなった。

❸1 kcalのエネルギーを摂取するために必要な支出額。

❹一定の基準を満たした健康食品を「保健機能食品」と称して販売することが認められているが，これが一般に機能性食品といわれるものである。保健機能食品には，消費者庁が認可する「特定保健用食品」や認可審査のない「栄養機能食品」などがある。詳しくは第5章p.131を参照。

表3-2　米と牛肉のカロリー単価の比較

	米	牛肉
1kgあたりの食事エネルギー (kcal)	3,600	2,700
1kgあたりの支出金額(円)	360	3,038
カロリー単価(円/kcal)	0.1	1.1

2007年時点の値。　(荏開津(えがいつ)，時子山「フードシステムの経済学」による)

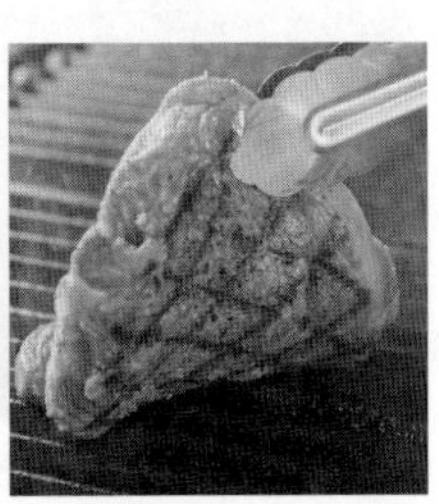

2 ……… 食品流通のしくみ

目標
- 流通経路の概要を知る。
- 卸売業者や小売業者の役割を学ぶ。

1 流通経路

商品が生産者から，私たちの手元に届くまでには，さまざまな道すじを通ってくるが，その道すじのことを**流通経路**とよぶ。流通経路には，大きく分けて**直接流通**と**間接流通**とがある。

直接流通は，生産者と消費者のあいだに **売買業者**(商業者)が介在しない。それに対して，間接流通は生産者と消費者のあいだに売買業者がはいり，取引を仲介する。間接流通は，小売業者だけが介在する場合，小売業者と卸売業者とが介在する場合がある。また，農水産物については，さらに卸売市場を介在させる場合が多い。

商品は，それぞれ異なった流通経路をもっており，どの商品がどのような流通経路をたどって消費者の手に渡るかは，その商品の特性や，歴史的な経緯によって決まってくる。

図3-6　卸売市場(豊洲市場)　(提供：東京都中央卸売市場)

生鮮食料品の流通と卸売市場

生鮮食料品の流通において，重要な役割を果たしているのが**卸売市場**である。生鮮食料品の流通には，①貯蔵しにくく鮮度が重視されるため，迅速に消費者のもとに届けること，②規格化がむずかしいため，実際に商品を手にとって確認すること，③毎日変動する価格に対応できること，などが求められる。こうした要望に応えるために，卸売市場というしくみが発達してきた。

◆卸売市場のしくみ　卸売市場で扱う食料品は，青果物，水産物，食肉である[1]。卸売市場には規模や管理形態によって，1)**中央卸売市場**，2)**地方卸売市場**，3)その他の卸売市場があり[2]，**卸売市場法**に基づいて管理・運営されている。図3-7は，卸売市場を通した取引の流れを示したものである。まず生産者は生産した農産物を出荷者(農協や業者など)を通じて，卸売市場にもち込む[3]。もち込まれた農産物は，卸売業者[4]によって，仲卸(なかおろし)業者や売買参加者[5]に，**せり**や**相対(あいたい)取引**[6]によって販売される。仲卸業者は，卸売業者から買い取った農産物を，市場内にある店舗で小分けして，買出人である小売業者や外食業者に販売する。

◆卸売市場の働き　卸売市場には，需要と供給の状況を反映させて公正で透明性のある価格を迅速に決める**価格形成機能**，販売代金の徴収や出荷者への支払いを確実に行う**決済機能**，各地の生鮮食料品を集め品揃(ぞろ)えをする**集荷機能**，小売業者などが買いやすい大きさ，量に小分けして売り渡す**分荷(ぶんか)機能**，入荷数量や価格などの情報のやりとりを行う**情報機能**など，さまざまな役割を果たしている。

❶青果物の卸売市場については，p.91～94を参照。このほかに食料品ではないが，花(か)きも卸売市場でとり扱っている。

❷中央卸売市場は，人口20万人以上の大都市に開設される中核的拠点市場。地方卸売市場は，中央卸売市場以外の主要地域に開設される市場である。

❸生産者自身が直接，卸売市場にもち込む場合もある。

❹荷受け業者とよぶ場合もある。卸売業者は魚や野菜などとり扱い品目ごとに専門化していて，その経営は販売手数料でなりたっている。

❺八百屋，魚屋などの小売店や加工業者，問屋，スーパーなどのうち，卸売市場の取引に参加することが認められた者。売買参加者になるためには，卸売市場の開設者の承認が必要となる。

❻売り手と買い手が，販売価格や数量について1対1で交渉のうえ販売する取引方法。

表3-3　卸売市場の数

中央卸売市場	64
うち青果	49
水産物	34
食肉	10
花き	14
その他	6
地方卸売市場	1,060

(農林水産省資料による)
中央卸売市場は2017年度末，地方卸売市場は2016年度末の値。

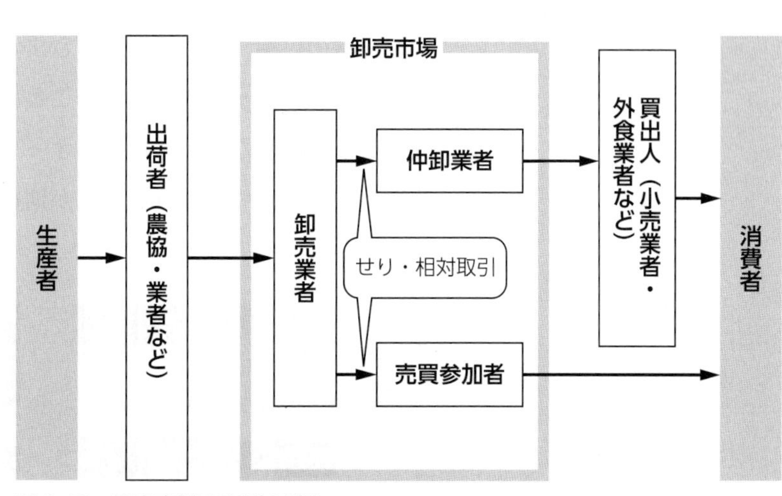

図3-7　卸売市場の取引の流れ

産直とインターネット取引

農水産物の産直は，直接流通の代表例である。日本では1960年代にはいってから，牛乳を中心として各地でとり組まれるようになったが，扱う商品はしだいに増加し，現在では，ほとんどの農水産物において産直が行われている。このように産直が広く普及した背景には，農水産物の品質・安全性に対して，消費者の不安が高まっていることがある。産直の場合は，生産者や生産方法を確認できることから，消費者は安心感をもって商品を購入することができる[1]。

しかし，需要と供給のバランスをどのように調整するか，代金回収など取引にともなうリスクをどのように軽減するかなど，産直がかかえる課題も多い。一方，インターネットの普及により，食品流通の分野においても，新しい形態の取引が展開されるようになってきている。

変わるB to C，B to B取引

B to C取引[2]とは，企業と消費者が直接的に行う取引であり，私たちがスーパーやコンビニなどで行う買い物はこのB to C取引に分類される。インターネットの普及により，比較的安いコストで企業が商品の情報を提供でき，また，消費者側からも生産者に要望などを直接伝えられるという，情報伝達の双方向性が実現した。これらを武器に大手のインターネット通販業者が大きなシェアを占めるようになっている。農水産物や加工食品についても，多くの農家や企業がインターネット上にホームページを開設したり，ショッピングモールを利用して販売を行うようになってきている。

B to B取引[3]とは，企業と企業が直接的に行う取引であり，部品や原材料の供給，人材派遣などさまざまな形の企業間取引が含まれる。インターネットが普及したことにより，これまで限られた企業間でしか行われなかった取引がオープンなものになり，より柔軟な流通システムがつくられることが期待されている。

❶青果物の直売所については，p.97参照。

❷Business to Consumer，企業と消費者との取引。

❸Business to Business，企業対企業の取引。

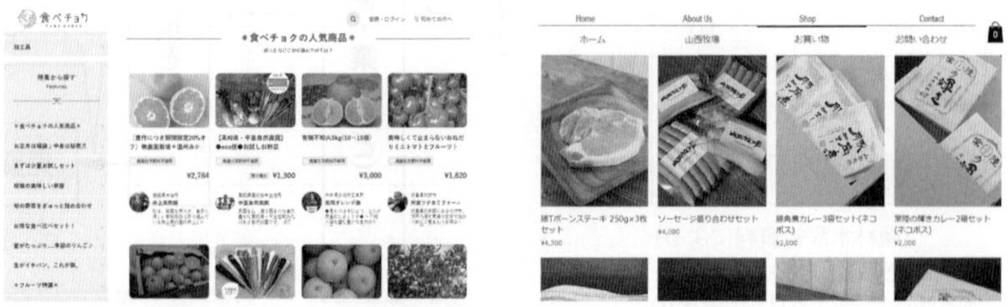

図3-8　インターネットによる取引

2 流通の担い手(卸売業者)

卸売業者は，生産者や他の卸売業者から仕入れた商品を，他の卸売業者，小売業者，あるいはメーカーなどに販売するという活動を行っている。卸売業者は大きく，収集機能を担う業者，中継機能を担う業者，分散機能を担う業者の三つに分類することができる。

収集機能を担う卸売業者

生産者から商品を買い集め，卸売市場や消費地の問屋などに出荷する業者で，**産地商人**あるいは**産地仲買人**とよばれる。生産者が零細で各地に分散する農水産業では，こうした収集機能がとくに重要である。

中継機能を担う卸売業者

産地商人や大手メーカーなど，比較的大規模な売り手から商品を仕入れ，比較的大規模な買い手に販売する業者である。特定のメーカーの製品を専門に扱う**販社**や，おもに海外から商品を輸入して国内で販売する**商社**❶が，これに分類される。

❶特定の商品を専門的にとり扱う商社を専門商社，さまざまな商品を総合的にとり扱う商社を総合商社とよぶ。

分散機能を担う卸売業者

小売業者やその商品を原料として需要するメーカーが，零細で多数存在している場合，大規模な卸売業者が直接取引するよりも，小口の取引を専門に行う業者が取引したほうが効率的な場合がある。消費地に立地し，他の卸売業者やメーカーから仕入れた商品を，こうした需要者に販売する業者を，**消費地卸売業者**，あるいは**分荷卸売業者**とよんでいる。

図3-9　商社の仕事の例

海外の農園や養殖場などと提携して，生産から輸入販売を行ったり，コンビニエンスストアやスーパーなどの小売店と提携して販売戦略を立てたりして，流通を担っている。

コラム　農業協同組合(農協，JA)

農協(JA[1])は，農業生産者が中心となって組織している協同組合[2]である。農業生産者の数はきわめて多く，またその規模は非常に小さい。したがって，農産物を集荷業者に売るときや，肥料・農薬などを業者から購入するときに，ともすれば非常に不利な条件で取引をしなければならない場合がある。こうした**市場交渉力**の弱さを補うために，農業生産者が結束し，少しでも有利な条件で取引を進めることが，農協の目的の一つである。

1．農協の行う事業

1)販売事業　組合員である農業生産者が生産する農産物を集荷し，卸売市場などに出荷する事業。農産物流通においては，農協を経由した商品の占有率は非常に高く，重要な役割を果たしている。

2)購買事業　肥料や農薬など農業生産に必要な生産資材や，食料品，雑貨，家電製品など生活に必要な生活資材を供給する事業。販売事業と購買事業を合わせて，経済事業という。

3)信用事業　組合員から資金を預かったり，資金を貸し出したりする事業。

4)共済事業　生命，自動車，建物などに対する保証サービス(保険)を提供する事業。

2．農協の組合員・組織

農協の組合員は，**正組合員**と**准組合員**の2種類がある。正組合員は農業を営む個人または法人だけが加入することができる。准組合員は，農業に従事していなくとも加入でき，農協の提供するサービスを利用できるが，総会での議決権や役員の選挙権はもたない。

総合農協とは，販売，購買，信用，共済などさまざまな事業を兼営している農協である。それに対して，専門農協とは酪農，果樹，園芸など特定の作目別を中心とした農協である。総合農協の事業ごとに，下図に示すようにそれぞれ都道府県レベル，全国レベルを担当する連合会が設置されている。

❶JAは，Japan Agricultural Co-operativesの略で，農協の愛称である。

❷日本には農協のほかにも，漁業協同組合(漁協)，生活協同組合(生協)，信用協同組合などさまざまな協同組合がある。

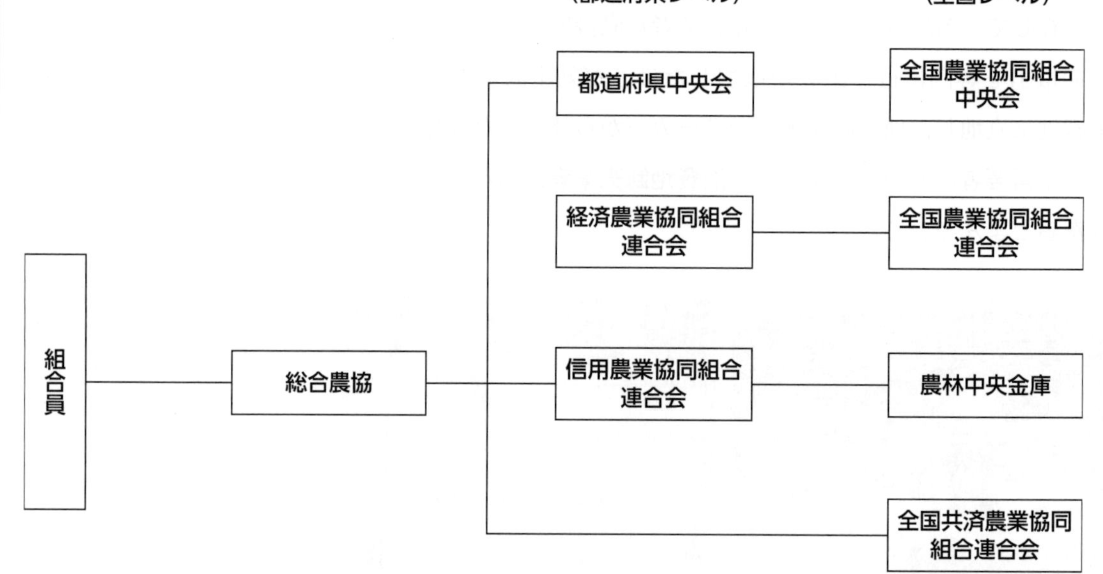

3 流通の担い手(小売業者)

小売業者は，商品を生産者や卸売業者から仕入れ，消費者に販売するという活動を行っている。小売業者は流通経路の末端にあり，消費者と直接接触する立場にある。そのため，商品を販売するだけでなく，商品に関するさまざまな情報や，各種のサービスを提供している。

小売業者は経営販売方式によって，専門小売店，百貨店，スーパー，コンビニエンスストア(コンビニ)，専門店などに分類される。

また，経営方式によって，**単独店**と**チェーン店**とに分類される。チェーン店とは，店舗や販売方法を標準化することによって，店舗数を増大させていく経営方式である。

近年の小売業の特徴として，次の点が指摘できる。

1） 大型店舗が増加し，全体の店舗数は減少。

2） 家族経営による単独店の減少と，チェーン店の増加。

3） インターネットを通じた販売の増加。

専門小売店

家族労働力を中心とした経営で，一種類から数種類の商品を扱っている比較的小規模な小売店である。食品流通に関係する専門小売店は，青果店，精肉店，鮮魚店，乾物店などである。かつては食料品小売の大きな割合を占めていたが，近年はチェーン店の進出によって図3-10にみるように量販店よりもシェアが低くなっている。しかし，専門知識や技術を生かしたサービスを提供することによって，地域に根づいた店づくりに成功している例も多い。

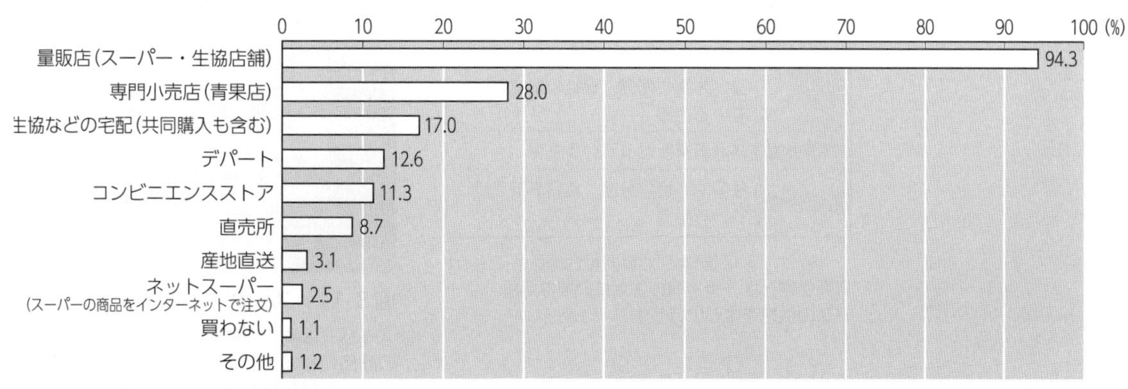

図3-10　野菜・果物の購入先　(東京都「食品の購買意識に関する世論調査」(2016年)による)

東京都に住む消費者1653人へのアンケート調査，３か所まで複数回答

スーパー

セルフサービス方式と**集中チェックアウト**方式[1]により，食料品・日用雑貨・衣料品などの日常生活用品を幅広くとりそろえて販売する小売業である。食料品を中心に扱うものを**食品スーパー**，多分野の商品を総合的に扱うものを**総合スーパー**[2]とよんでいる。

スーパーは，1)大量に仕入れることで商品を安価に調達できる，2)セルフサービス，集中チェックアウト方式により人件費が節約できる，3)チラシ広告などにより低価格販売をアピールできる，4)ロスリーダー(図3-11)によって集客する，などの特徴をもっている。

日本においては1950年代なかばにスーパーが登場し[3]，それ以降，急速に全国に普及した。スーパーの売上のなかで，食料品は最も高い割合を占めており，集客のための重要な商品となっている。

生活協同組合(生協)

生協は，消費者が出資金を出し合い組織した協同組合で，生活の向上を目的にさまざまな事業を行っている。そのなかで食品の流通に関係するのは**購買事業**で，店舗で産直品を含む生鮮食品，加工食品や，生協が企画・開発した商品(コープ商品)を販売するとともに，組合員宅に商品を直接配達する宅配も行っている。

❶レジスタを1か所に集中し，レジスタ業務の効率化をはかる方式。スーパーが登場する前は，大規模な店舗でも売場ごとに精算していた。

❷このほかに，比較的小規模で食料品を中心に扱う**ミニスーパー**，医薬品を中心に化粧品，日用雑貨などを扱う**ドラッグストア**などがある。

❸世界で最初にセルフサービス方式をとり入れたのは，1916年にアメリカ・テネシー州の雑貨店「ピグリーウィグリー」とされている。また，1930年にアメリカ・ニューヨークでオープンした「キングカレン」は，現代的な特徴を備えた最初のスーパーとして知られている。

表3-4　生協の種類

地域生協	一定の地域内に居住する消費者によって組織された購買生協
職域生協	同じ職場で働いている人によって組織された購買生協
学校生協	小・中・高校の教職員などによって組織された購買生協
大学生協	大学の学生と教職員により組織された購買生協
医療福祉生協	中病院や診療所，介護施設などをもち，医療や保健，福祉の事業を行っている生協
共済生協	共済事業を行っている生協
住宅生協	住宅や宅地の分譲・賃貸事業を行っている生協

(日本生活協同組合連合会による)

購買生協とは，組合員の生活に必要な商品・サービスの供給を中心に行う生協

図3-11　スーパーとロスリーダー

スーパーは多くの顧客を集めるために，特定の商品の利幅を低く設定し，安売りの目玉商品とする場合がある。そのような商品のことをロスリーダーとよんでいる。卵や牛乳といった食料品がロスリーダーとなる場合も多い。

コンビニエンスストア(コンビニ)

セルフサービスで長時間営業を行い，しぼり込んだ品揃(ぞろ)えで比較的小規模な店舗の小売業である。

コンビニの営業形態がほぼ確立されたのは，1930年頃のアメリカである。氷の販売を行っていた小売店[❶]が，食料雑貨品の販売も始めたところ，顧客から「便利(コンビニエンス)」だと評判になり，売上を伸ばしていったことから，コンビニの営業形態が広まった。

日本では，1969年に最初にコンビニが登場し，1970年代中頃から急速に全国へ普及した。日本のコンビニは，以下のような独自の特徴をもっており，**日本型コンビニ**ともよばれるようになっている。

1)きめ細かな商品配送のシステムができている。

2)POS[❷]などを活用した情報管理を行っている。

3)食品メーカーと共同の商品開発を行っている。

コンビニでは，生鮮食料品のとり扱いは少ないが，ファストフードや惣菜は店の売上を左右する戦略商品であり，各社ともその品揃えに力を入れている。

ディスカウントストア

ディスカウントストアは，生産者や卸売業者から大量一括仕入れをするなどして，他の小売業者より低価格で販売する業態である。家電製品，衣料品などのほかに，食料品，酒類を扱う店も多い。また，さまざまなジャンルの商品を総合的に扱うものもある。生産者の余剰在庫品，規格外品[❸]，流行遅れの商品などを仕入れて安く提供する**アウトレットストア**も，ディスカウントストアの一種である。

❶電気冷蔵庫がまだ普及していない当時，氷は毎日のように購入するものであり，またそれを販売する小売店は長時間営業をしていた。

❷詳しくは第6章p.175で述べる。

❸実用上は問題ないがさまざまな理由によって規格外となった商品を，わけあり商品，見切り品などとよんでいる。たとえば，割れたせんべい，ラベルが破れた缶詰，正月あとの伊達巻きなどをあげることができる。

表3-5　スーパー・コンビニ・ディスカウントストアの比較

	スーパー（総合スーパー）	コンビニエンスストア	ディスカウントストア
とり扱い商品	衣食住関連	食料・雑貨	衣食住関連・家電・玩具
品目数	20～30万	3,000前後	5～10万
在庫	多品種大量	多品種少量	多品種大量
仕入単位	大きい	小さい	大きい
リードタイム	長い	短い	長い

リードタイムとは，商品発注から納入までの時間をいう。

3  価格の形成と流通経費

目標
- 需要曲線，供給曲線の意味を知る。
- 価格決定のしくみを理解する。
- 販売価格の構成について学ぶ。

1 価格の決定

商品には必ず価格がついている。重さ，色，鮮度，味など，一つの商品について，いろいろな情報を得ることができるが，消費者にとっても，生産者にとってもいちばん気になる情報は価格である。それでは，商品の価格はどのように決まるのだろう。

需要曲線

需要曲線とは，一つの需要量とその商品の関係を表した曲線である。図3-12はトマトの需要曲線を表しており，縦軸はトマトの価格(円)，横軸はトマトの需要量(個)である。

さて，図の需要曲線は**右下がり**に描かれている。ほとんどの商品の需要曲線は，右下がりの曲線に描くことができる。これは，価格がより安ければ消費者はより多くの商品を購入し，価格がより高くなればより少ない商品を購入するということを意味している。

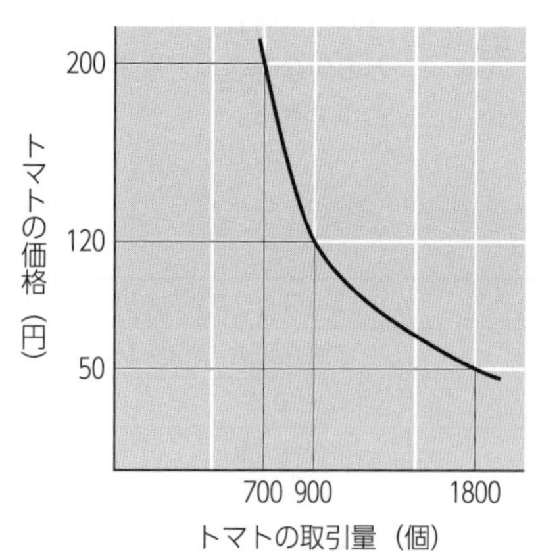

図3-12　トマトの需要曲線

いま，トマトを売り手(生産者)が市場で売ろうとしている状況を考えてみよう。かりに，トマトを1個100円にしたら，1,000個売れたとする。もっとたくさんのトマトを買い手が買うようにするにはどうしたらよいのだろうか。トマトの値段を下げて，たとえば1個50円にすれば，もっとたくさんのトマトが買われる。逆に，1個200円にすれば，ずっと少ない数のトマトしか買わないだろう。

図はそのような価格とトマトの購入量の関係を表している。図では，1個50円の価格のとき1,800個，100円のとき1,000個，200円のときに700個の需要量があるということを示している。

供給曲線

供給曲線とは，一つの商品の供給量とその商品の価格の関係を表した曲線である。図3-13はトマトの供給曲線を表している。縦軸はトマトの価格(円)，横軸はトマトの供給量(個)である。

通常，商品の供給曲線は**右上がり**に描かれる。これは，価格がより安ければ生産者はより少ない商品を生産し，価格がより高くなれば，より多い商品を生産するということを意味している。

需要と供給の一致

これまでに学んだ需要曲線，供給曲線を一つの図に描いてみよう。需要曲線と供給曲線が交差する点(図3-14の点E)ができるが，この点ではトマトの需要量と供給量の過不足がなくバランスがとれている。この点Eを，需要と供給がつり合うという意味で，**需給均衡点**とよんでいる。需給均衡点は，トマトの需要と供給が等しくなる価格[1]を，私たちに教えてくれている。

❶需要と供給がつり合う価格という意味で，均衡価格とよんでいる。

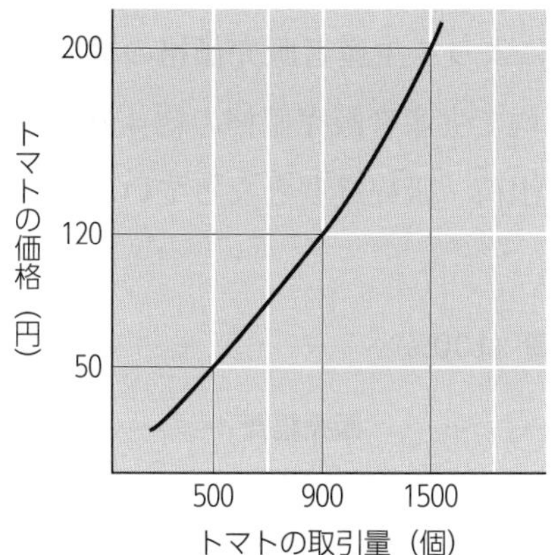

図3-13　トマトの供給曲線

いまトマト栽培農家が，トマトの生産計画を立てているとする。トマトの価格が100円だったら，この農家は800個のトマトを生産しようと考えている。もしトマトの価格が上がったならば，農家は，もっともうけるためにより多くのトマトを生産しようとする。逆にトマトの価格が下がってしまったら，より少ないトマトを生産しようとするだろう。

図では，1個50円のときに500個，100円のときに800個，200円のときに1,500個のトマトを生産する農家の供給曲線を示している。

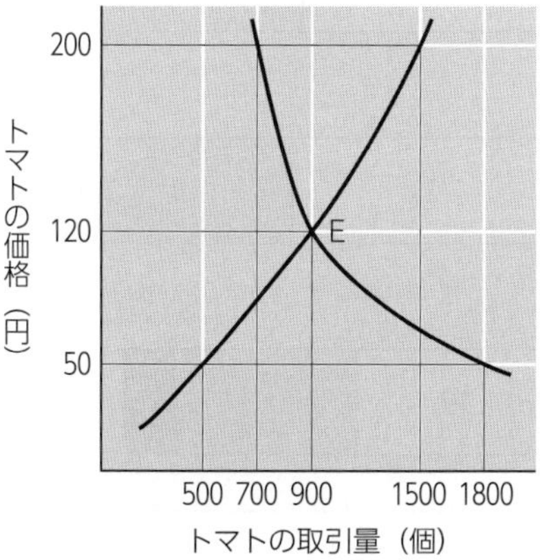

図3-14　需要と供給の一致

消費者は，トマトが1個120円ならば900個のトマトを購入する。一方，生産者もトマトが1個120円ならば，同じく900個のトマトを生産するであろう。つまり，点E(需給均衡点)においては120円という価格で同じ量のトマトを購入し，生産するのである。これを需要と供給の一致とよぶ。

もしかりに，トマトの価格が200円と高いものであったらどうなるだろうか。消費者は高くなったのでトマトの需要を700個に減らし，逆に生産者は，生産を1,500個に増やすだろう。その結果，トマトの市場は生産が需要を上回る供給過剰の状態となり，トマトの価格をもっと安くしようとする力が働く。

また，トマトの価格が50円と安いものであったら，消費者は安くなったトマトをたくさん購入し，1,800個を需要するであろう。一方，生産者は価格が安くなったことによって，生産量を500個に減らす。その結果，トマトの市場は，需要が生産を上回る供給不足の状態となり，トマトの価格をもっと高くしようという力が働く。

2 販売価格の形成

商品の価格は，その商品が販売される段階によって，**生産者販売価格**，**卸売価格**，**小売価格**に分けることができる。

青果物の場合を例にとって，それぞれについてみることにする。

生産者販売価格

ここでの生産者販売価格は，卸売市場で取引される価格である。生産者販売価格は，**生産者受取価格**と**集出荷・販売経費**から構成される。生産者受取価格から，生産者は青果物の生産にかかった経費(肥料・農薬代，種苗費，光熱費，人件費など)，選別，荷造りのための経費(生産者負担分)などを支払う。残った部分が生産者の利益となる。

集出荷・販売経費は，収穫後の選別・荷造りから市場での販売までに要する経費(生産者負担分を除く)のことで，包装・荷造材料費，集出荷，選別，荷造労働費，検査料，保管料，運送費，手数料などから構成されている。

図3-15に示したように，作目によって生産者販売価格の構成はかなり異なるが，青果物全体の平均で生産者販売価格の約４分の３が生産者受取価格，４分の１が集出荷・販売経費となっている。

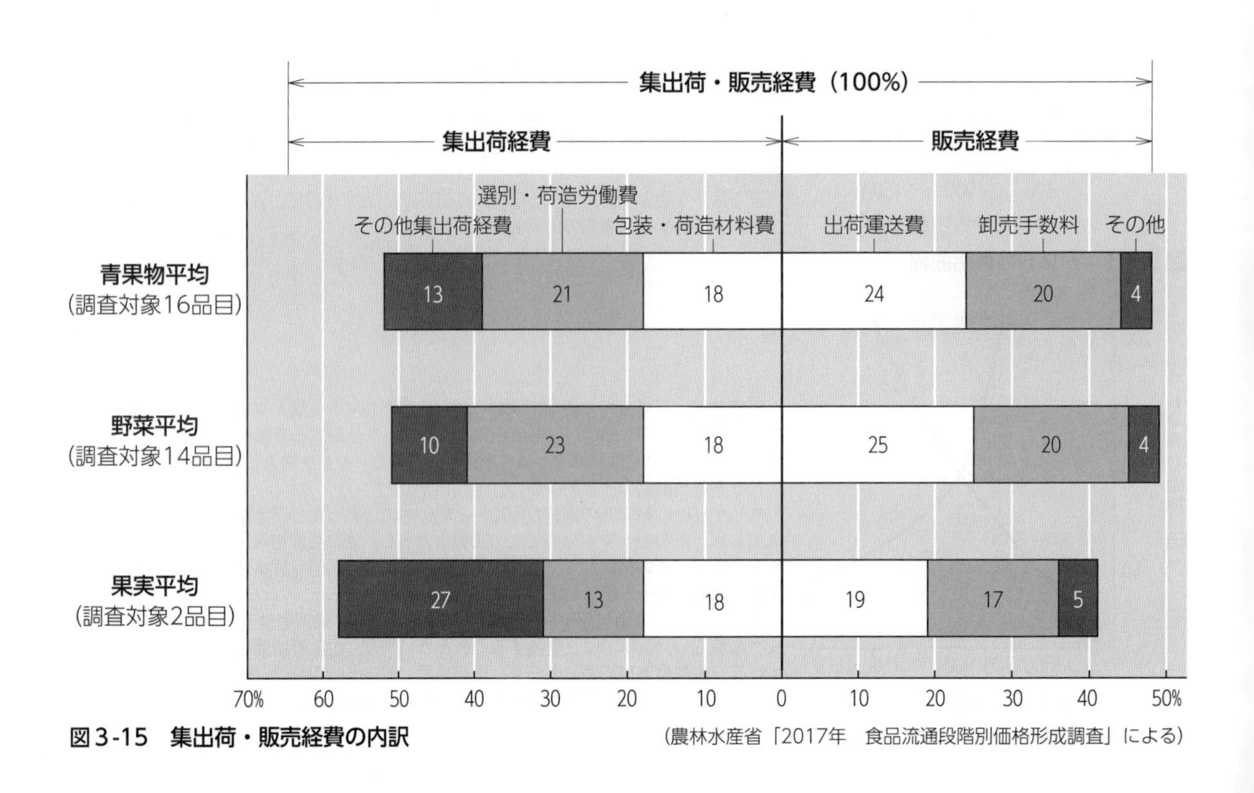

図3-15　集出荷・販売経費の内訳

(農林水産省「2017年　食品流通段階別価格形成調査」による)

卸売価格

卸売価格は**仕入原価**，**営業費**，卸売業者の**純利益**から構成される。仕入原価は，生産者から製品を購入した価格，すなわち生産者販売価格である。営業費は，卸売業者の一般管理費(店舗などの維持費や通信費・光熱費など)や，販売費(広告費・配達費など)である。卸売価格から仕入原価と営業費を引いたものが卸売業者の純利益となる。卸売価格から仕入原価を差し引いた金額を，卸売業者の**マージン**[1]とよぶ。

小売価格

小売価格は仕入原価，営業費，小売業者の純利益から構成される。小売業者の仕入原価は，卸売業者から製品を購入した価格，すなわち卸売価格である。営業費は，小売業者の従業員・役員の給与，店舗の維持・管理のための費用，広告・宣伝のための費用のことである。

販売価格のうちマージンがどのくらい占めるかを示す指標として，**マージン率**[2]がある。マージン率は，商品の特性や，業界の競争状況などによって大きく異なっている。

❶粗利(あらり)またはマークアップということもある。マージンは，営業費と純利益に分けることができる。

❷マージン率

$$=\frac{\text{マージン}}{\text{販売価格}}\times 100\%$$

$$=\frac{\text{販売価格}-\text{仕入原価}}{\text{販売価格}}\times 100\%$$

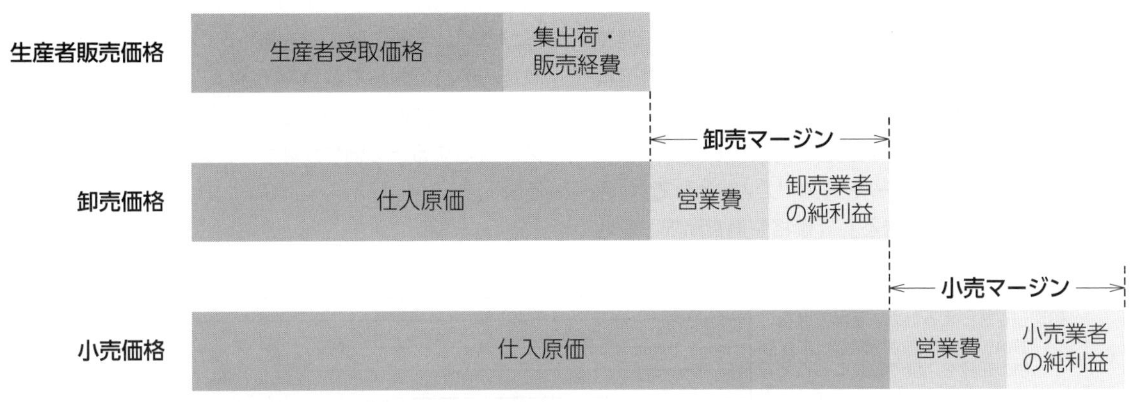

図3-16　生産者・卸売・小売における販売価格の構成

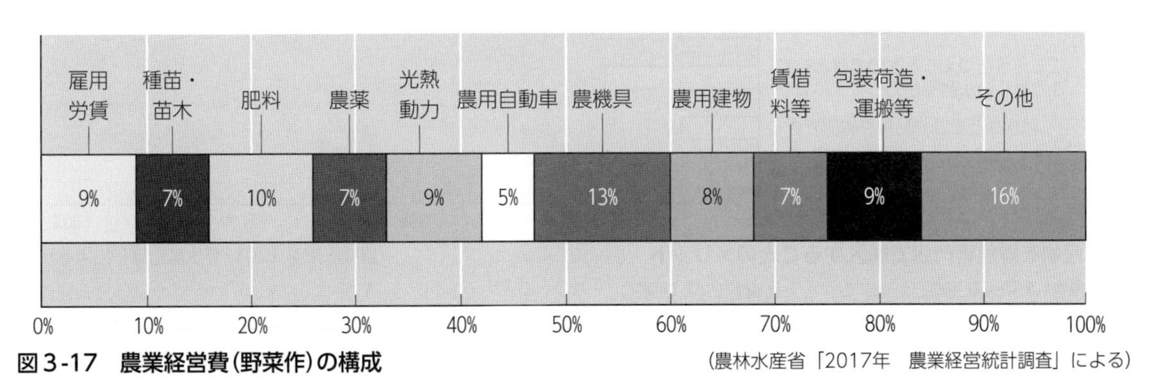

図3-17　農業経営費(野菜作)の構成　(農林水産省「2017年　農業経営統計調査」による)

研究問題

1. 農林水産省のWebページなどから，いろいろな農産物の価格の動きを調べて，グラフにしてみよう。
2. 日本の農家の耕地面積，農業所得，兼業所得，経営形態別の農家数などを調べてみよう。
3. 最近，よく売れている食品にはどのようなものがあるかを調べ，それがなぜ売れているのかを考えてみよう。
4. いろいろな商品について，その商品の価格が３割安くなったとしたら，どのくらい需要が増えるかを予想してみよう。そして，商品によってなぜ違いが出るのか考えてみよう。
5. 食品の商品としての特徴についてまとめてみよう。
6. 自分の住んでいる地区の食品小売店のリストをつくり，１週間に何回利用しているかを調べてみよう。
7. スーパーの集中チェックアウト方式が，なぜ普及したのかを考えてみよう。
8. スーパーの広告チラシなどから，どの商品がロスリーダーになっているか調べてみよう。
9. 一般小売店，スーパー，コンビニなどそれぞれから食品を購入する場合，どのような長所・短所があるかを考えてみよう。
10. 需要曲線はなぜ右下がりなのか，供給曲線はなぜ右上がりなのか説明してみよう。

コラム 「鮮魚専門店」VS「スーパー」

水産物をスーパーで購入する消費者の割合が増えているが，一方で鮮魚専門店を好んで利用する消費者も多い。スーパーと鮮魚専門店，両者はそれぞれどのような強みをもっているのだろうか。

農林水産省が全国の消費者を対象にしたアンケート調査によれば，スーパーのメリットとして，「必要な分量だけ購入できる」，「価格や消費期限，産地などの表示がわかりやすい」，「パック詰めされた商品が多く，手軽に購入できる」といった点があげられた。それに対して鮮魚専門店は，下図に示すように魚の処理技術や専門知識，品揃(ぞろ)えなど，顧客のニーズに対応するきめ細やかなサービスが評価されている。

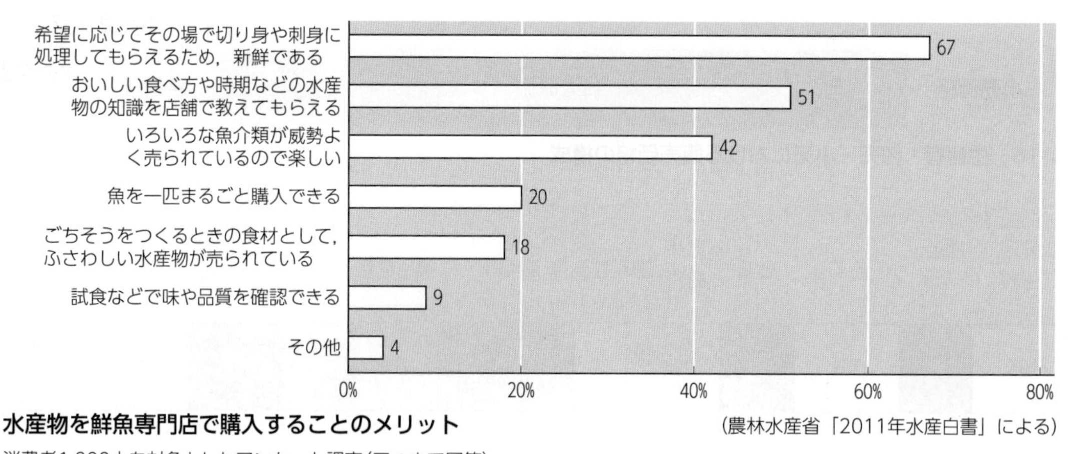

水産物を鮮魚専門店で購入することのメリット

消費者1,800人を対象としたアンケート調査（三つまで回答）

（農林水産省「2011年水産白書」による）

第4章

おもな食品の流通

1 米の流通

2 麦の流通

3 青果の流通

4 畜産の流通

5 加工食品の流通

1 ……米の流通

- 米の食品特性と流通について学ぶ。
- 主食として，米の地位の変化を考える。

1 食品としての特性

収穫したイネ(籾)は，そのままでは食べることはできない。籾がらをとって玄米にし，ぬかをとり除き精白米にするのがふつうである。私たちは日常，精白米を炊飯して，ご飯として食べている。このような食べ方を**粒食**という。米は成分特性上，生ではおいしく食べることができない。必ず，炊くか，煮るか，蒸すか，焼くかの調理の過程を経なければならない。

米は貯蔵できるが，収穫して1年を過ぎると古米となり，商品価値は著しく低下する。最近は，店頭で精米をする店舗がみられるように，精米後の時間を重要視する傾向があり，米は保存食品から生鮮食品になりつつある。

米の最大の特徴は，日本人にとって主食であり，歴史的にも基本的な食料として特別な地位にあることである。しかしながら，最近はその地位が変化してきている[1]。

❶1人あたり米の消費量，1世帯あたり米の購入量は継続的に減少している。また，2015年以降，1世帯あたりのパンの購入額は米の購入額を上回っている。

調べてみよう
世界各地でどのような米が生産されているのだろうか，また，世界各地での米の調理のしかたはどうなっているのだろうか。

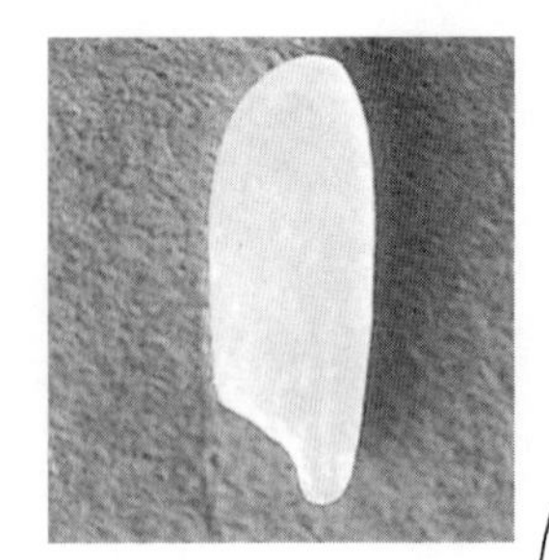

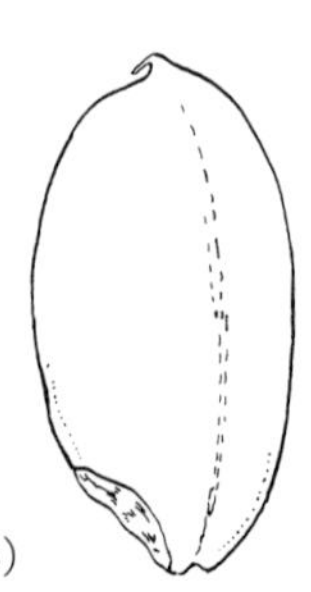

ジャポニカ種(丸・短形)

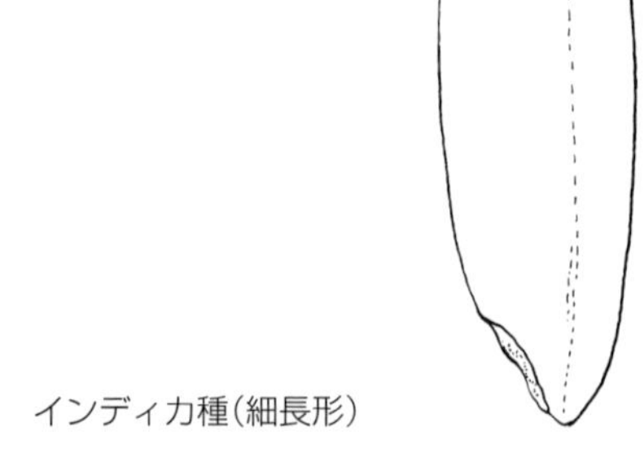

インディカ種(細長形)

図4-1 2種の玄米の代表的な形

2 米の分類・種類

世界の米，日本の米

米は三大穀物の一つであって，世界の多くの地域で生産されている。イネの品種群には，**ジャポニカ種**[1]，**インディカ種**があり，日本では，その名のとおり，ジャポニカ種が栽培されている(図4-1)。インディカ種に比べ短粒で粘りけがある。

米に含まれるデンプンの種類によって，**うるち米**と**もち米**とに分けられ，うるち米は粘りけが弱く，もち米は強い[2]。うるち米は，日本全国で数多くの品種が栽培され，しかも，同じ品種でも多数の地域で生産されていることから，さまざまな産地品種銘柄(めいがら)がある[3]。多くの品種は，各地の自然条件に適合し，多収性，耐病性，つくりやすさ，良食味などを備えるように改良され，うみ出されてきた(図4-2)。そして，毎年のように新品種が登場している(図4-3)。

品種改良を進める背景には，消費者がよりよい品質，食味を求めていることがあげられる。産地間競争のもと，話題性をもつことで販売上，優位に立ちたいという意図もある。

[1] ジャポニカ種には熱帯ジャポニカと温帯ジャポニカがある。

[2] デンプンには，アミロースとアミロペクチンの2種類があり，うるち米のアミロース割合は15%～30%，もち米のアミロース割合は0%である。アミロース割合が高いほど粘りが弱くなる。

[3] コシヒカリは北海道，青森県を除くすべての都府県で栽培されている。

図4-3　近年開発された品種

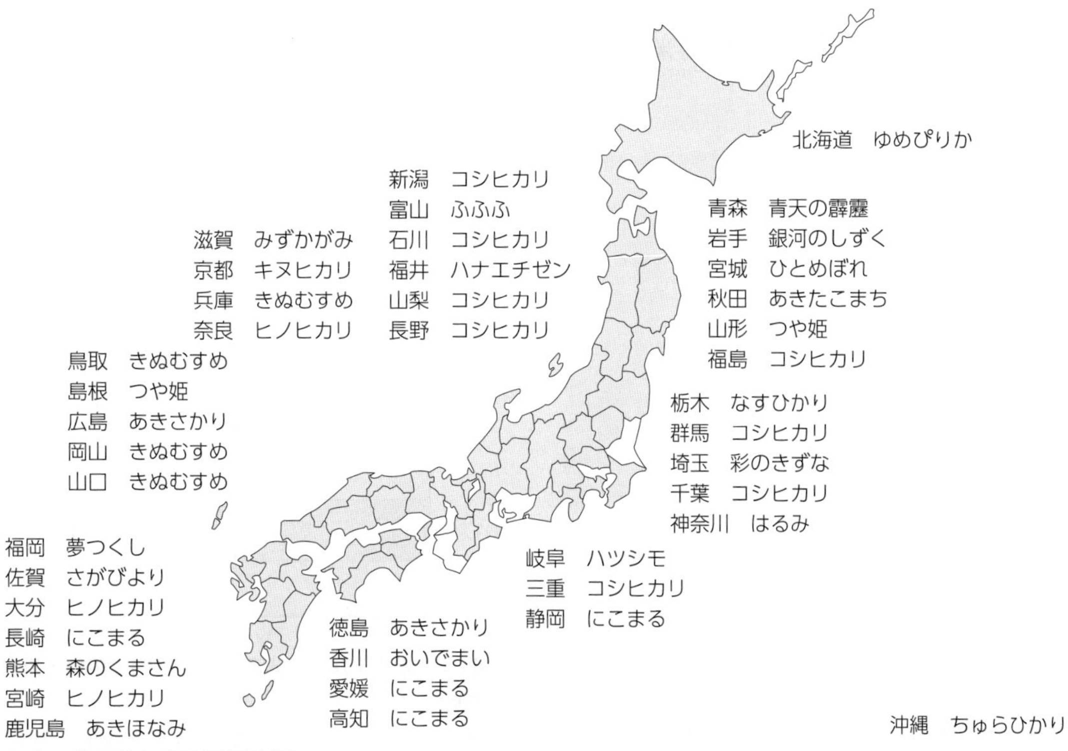

図4-2　代表的な産地品種銘柄

3 流通制度

米消費の変化

日本人にとって米は主食であるが，1人あたりの消費量は，1962年をピークとして，継続的に減少している(図4-4)。消費形態も外食や中食での消費が増えており，家庭での米消費は減少している(図4-5)。また消費者は，よりおいしい米，より安全で安心できる米，品質が確かで産地銘柄がはっきりしている米を望む一方で，より簡便な米[1]，より安価な米も求めるようになってきた。消費者の米に対する見方は変化し，需要は多様化してきている。

食糧法

米流通は長いあいだ，食糧管理法のもと[2]で，政府の規制下にあった。しかし，さまざまな要因から規制は実情に合わなくなったため，1995年に**食糧法**[3]が制定され，規制は大幅に緩和された。2004年に食糧法は改正されて，米の流通は原則，自由となった。自由とは，生産者は米をどこにでも販売することができ，消費者はどこからでも米を購入できることを意味する。米の取引をする集荷業者，販売業者への参入もほぼ自由となった[4]。米の流通は民間が全面的に担うことになり，政府が関与するのは**備蓄米**と**ミニマム・アクセス**[5]**(MA)米**(→p.82)のみとなった。

[1] 無洗米の販売が増えている。

[2] 1942年から1995年まで食糧管理法のもとにあった。

[3] 正式名称は，「主要食糧の需給及び価格の安定に関する法律」。

[4] 米の出荷・販売事業者は，20精米トン以上のとり扱いを条件として，届け出制となった。

[5] 最低限の輸入機会の提供のこと。

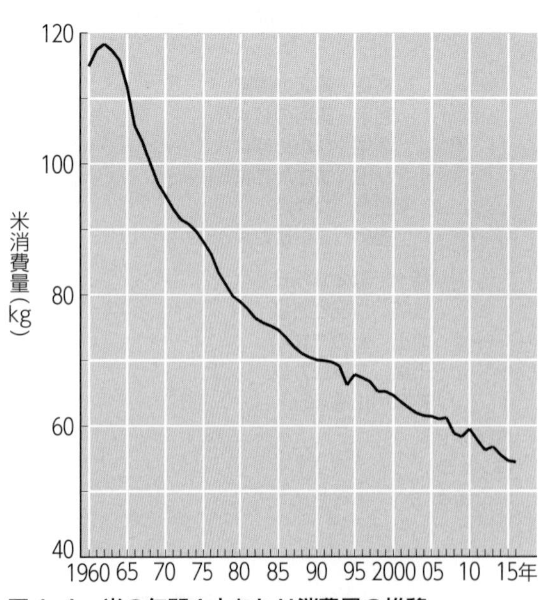

図4-4　米の年間1人あたり消費量の推移

(農林水産省「食料需給表」による)

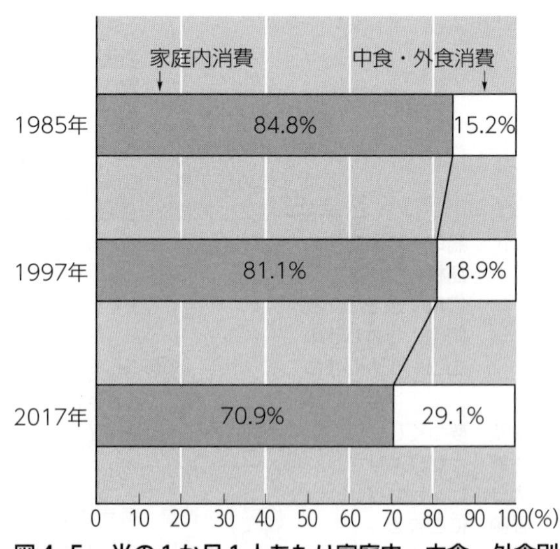

図4-5　米の1か月1人あたり家庭内，中食・外食別消費割合

(農林水産省「米の1人1ヶ月当たり消費量」および米穀機構「米の消費動向調査結果」による)

民間流通米

流通規制は最小限となったため，私たちが普段購入をする米は，ほぼすべて民間流通米である。民間流通米は，生産者からさまざまな流通経路を経て消費者あるいは実需者（外食，中食など）まで届けられる（図 4-6）。代表的な経路は，①生産者→集荷事業者（農協，民間集荷業者）→卸売業者→小売業者→消費者，②生産者→集荷業者→小売業者→消費者，③生産者→小売業者→消費者，④生産者→消費者である。

◆付加価値米　消費者の所得が上がってくると，よりおいしいものや，安全で安心して食べることができる付加価値の高い農産物への需要が高まってくる。米も例外ではなく，付加価値のある米が増えてきている。付加価値は，栽培方法によるもの（有機米，減農薬米，減化学肥料米，特別栽培米など），品質・衛生管理によるもの，生産者でブランド化したものなどがあり，生産者から消費者に直接販売されることも多い。

◆産直米　生産者は，自分の生産した米を他の生産者のものと区別して売りたい。一方，消費者は生産者が確かで品質に保証がある米を買いたい。このような思惑が一致すると，産地から消費者に直接届ける**産直米**（**産地直送米**）が増えてくる。消費者だけでなく，小売り業者でも産直米のとり扱いを増加させ，商品の違いを強調している。差別化戦略の一つであるが，生産者は違いをアピールすることや，顧客をいかに獲得するかが，重要な課題となってくる。

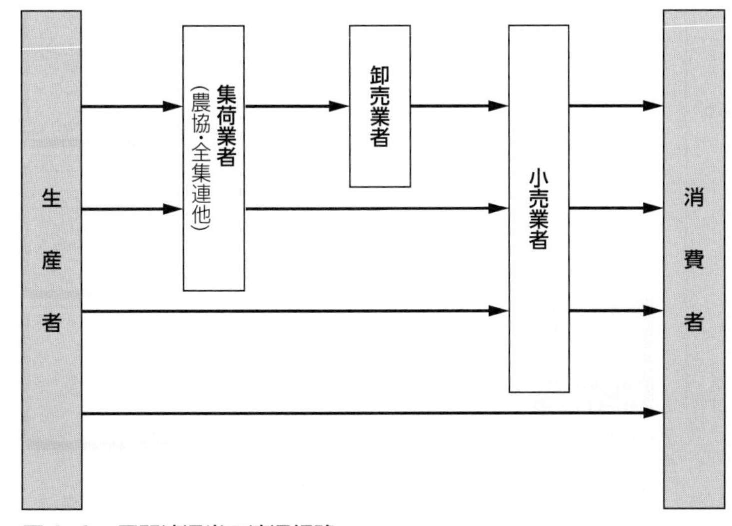

図 4-6　民間流通米の流通経路

コラム

特色のある付加価値米

放鳥されたトキが野生に復帰し繁殖するには，えさとなるドジョウやサワガニ，昆虫などが豊富にいる水田が必要である。トキと共生し，環境に優しい水田からとれた米を佐渡市は「朱鷺と暮らす郷づくり認承米」として認承し，売上の一部を「佐渡市トキ保護募金」に寄付している。

政府が関与する米

◆備蓄米　食糧法のもとでは，政府による米の買い入れは，不測の事態に備えた**備蓄米**のみである。備蓄水準は，10年に一度の不作や，通常程度の不作が２年続いた事態に対処できる100万トン程度としている。備蓄米は一定期間(ほぼ５年間)備蓄し，不足時以外は毎年20万トン程度を購入する。買い入れは，主食用米の市場価格に影響を与えないように，作付前の事前契約および一般競争入札で実施する。備蓄後は，毎年20万トン程度を飼料用米などの非主食用として販売する[1](図４-７)。

◆MA米　1994年，わが国はGATTのウルグアイ・ラウンド(GATT・UR)農業合意により，農産物は関税化のもとで自由に輸入できることになった。米に関しては，最低限の輸入機会(ミニマム・アクセス機会)を提供することになり，その枠で輸入される米は**MA米**とよばれる[2]。MA米は政府によって管理され，主食用米としては国内に流通させないことが原則で，加工用米，飼料用米，あるいは援助用米として売却されている[3](図４-８)。

❶棚上げ備蓄方式という。

❷2000年度以降，国内消費量の7.2%，約77万トンがミニマム・アクセス数量である。

❸主食用に販売した場合には，その数量以上の備蓄米を主食以外の用途に処理をする。

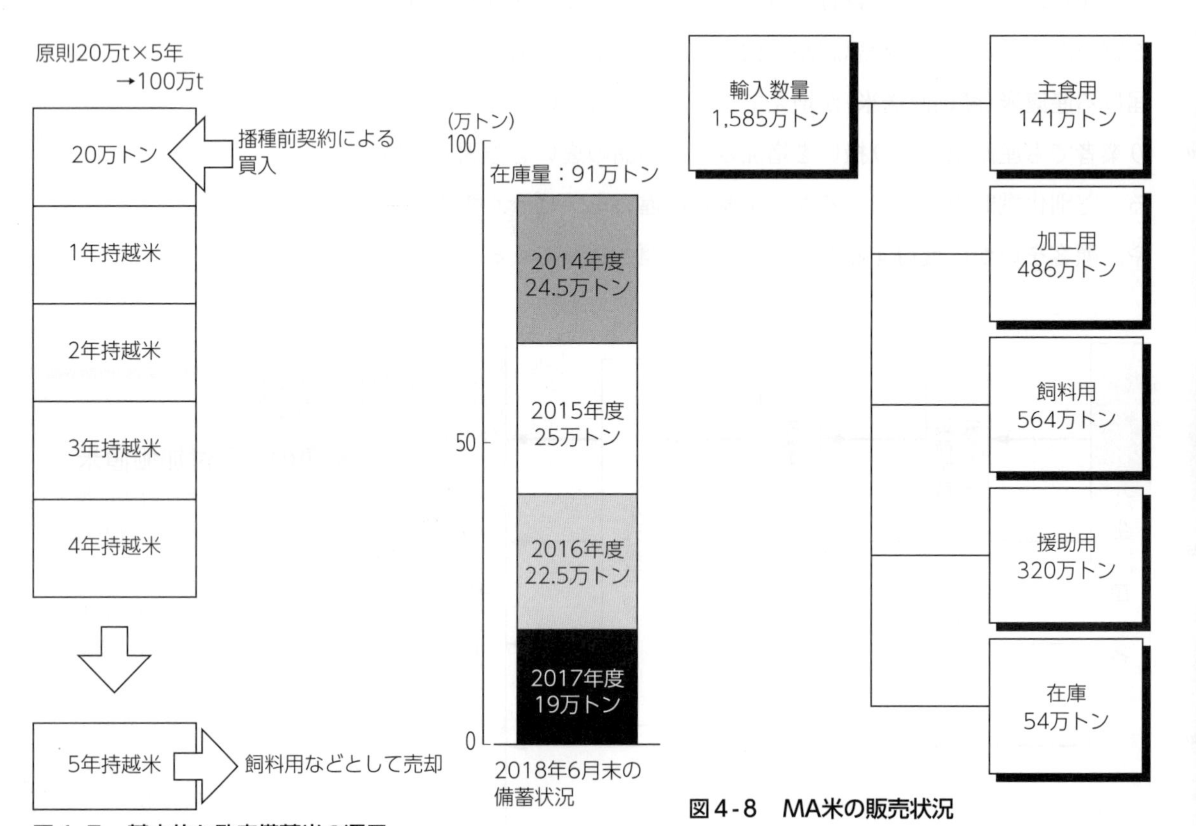

図４-７　基本的な政府備蓄米の運用

(農林水産省「米をめぐる関係資料」による)

図４-８　MA米の販売状況

1995年４月～2018年10月末の合計。

(農林水産省「米をめぐる関係資料」による)

価格の決定

2004年の食糧法改正で，米の流通は，原則として，自由となった。産地品種銘柄別の価格形成の場として，公設の市場が設けられたが，その後，解散し，2011年度以降は，さまざまな流通を担う当事者間による相対(あいたい)取引価格が，代表的な米の価格となった。相対取引価格は，売り手と買い手の２者で，数量・価格・取引期限をセットで契約するのがふつうである。産地品種銘柄ごとの相対取引価格は公的機関によって公表されており(図４-９)，公正な取引が行われるように，米についての需給・価格情報，販売・在庫情報などが提供されている。

米粉の流通

私たちになじみがある団子やせんべい，和菓子などは米粉[1]を利用しており，主食用とは別に加工用米として流通している。近年，製粉技術が発達し，より微細な粒子に製粉した米粉を小麦粉にかえて，利用できるようになった。米粉の利用は，米の消費拡大をうながし食料自給率を向上させることから，2009年より，米粉の利用促進が進められている[2]。全国で米粉用米の生産は増加しているが，米粉以外の用途に利用することは禁止されている[3]。しかし，小麦粉に比べて価格が高いこと，品質に安定性がないこと，新しい製品を開発することなどが課題とされている[4]。

❶「べいふん」または「こめこ」という。代表的なものとして，うるち米を粉にした上新粉，もち米を粉にした白玉粉，道明寺粉がある。

❷米穀の新用途への利用の促進に関する法律(2009年７月施行)。

❸米粉用等用途限定米穀ルール(改正食糧法(2010年４月施行))。

❹グルテンを含まないこと(グルテンフリー)が注目されている。

調べてみよう
米粉を使った製品にはどのようなものがあるだろうか。また，同様の製品に比べどのような特徴をもっているだろうか。

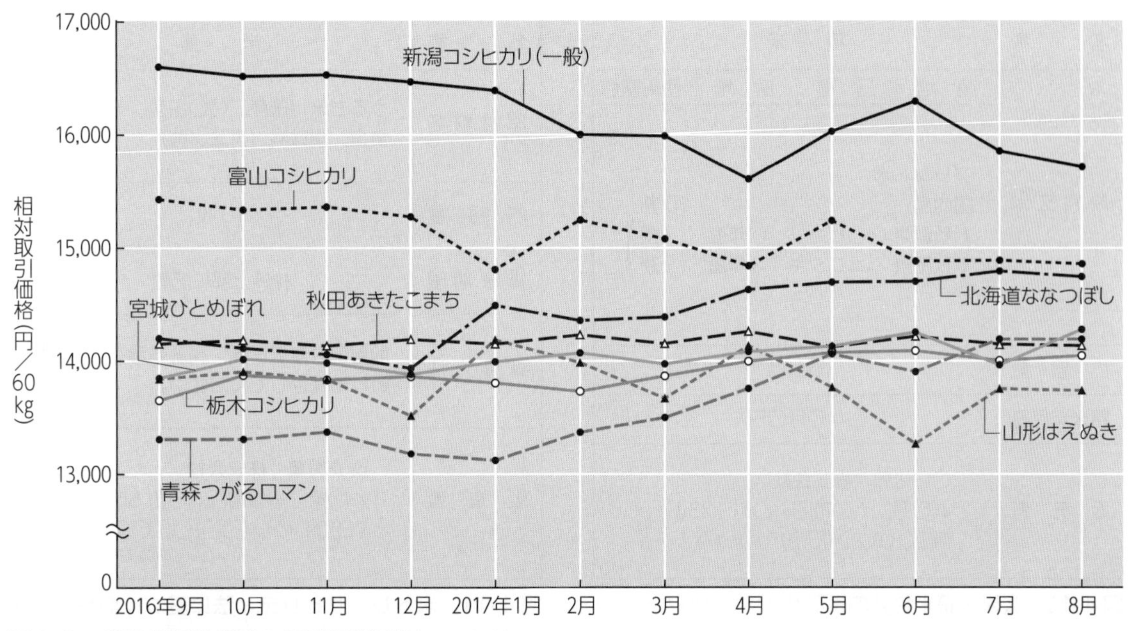

図４-９　産地品種銘柄別の相対取引価格(2016年産)

4 検査と表示制度

◆検査・表示　米の検査は，**農産物検査法**(1951年公布)に基づいて生産者が米を売り渡す段階で行われ，規格取引を行うために，検査員が判定し，登録機関が証明をする❶。検査は生産者が希望する場合のみの任意検査である。

消費者は，店頭で，米をみただけで状態や品質を判断することはむずかしい。米についての情報を提供するために，すべての販売者(農家を含む)は玄米・精米の販売にさいし，名称・原料玄米(産地・品種・産年・使用割合)・内容量・精米年月日・販売者などの氏名または名称・住所・電話番号を包装に一括表示することが義務づけられている(図4-10)❷。バラ売りの場合は名称，原産地のみ表示する。

◆米トレーサビリティ　事故米の不正流通の事件の反省にたち，2011年7月に，**米トレーサビリティ法**❸が施行された。米穀事業者は出荷・入荷記録の作成と保存が義務づけられ，問題が発生した場合の流通ルートが特定できることになった。また，米だけでなく米菓製品などについても，消費者に米穀などの産地情報が提供されることになった。その方法には，商品に直接記載する方法(図4-11)とWebや電話などのアクセスによる方法がある。

❶農産物検査規格に基づき，産地品種ごとに品位検査と成分検査を行う。

❷「産地・品種・産年および使用割合」を表示するためには検査証明が必要であったが，2011年7月以降，未検査米も都道府県名などの産地表示ができるようになった。

❸「米穀等の取引等にかかわる情報の記録および産地情報の伝達に関する法律」，対象事業者は，生産者を含め，対象品目を販売，輸入，製造，加工，提供をするすべての事業者。対象品目は米穀，米粉，米麹等，米飯類，もち，だんご，米菓，清酒，焼酎，みりん。

名　称	精　米			
原料玄米	産　地	品　種	産　年	使用割合
	ブレンド米 国内産　10割 （新潟県 ○○ヒカリ　○年産　7割 秋田県 △△ニシキ　×年産　3割）			
内容量	5kg			
精米年月日	○年○月○日			
販売者	○○米穀　株式会社 △○県□△○市□△○町 1234 TEL◇◇◇◇(□□)○○○○			

図4-10　玄米・精米包装の表示例（複数原料がある場合）

名　称	米　菓
原材料名	うるち米（国産，○○国産，その他） 食塩，調味料（アミノ酸）
内容量	10枚
賞味期限	枠外上部に記載
保存方法	開封前は直射日光，高温多湿を避けて保存してください。
製造者	☆☆製菓　株式会社 △○県□△○市□△○町 5678 TEL◇◇◇◇(□□)○○○○

図4-11　米トレーサビリティ法に基づく商品直接記載による産地情報表示例

2 ……… 麦の流通

目標
- 麦の商品特性と流通を学ぶ。
- 小麦粉の原料としての特性と，その製品について学ぶ。

1 商品としての特性

麦は，人類が最古から栽培している作物であり，世界中で食べられている穀物である。代表的な小麦は，米のように粒食という形態で口にすることはほとんどない❶。ひいて粉にし，それを使用した食品(パン，麺など)を食べるのがふつうである。このような食べ方を粉食(ふんしょく)という。収穫された麦は，**製粉・精麦**という過程を経たのち，それを原材料として，さまざまな食品に**2次加工**されることが多い。ここに，同じ穀物でも米とは違った特徴がある。

2 麦の種類

代表的な麦類として，小麦，大麦，ライ麦，エン麦(ばく)❷がある(図4-12)。日本では，小麦，大麦の栽培❸が大半を占める。大麦の種類には，2条大麦・6条大麦❹・裸麦(はだかむぎ)などがある。小麦は，麺類，パン・菓子やしょうゆ・みそなどの原材料として用いられる。大麦は，押麦(おしむぎ)❺として麦飯のほか，麦茶，ビール・焼酎・みその原材料としても使用される。

❶小麦は殻がかたく，縦に深い溝があり，削っても残る。そのため，粒のままでは食べにくいしおいしくない。

❷ライ麦・エン麦は欧米の寒冷地に多く，食用(ライ麦はライ麦パン，エン麦はオートミールの原材料)および飼料に利用されている。

❸2018年には小麦768,000トン，2条大麦121,000トン，6条大麦69,000トン，裸麦14,000トンが日本で収穫された。

❹6条の粒列のうち2条に実がなるものを2条大麦，6条すべてに実がなるものを6条大麦という。

❺大麦を精白し，平たく押したもの。

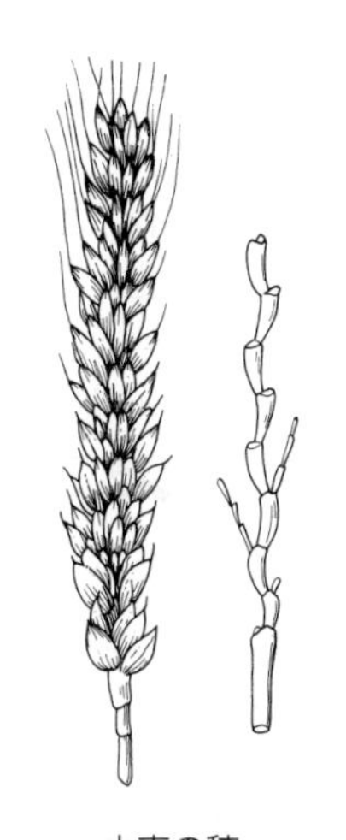
小麦の穂

2条大麦の穂

6条大麦の穂

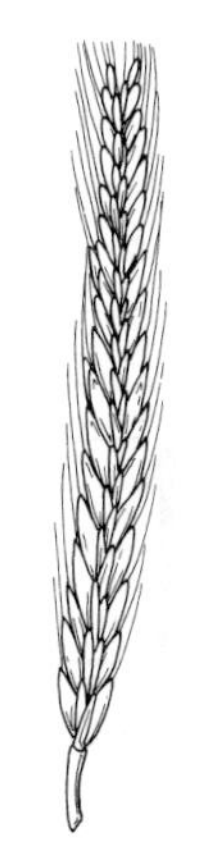
ライ麦の穂

エン麦の穂

図4-12 麦の種類

3 小麦の種類と用途

小麦の種類

小麦は世界中の多くの国で栽培されているが，栽培特性上，冷涼な気候が適する。登熟期から収穫期までは乾燥した気候が望ましい。その点では，日本は必ずしも適地であるとはいえない。小麦は，栽培の季節により春小麦・冬小麦，粒の色により赤小麦・白小麦，粒のかたさにより硬質小麦・中間質小麦・軟質小麦，に分けられる。

小麦の用途

小麦を製粉すると，粉とふすま❶に分かれる。粒のかたさによって小麦粉❷の性質は違い，図4-13に示したように，それぞれに適した加工製品がある。性質の違いはタンパク質の含有量，グルテン❸の強さによるものである。日本では，伝統的な小麦粉製品としてうどんやそうめんなどの麺類があるように，中間質小麦が多く，パンに向いている硬質小麦は少なかったが，近年，品種改良により，パン，中華麺用の小麦が増えている。

❶小麦の皮くずのことで，飼料となる。米のぬかに相当する。

❷小麦をひいて，粒度が細かいものが**小麦粉**，粗いものを**セモリナ**，ふるい分けしていないものを**全粒粉**という。

❸タンパク質の混合物。粘りけのある物質で，アミノ酸であるグルタミン酸を多く含む。

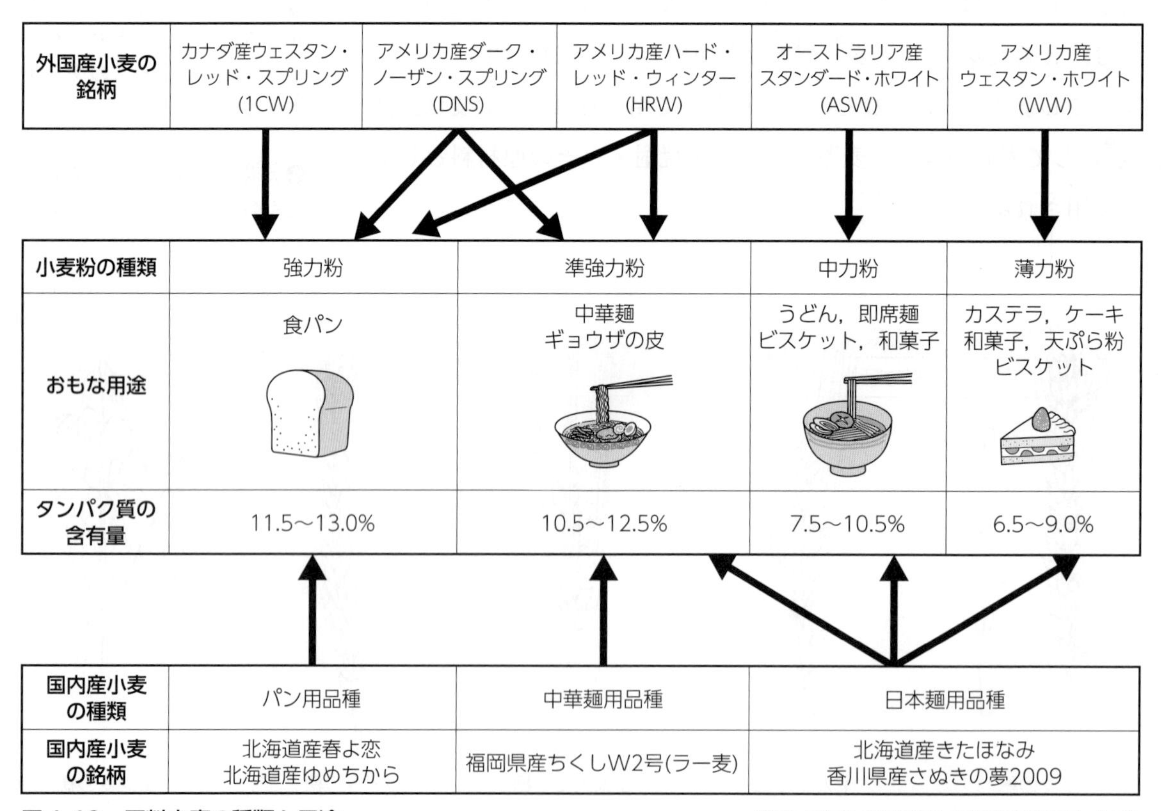

図4-13　原料小麦の種類と用途　（農林水産省「小麦をめぐる最近の動向」より）

4 国内産麦の流通と価格形成

民間流通

麦は国内産麦と外国産麦とに大きく分けられる[1]。麦の流通と価格の決定は，米と同様に，長いあいだ食糧管理法のもとにあったが，食糧管理法は1995年に廃止され，食糧法が制定された。国内産麦に関しては，実需者(製粉業者など)のニーズが生産者に伝わるように，2000年産より民間流通制度が導入され，2005年産から全量が民間流通となった。

民間流通は，生産者および生産者団体と実需者との売買契約によって流通する取引方法であるが，生産者が産地品種ごとに計画生産できるよう，収穫前年に播種(はしゅ)前契約を行う。契約内容は，取引数量および価格などである(図4-14)。

[1] 2016年の食糧用国産小麦生産量は79.1万トン，輸入量は485.8万トンである。また，国産大麦生産量は17.1万トン，輸入量は25.1万トンである。

価格形成

取引価格は，産地銘柄ごと播種前に，販売予定数量の３割を入札で決定する。入札にさいしては，前年の落札価格をもとに基準価格が決められ，値幅制限が設けられている[2]。残りの７割については，入札の指標価格を基本にして，当事者間の相対取引で価格を決定する。取引後，収穫し，売り渡すまで約１年の期間があり，その間，輸入麦価格が変動した場合，取引価格を事後調整するしくみがある[3]。

[2] 前年産の落札価格加重平均に輸入麦の価格変動を加味して基準価格が決定され，値幅制限は上下10%である。

[3] 政府売り渡し価格改定時(４月，10月)に合わせて，取引価格に変動率を乗じる。

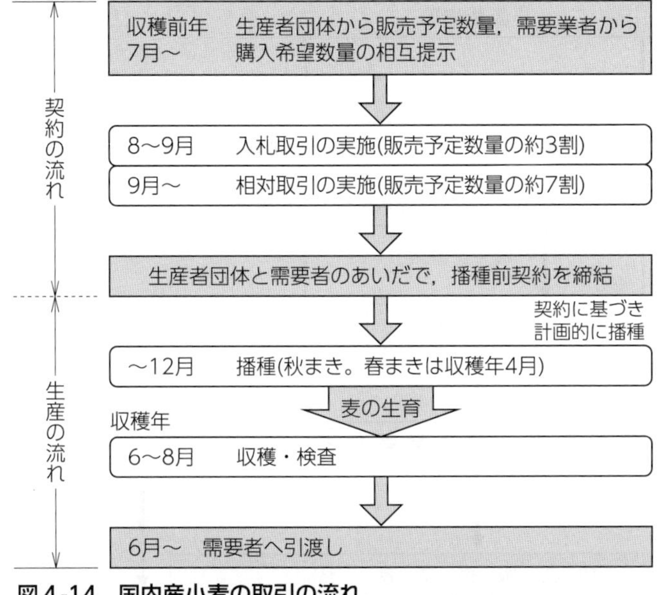

図4-14 国内産小麦の取引の流れ
(農林水産省「麦をめぐる事情について」による)

表4-1 国内産小麦の主要産地銘柄別落札価格(2018年)

産地銘柄	落札価格(円/トン)
香川さぬきの夢	63,549
北海道春よ恋	58,283
福岡ミナミノカオリ	57,945
北海道きたほなみ	54,148
北海道キタノカオリ	53,454
北海道ゆめちから	53,188
兵庫シロガネコムギ	52,383
北海道はるきらり	51,005
佐賀チクゴイズミ	49,923
福岡チクゴイズミ	49,274
福岡シロガネコムギ	48,211
佐賀シロガネコムギ	47,170
群馬つるぴかり	47,038
大分チクゴイズミ	46,657
愛知きぬあかり	46,359

5 外国産麦の流通と売り渡し制度

1995年，GATT・UR農業協定の実施と麦の輸入の関税化により，業者は関税を払えば輸入が可能となったが，その後も，政府が国家貿易によって一元的に輸入・買い入れをして，実需者に売り渡している。

外国産麦は国内産麦では不足するものおよび品質的に需要を満たすことができない分を輸入するとの方針で，政府が総需要量を予測し，国内産麦の予測数量をもとに外国産麦の輸入数量を提示して，輸入することになっている。

政府から委託を受けた輸入業者(商社など)が輸入し，政府が買い入れる。実需者(製粉業者など)は政府から購入し，製粉・精麦して加工業者などに販売する。政府の買い入れ契約は，一般方式(入札)による競争契約である(図4-16)。政府が，売り手である輸入者と買い手である実需者のあいだに入る国家貿易では，実需者のニーズが必ずしも輸入業者に伝わらないため，2007年より，デュラム小麦などの一部特定銘柄に関して，政府を介さない**売買同時契約**(**SBS**)方式が導入され[1]，輸入銘柄，輸入港，輸入期間などが選択できるようになった。

❶Simultaneous Buy and Sellの略。売り手と買い手の当事者が連名で申し込み，政府が売買格差の大きい順から落札する。2017年10月より，20万トン分，全銘柄に拡大した。

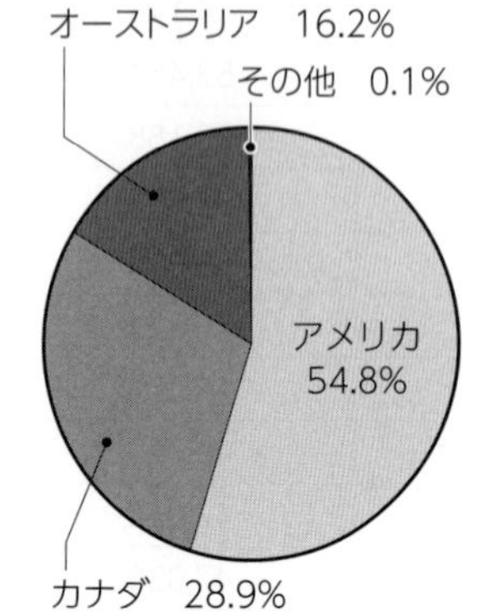

オーストラリア 16.2%
その他 0.1%
アメリカ 54.8%
カナダ 28.9%

図4-15 食糧用小麦の国別輸入割合(2017年)

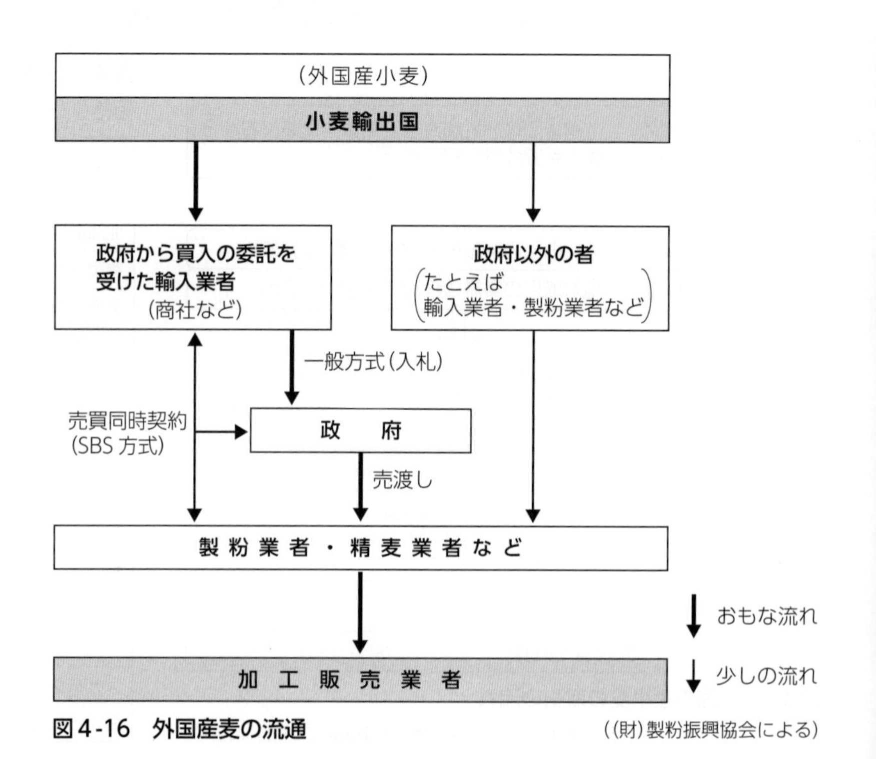

図4-16 外国産麦の流通　((財)製粉振興協会による)

◆売り渡し制度　政府が実需者に売り渡す価格は，一定期間の輸入価格平均値に一定のマークアップ[1]を上乗せする**相場連動制**(**価格変動制**)である。価格平均値は直近6か月の平均値，改訂回数は年間2回であって，麦の国際価格，海上運賃，為替（かわせ）レートなどの動向を反映する。マークアップは年間固定であり，売り渡し価格は変動する(図4-17)。

◆即時販売方式　従来，競争入札により輸入された麦は，政府による一定期間(1.8か月)備蓄保管後に，製粉企業などに販売されていた。2010年10月より，政府が買い入れると同時に，製粉企業などに販売する**即時販売方式**がとられるようになり，輸入麦は即時販売されることになった。一方で，不測の事態に備える輸入小麦の備蓄保管は，即時販売によって政府から製粉企業などに移ることになり，それまで政府は1.8か月分，民間は0.5か月分を担っていたが，2.3か月分すべて[2]を民間が担うことになった。ただし，政府は1.8か月分の保管に要する経費を製粉企業などへ助成している(図4-18)。

❶マークアップは，輸入差益である。国家貿易などの麦の制度運営にかかわる管理経費および国内産麦の生産振興原資に当てられる。TPP11，日・EUのEPA発効により，今後，引き下げられる。

❷主要輸出国で不測の事態が生じ，輸入が途絶えた場合，他の国からの代替輸入にかかる期間4.3か月程度のうち，2か月は既契約分，2.3か月は備蓄のとり崩しで対処するとの考え方。

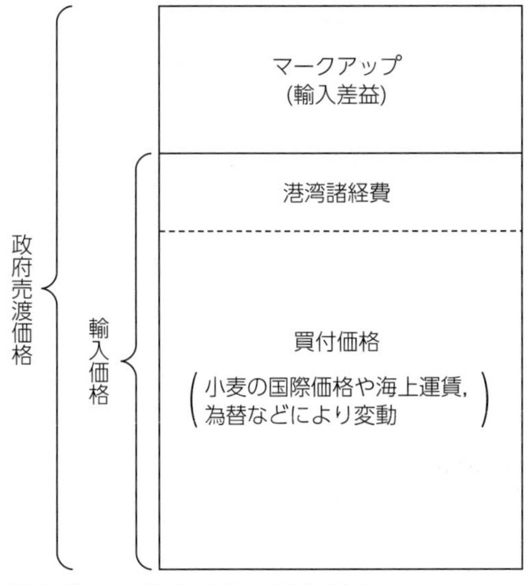

図4-17　政府売り渡し価格の構成

(農林水産省「麦の参考資料」による)

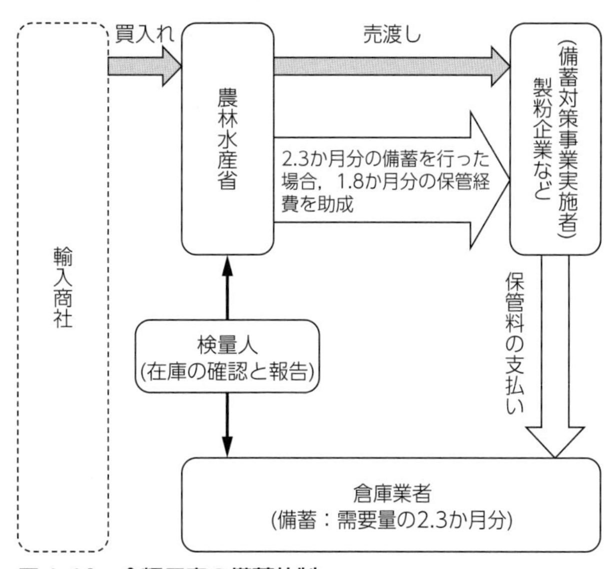

図4-18　食糧用麦の備蓄体制

(農林水産省「麦の参考資料」による)

6 小麦粉の流通

小麦は貯蔵できるが，製粉した小麦粉は酸化しやすく，長期に保存することはむずかしい。よって，２次加工業者や消費者は小麦粉をストックすることはなく，必要に応じて購入しなければならない。

小麦は製粉工場で製粉されるが，同一の小麦でもひき方によって，特性が異なる粉ができる。一定品質の安定した小麦粉をつくるために，多くの小麦粉は単一の小麦からつくられるのではなく，複数の粉をブレンドしてつくられる。

小麦粉の流通は，製粉業者，卸売業者，小売業者，消費者という基本的な経路を経るが，私たちは，小麦粉そのものを食べたり，日常的に小麦粉を購入することは少ない。反面，パン，ラーメン，菓子などの小麦粉製品を買って，食べることは非常に多い。米と違い，小麦粉は製粉業者から食品加工業者に渡る業務向けの割合が高いことが特徴である(図４-19)。

2017年度の小麦粉の用途別生産量では，パン用が約40%，麺用が約33%，菓子用が約11%[1]を占めている。

❶家庭用は，薄力粉が約７割を占めることから調理菓子用がほとんどである。

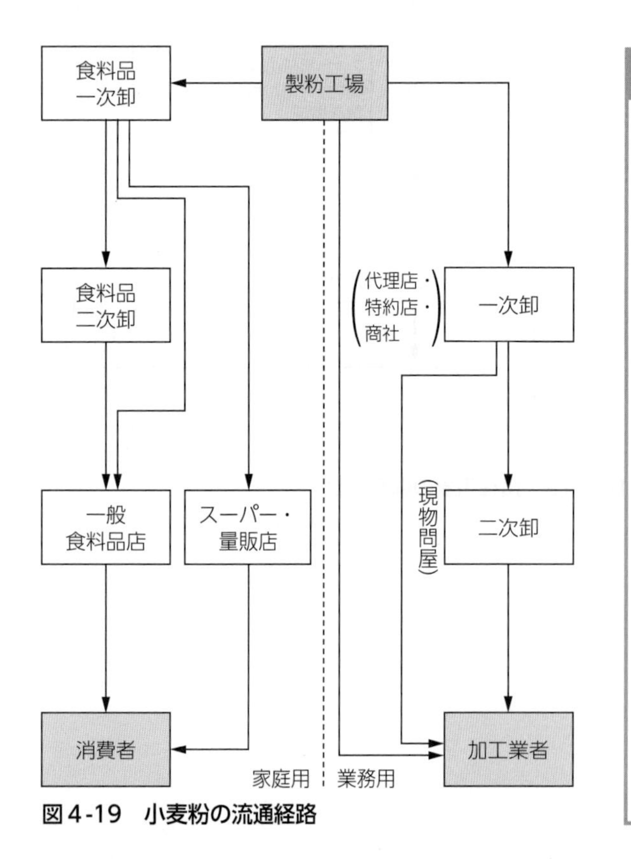

図４-19　小麦粉の流通経路

コラム　国内産麦の新しい品種

日本の小麦は，パンや中華麺には向いていないといわれてきた。しかしながら，研究機関の努力によって，パン・中華麺用の新品種が開発され，評価が高まるとともに栽培面積も広がってきた。北海道で開発された超強力品種「ゆめちから」は，大手パンメーカーの食パンになっている。福岡県で開発された「ちくしW2号」は，実需者のニーズを反映したラーメン専用品種で，名称・ロゴを「ラー麦」として商標登録をし，ラーメンの普及とブランド化を進めている。

3 ………青果物の流通

目標
- 青果物の商品特性と流通について学ぶ。
- 青果物の消費・購入の変化と流通変化との関係を考える。

1 青果物の商品特性

青果物[1]は，収穫されたそのままの形で消費者が購入をする場合が大半である。しかも，典型的な生鮮食品なので，食味・品質・形態などは，鮮度がよいほどよい。保存(貯蔵)がきかず，収穫から消費までの時間は短い。また，他の農産物に比べ，季節によって種類に違いがあるうえに，産地が多いことを特徴とする。生鮮食品なので，消費者はほぼ毎日のように購入するが，購入量は少ないことも特徴である。

青果物は日々生産され，日々消費される。しかも，生産者は多いが，生産量は穀物に比べると少なく，同じ青果物でも品質，規格がさまざまである。こうしたことから，流通過程において，多種多様な青果物を集荷し，それぞれに価格をつけ，分荷(ぶんか)をしなければならない。そのために，むかしから，人々が集まり**市**(いち)を形成するなどの流通形態がとられてきたが，近代的な青果物流通を担う場として**卸売市場**が設置された[2]。

[1] 青果物とは，生の野菜と果実の総称であるが，両者を区別することはむずかしい。野菜の定義は統計によって異なる。

[2] 1923年に，それまでの前近代的な青果物流通を合理化することを目的として「中央卸売市場法」が制定された。

図4-20　せり風景

図4-21　八百屋での販売

2 青果物流通と卸売市場

卸売市場[1]は生鮮食料品の卸売りのために開設される市場で，青果物の流通経路の一部を担う(図4-22太線内部)。

青果物が卸売市場を経由する典型的な流通経路は，まず，生産者が出荷団体(農協など)に出荷し，さらに，青果卸売市場の卸売業者に販売を委託する。卸売業者は，売買参加者に対し，せり，入札，相対で価格を決め，受け渡す。売り渡された青果物は，スーパーなどの小売業者に渡った後，店頭に並ぶ。それらを消費者は購入する。

第3章で学んだように，卸売市場には，1)**価格形成機能**，2)**決済機能**，3)**集荷機能**，4)**分荷機能**，5)**情報機能**があり，いずれの機能も青果物の流通には欠かせない。

❶卸売市場には，中央卸売市場と地方卸売市場がある。中央卸売市場は流通・消費上重要な都市に開設し，農林水産大臣が認可をする。地方卸売市場はそれ以外の場所に開設し，都道府県知事が認可をする。2017年の中央卸売市場は64か所(うち，青果とり扱いは49か所)，地方卸売市場は1,060か所である。

調べてみよう
青果物を選択し，卸売市場の入荷数量，価格を調べて図にしてみよう。

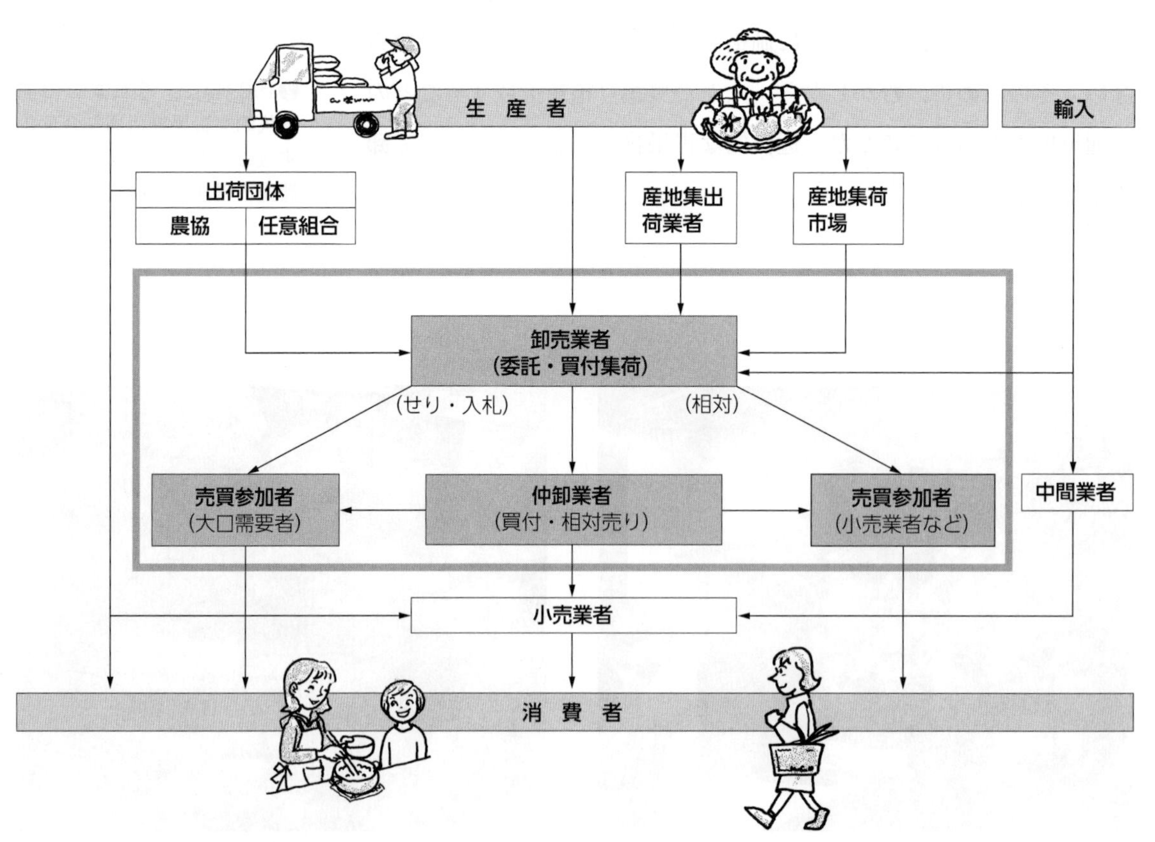

図4-22　青果物の流通経路

3 青果物流通の変化と卸売市場

産地の変化と卸売市場

店頭に並んでいる青果物を調べてみると，多くの種類があるとともに，多くの産地があり，国外だけでなく，国内でも随分遠くの産地から届けられていることに気づくだろう。

消費者の所得が増加すると，青果物の需要は量・質・種類ともに増大する。それに対処するために，野菜の産地は都市近郊から遠隔地へ，小規模産地から大規模産地へ変化をとげてきた❶。また，できるだけ安定的に供給できるように，産地リレーにより産地が切りかわっている(図4-23)。野菜の産出額は，2004年以降，米の産出額を上回るようになった(図4-24)。また，生産は主業農家によって多くが担われており❷，野菜生産は日本農業において重要な位置を占めている。

輸送技術の発達などにより，鮮度を維持して輸送できるようになると，生産者は，より需要があり，より高い価格が見込める卸売市場をめざすことになった。つまり，大都市の大きな卸売市場への出荷が集中するようになってきた。反面，地方の卸売市場のなかには十分な集荷が困難になるところも出てきて，大都市の卸売市場から地方の卸売市場に青果物が送られるようになった。これを**転送**という。

❶野菜生産出荷安定法により，全国的に流通し，消費量が多い重要な野菜14品目が指定野菜として指定されている。さらに，地域振興上重要で，指定野菜に準ずる野菜として，特定野菜35品目が指定されている。

❷野菜部門の販売農家のうち主業農家割合は76％(金額ベース，2015年)である。

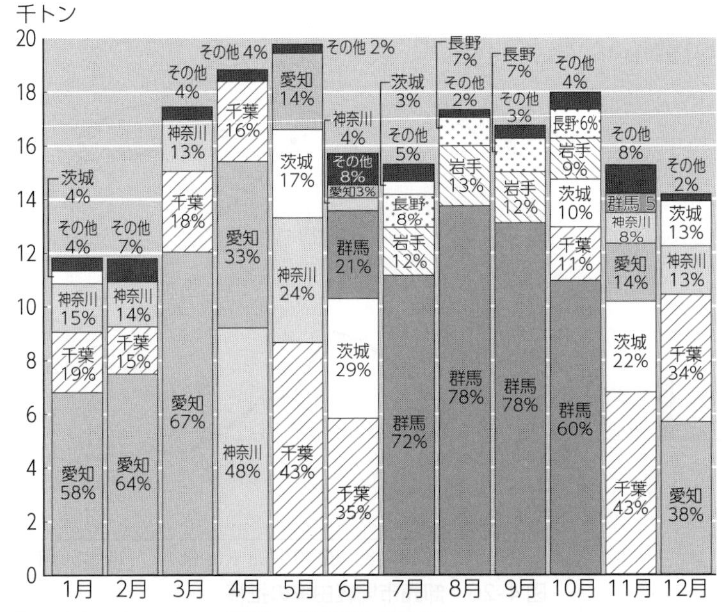

図4-23　キャベツの月別・産地別入荷実績(2017年，東京都中央卸売市場)

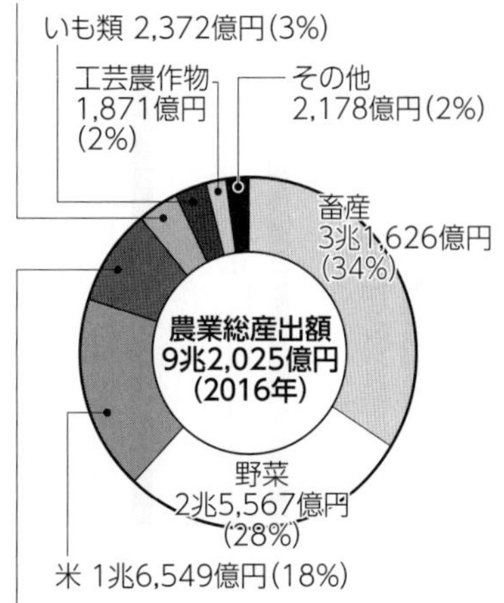

図4-24　農業類型別農業産出額(2016年)

(農林水産省「生産農業所得統計」による)

購入の変化と市場対応

私たちは，家族経営の小売店よりもスーパーなどの量販店で，青果物を購入することが多くなった(図4-25)。

量販店は文字通り，大量の青果物を仕入れる。大量の青果物を卸売市場から仕入れると，需要が多くなり，価格が高くなる。これは販売上不利である。また，必要とする量を十分に仕入れることができないこともありうる。さらに，せりによって購入した青果物を，開店時間までに店頭に並べることはむずかしい。量販店の仕入れの基本は，定時・定量・定価格であるので，卸売市場から仕入れることは，量販店にとって，必ずしも望ましいことではなくなった。

量販店の販売力が強くなってくると，卸売市場の取引原則であるせり・入札が実情に合わなくなってきた[1]。また量販店は，産地から直接仕入れる流通経路を開発するようになった。青果物流通の**卸売市場経由率**は低下をするようになり，このような状況に対応するために，**先取り・予約取引**が行われてきた[2](図4-26)。

2018年，卸売市場法は改正され，民間活力の導入，取引規制の大幅緩和がはかられた。量販店の販売力強化，産地の大型化のみならず，加工食品の増加，外食の拡大，情報通信技術の進展は，青果物流通の多様化をうみ出し，卸売市場の役割を変化させてきている。

❶2015年の中央卸売市場における青果の取引は，せり・入札が10.5%，相対が89.5%である。

❷先取りは，せりに先立って販売，購入することで，価格はせり価格を基準とすることが多い。予約取引は，荷物が産地を出発したときに，現物なしに情報だけでせりを行う方法である。

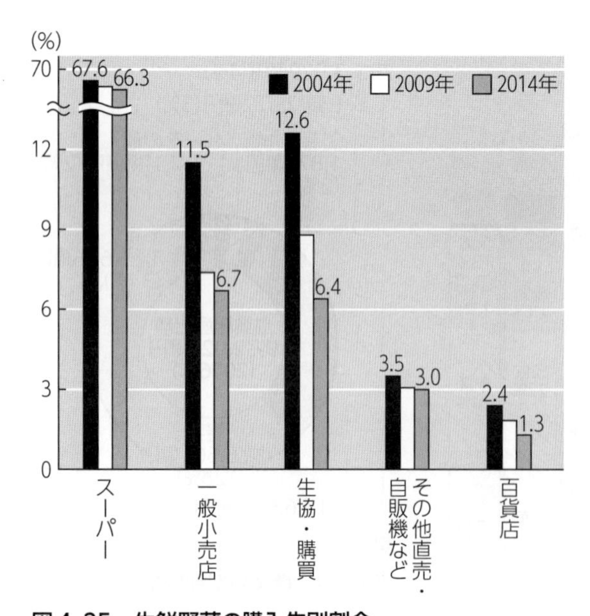

図4-25　生鮮野菜の購入先別割合

(総務省「全国消費実態調査」による)

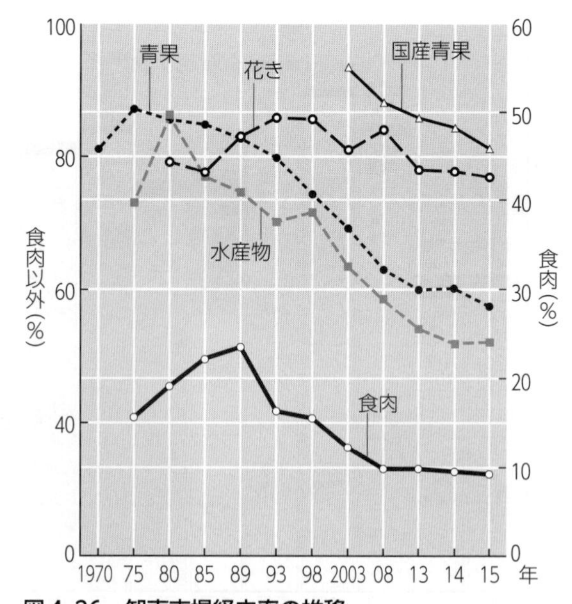

図4-26　卸売市場経由率の推移

(農林水産省「卸売市場をめぐる情勢」による)

4 増加する輸入青果物

バナナやグレープフルーツやアボカドをよくみかけるが，それらの大部分は輸入されたものである。所得の上昇や食生活の多様化とともに，果実の輸入量は増えてきた。輸入の増加は，1991年のオレンジの輸入自由化のように，**輸入障壁**がなくなり，輸入価格が低下したことによる。消費者は多様な果実を求めるようになり，日本で生産されない果実の輸入が増えるとともに(図4-27)，柑橘類やサクランボのように，国内産果実と競合しているものも多くある。

1975年頃までは野菜の輸入はなかった。その後，タマネギなどは，国内産のタマネギが不作のときに緊急的に輸入されていたが，しだいに，端境期に輸入されるようになり，通年化していった。現在では，比較的保存がきくタマネギやカボチャ類だけでなく，ブロッコリーなどの生鮮野菜であっても，外国産のものが増えている(図4-28)。

輸入増加の原因には，鮮度保持や輸送の技術が進んだこと，価格が安価なことをあげることができるが，何よりも，海外産地での栽培体系が技術指導などで確立し，国産品に劣らない品質と規格のものが生産できるようになったことが大きい❶。輸入青果物の流通は，卸売市場で分荷される経路と，中間業者を通じ直接小売店(量販店)の店頭に並ぶ経路がある。

❶国内の企業が，資本や加工方法などの技術を供与して，海外の農林水産物などの1次産品の生産を促進し，日本向けに，一定水準以上の野菜などをつくり，日本に輸入することを**開発輸入**という。

国内生産		
生鮮用 (88%) 2,601千トン		
ウンシュウミカン (27%) 711千トン	リンゴ (27%) 702千トン	その他 (46%) 1,188千トン

輸入				
生鮮用 (41%) 1,788千トン				
バナナ (54%) 950千トン	パインアップル 151千トン (8%)	グレープフルーツ 101千トン (6%)	オレンジ 84千トン (5%)	その他 490千トン (27%)

図4-27　生鮮果実の需給状況(2015年)

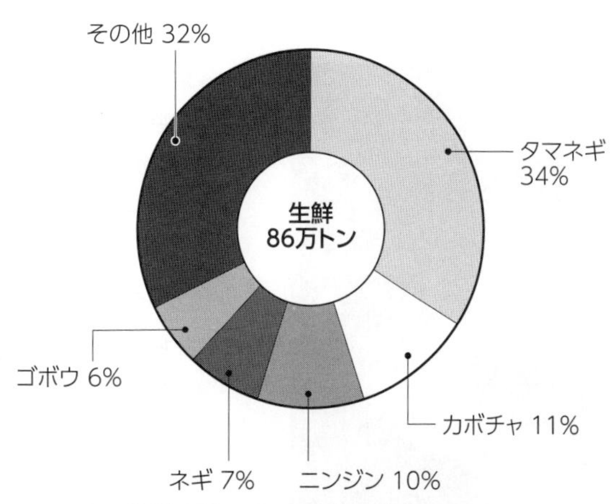

図4-28　生鮮野菜の品目別輸入割合(2017年)

(財務省「貿易統計」による)

5 青果物流通の新しい流れ

調べてみよう
量販店(→p.138)などに行って，有機農産物や特別栽培農産物などの栽培方法に特色をもつ青果物はどの場所にあって，どのような種類があり，どのような価格で，特色のある販売促進を行っているのか，調べてみよう。

高付加価値青果物

栽培方法に特色をもつ青果物の生産が増えている。代表的な例として，**有機栽培**をあげることができる。有機栽培，あるいは，減農薬や減化学肥料などの特別栽培により，環境に負荷を与えないことを強調する青果物を店頭で目にすることも多くなってきた。しかし，このような青果物は，多数の供給者と多数の需要者がいることを前提とした市場流通にはなじまない。それは，他の青果物との違いがあまり評価されず，価格に反映されにくいからである。このような青果物の多くは，生産者から消費者に直接届けられる産直(産地直送)か，両者のあいだに専門業者が介在する場合が多い。

有機栽培のように特色のある栽培方法を実施するには，手間とコストがかかるために，消費者に，通常の青果物よりは高く買ってもらわなければならない。取引には，生産者と消費者が直接個人的な取引をする場合，生産者と消費者がともにグループ化して共同購入型の産消提携をする場合，生産者が小売店と直接取引をする場合，専門の業者を介する場合などがある(図4-30)。

専門の業者には，生産から販売までを手がけるもの，栽培基準を守る農家と契約をして業者が組織している会員(消費者)に届けるもの，市場に出荷するもの，量販店に販売するものなどがある。

図4-29　有機農産物

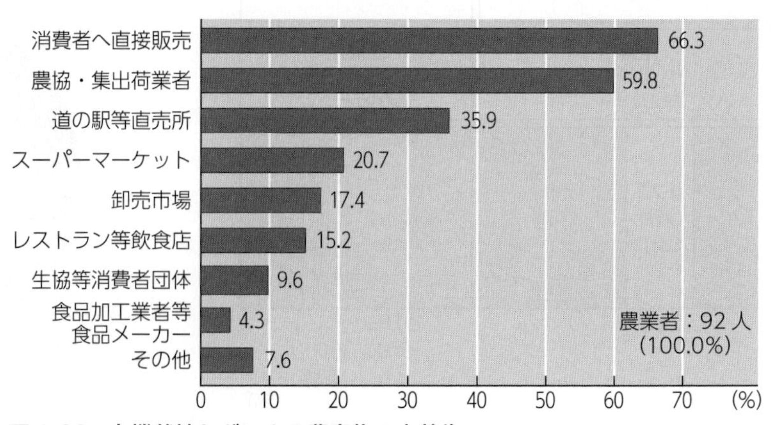

図4-30　有機栽培などによる農産物の出荷先(複数回答)
(農林水産省「有機農業を含む環境に配慮した農産物に関する意識・意向調査」(2016年)による)

顔のみえる関係

近年，青果物に対して安全・安心を指向する傾向が高まっている。市場流通の欠点は，生産者と消費者の双方の顔がみえないことである。産直などは，顔がみえる安心感がある。従来の産直は，個人やグループのつながりを利用していた。最近では，インターネット上のWebサイトやSNSなどを通じて，産地や栽培方法などの情報やこだわりのメッセージを提供することで，顧客を獲得する状況もみられる。安全・安心に関する情報を消費者に伝え，信頼を確保することが重要になる。また，産直やインターネットを利用した販売では，宅配サービスを利用する場合が多く，情報システムのみならず物流システム(→p.175)の革新が新しい流通を支えている。

農産物直売所

生産者にとって市場流通は，青果物を確実に販売できる利点はあるが，価格は思うようにならないし，農協など介在する業者に支払う手数料も少なくない。生産者は自分自身で価格をつけて売りたいし，消費者の反応をみたいと考える。一方，消費者のほうも，価格は安く，新鮮で，生産者と交流がもてればよいと考える。このような両者のニーズを一致させる場所が，**農産物直売所**[1]である。近年，全国で農産物直売所が著しく増えている。地産地消をとり組む場所であり，地場産の青果物がおもな品揃(ぞろ)えとなっている(図 4-32)。運営主体は，生産者グループや農協が大半を占める。

[1]農林水産省の定義は，生産者がみずから生産した農産物(農産物加工品を含む)を生産者または生産者のグループが，定期的に地域内外の消費者と直接対面で販売するために開設した場所または施設。

図 4-31　農産物直売所

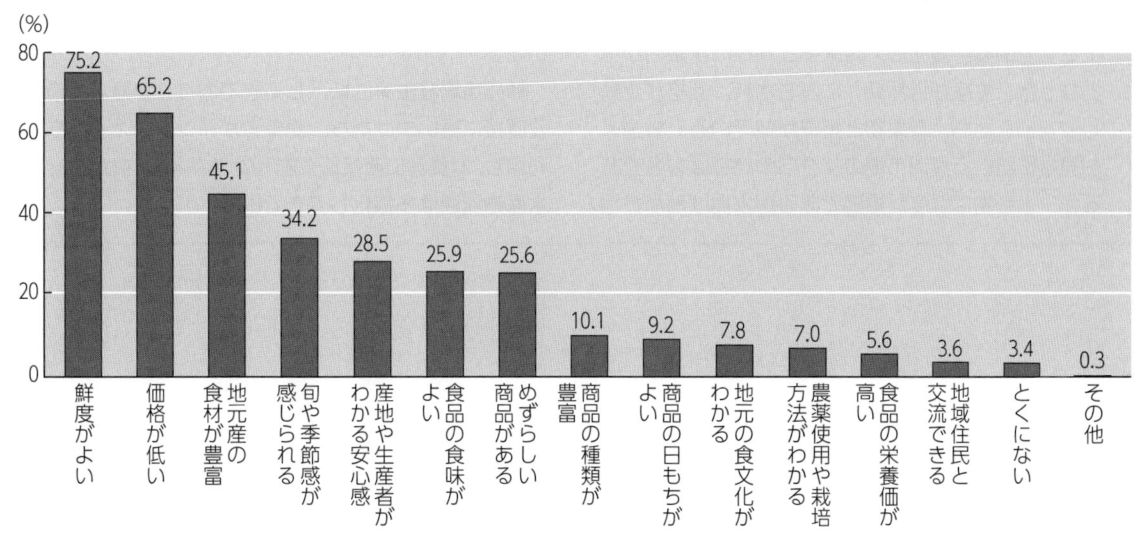

図 4-32　農産物直売所の魅力(複数回答)

(日本政策金融公庫「農産物直売所に関する消費者意識調査」(2012年)による)

6 青果物生産の周年化と消費

調べてみよう
イチゴの出荷が周年化していることについて，その要因を調べてみよう。

スーパーなどの食品売り場の配置は，どのようになっているだろうか。ほぼ例外なく，青果物売り場が入口近くにあるだろう。

青果物は，季節感を感じさせてくれるからである。それぞれの青果物には**旬**(しゅん)というものがあるはずだが，トマト，キャベツなど多くの青果物を年間通してみることができる。これを青果物生産の**周年化**という。周年化を可能にした背景として，①品種の改良・育種の進歩，②栽培技術の進歩，③気候条件を生かした**産地リレー**，④鮮度保持技術の進歩，⑤輸入の増加などをあげることができる。

しかしながら，生産者のみに要因があるわけではない。日本人の国民性として，**初物**(はつもの)好きがある。早期出荷への需要は大きく，しかも高く売ることができる。消費者，流通業者，生産者ともに利点があるために，早期出荷が進んだことも周年化をうながした。しかしながら，青果物自身がもつ旬は，生理的な条件でもあるので，旬に収穫されたものは，そのほかの季節に収穫されたものと比べて栄養価が高いといわれている。

コラム　水産物の流通

主要な生鮮食品として，水産物をあげることができる。世界的な寿司ブームや気軽に訪れることができる回転寿司の存在とは裏腹に，魚離れは止まっていない。魚の消費量は減少しているし，自給率も低下をしている。販売も，青果物と同様に量販店が主となった。生産が自然条件に左右され，価格が変動しやすいことも，青果物と特徴が似ている。外国人も見学に訪れる豊洲市場のマグロのせりは有名であるが，水産物は鮮度が重要である。水揚げ港が各地にあることから，産地卸売市場で仕分け・分荷し，その後，消費地卸売市場に出荷され，卸売業者・仲卸業者を経由して，小売業者などに販売される。2段階の卸売市場を経ることが流通上の特徴となっている。

卸売市場経由率は低下してきており，量販店が港で直接に買いつけたり，漁業者がインターネットを利用し，消費者に直接販売をしたりする動きがあり，水産物流通は多様化してきている。

4 ……… 畜産物の流通

- 畜産物の商品特性と流通を学ぶ。
- 畜産物の消費の変化によって，流通がどのように変わってきたかを考える。

1 食肉の商品特性

食肉は生鮮食品に分類され，青果物と同じように，食肉卸売市場(牛，豚のみ)がある。食肉は青果物より貯蔵性が高く，熟成の期間が必要なので，必ずしも鮮度がよいほどよいというものではない[1]。

私たちが食肉を購入する場合，焼肉用にスライスしてあるか，ステーキ用にカットしてあるような場合が多い。生産者は生きた家畜[2]を出荷するが，消費者はそのままの形をみることはない。生体から精肉への形態変化を経る，**と畜・解体**が必ずあることが食肉流通の特徴である。と畜・解体は，と畜場で処理されなければならず，検査を経ない家畜のと畜・解体は禁止されている[3]。

食肉売り場をみると，たとえば，牛肉は，ロース・モモなど部位別に売られ，国内産・外国産があるうえに産地銘柄も多くあり，しかも販売価格が大きく異なることに気づくであろう。

❶鶏肉の場合，鮮度が重視される場合がある。

❷家畜とは，牛，豚，馬，めん羊，山羊である。鶏は家禽という。

❸「と畜場法」による。

調べてみよう
肉屋，食肉売り場にはどのような種類の肉が，どのような価格で売られているのだろうか。

図4-33　枝肉

図4-34　食肉売り場

2 食肉の流通

国産食肉の流通

食肉流通の代表的な例として，図4-35に国産牛肉の経路を示す。豚肉もほぼ同様である。鶏肉は市場を通さない場合が多く，経路が単純化されている。

◆生体の流通　生産者は，家畜を農協などの集出荷団体，または集出荷業者(家畜商)に販売(委託)し，家畜はと畜場にもち込まれる。ここまでが**生体**の段階である。

◆枝肉の流通　と畜場には，食肉卸売市場に併設されていると畜場，農協系統組織が運営主体となっている食肉センター[1]，その他のと畜場の3種類あり，設置には都道府県知事の許可を必要とする。

と畜場で生体は，放血・解体され，頭・四肢・内臓・皮などが除かれて，背骨から2つに切り分け，**枝肉**となる。

食肉卸売市場併設のと畜場の枝肉は，卸売市場でせり，入札，相対にかけられ，仲卸業者を経て食肉問屋，大口需要者，食肉加工メーカーなどへ渡る。食肉センターの枝肉は，卸売市場，小売，加工包装業者，食肉加工メーカーなどへ渡る。その他のと畜場の枝肉は，卸売市場，小売り，食肉加工メーカーなどに流通する。ここまでが，枝肉の段階である。

❶食肉卸売市場併設と畜場は消費地に近い場所にあり，食肉センターは生産地に近い場所にある。

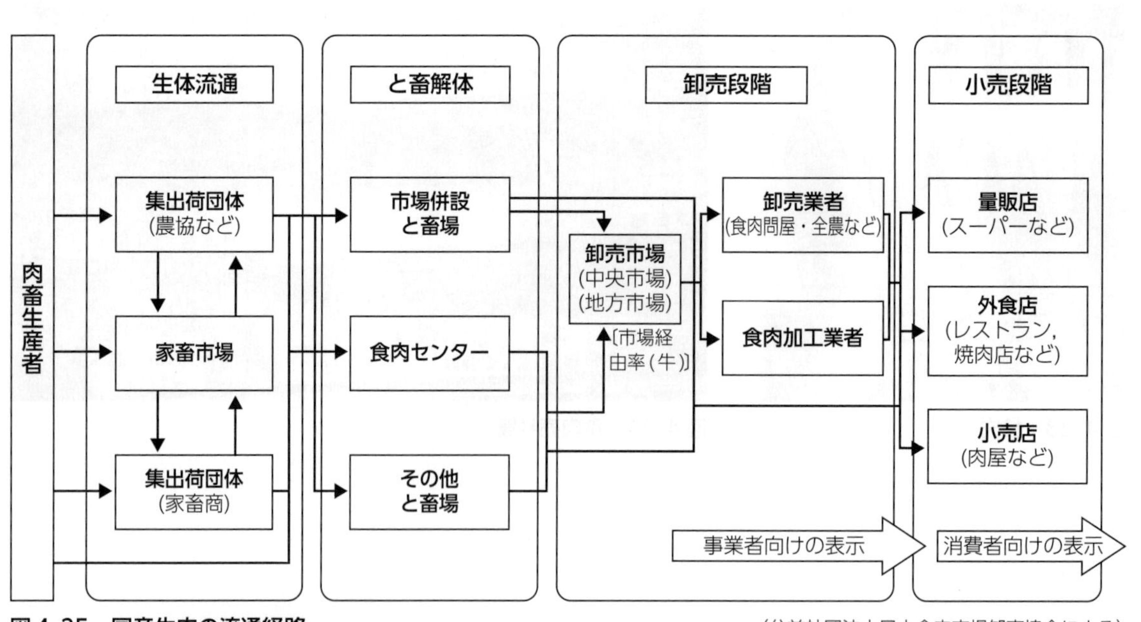

図4-35　国産牛肉の流通経路　(公益社団法人日本食肉市場卸売協会による)

◆部分肉・精肉の流通　枝肉から骨を除去し，ロースやモモなどの各部位に分割し[1]，余分な脂肪やスジを削ったものが**部分肉**である。さらに，部分肉は，販売用途に応じてスライスやカットされ，**精肉**となる。部分肉は加工メーカー，食肉問屋などから食肉小売店に渡る。量販店や大口需要者などは，直接，食肉センターで部分肉に加工して仕入れるケースが多い。量販店や食肉小売店は精肉を消費者に販売をする。ここまでが部分肉，精肉の流通段階である。

食肉流通の卸売市場経由率は2015年に9.2％で，青果の57.5％に比べ低い。どのと畜場でも第三者格付け機関によって**格付け**[2]が行われ，品質などが保証されるからである。

牛肉トレーサビリティ

2001年にわが国ではじめて発生したBSE[3]は，国産牛肉に対する消費者の信頼を喪失させ，消費は大きく落ち込んだ。国産牛肉の信頼を確保するとり組みの一つとして，**牛肉トレーサビリティ制度**[4]が確立した。

国内で出生したすべての牛に個体識別番号がつけられ，性別・種別および出生・移動・と畜までの生産記録をデータベース化し，一元管理する。と畜以降は，枝肉・部分肉・精肉の加工過程で，個体識別番号を表示し，販売業者，特定料理提供者[5]は仕入れ販売先などを記録・保存し，消費者に個体識別番号を提供する。消費者は，インターネットで生産履歴情報を確認することができる(図4-37)。また，事故などが起こった場合に，データベースの活用によって関連した牛を特定化できる。

❶部位の名称についてはp.135を参照。

❷格付けは，(社)日本食肉格付協会が行う。牛肉では，歩留等級A～Cの3段階と肉質等級5～1の5段階によって15区分で評価される。豚肉は，極上，上，中，並，等外の5区分評価である。

❸牛海綿状脳症。

❹「牛の個体識別のための情報管理および伝達に関する特別措置法」

❺特定料理提供者とは，特定料理(焼肉，しゃぶしゃぶおよびステーキ)の提供の事業を行う者。

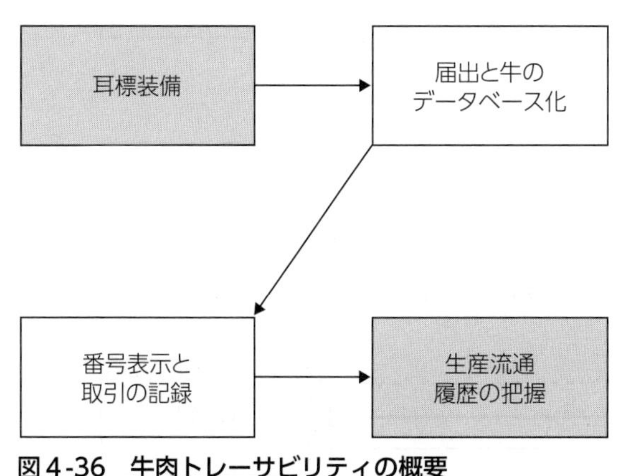

図4-36　牛肉トレーサビリティの概要

(農林水産省資料による)

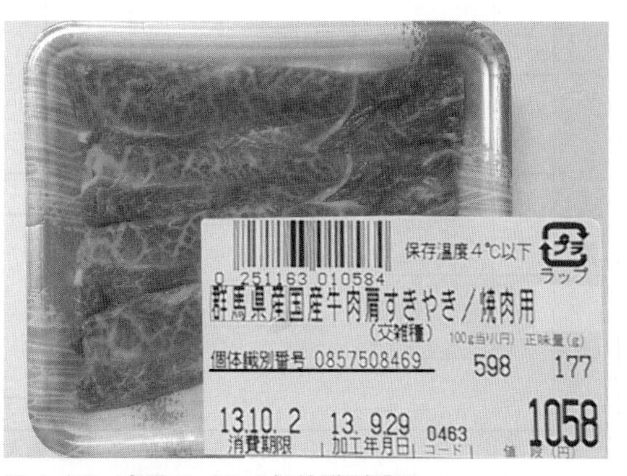

図4-37　商品ラベルの個体識別番号

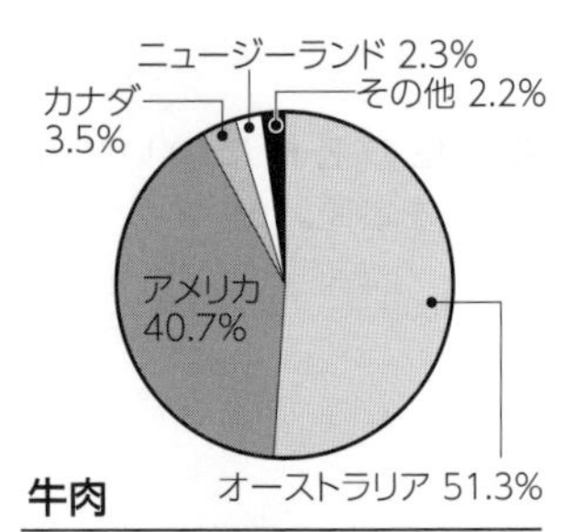

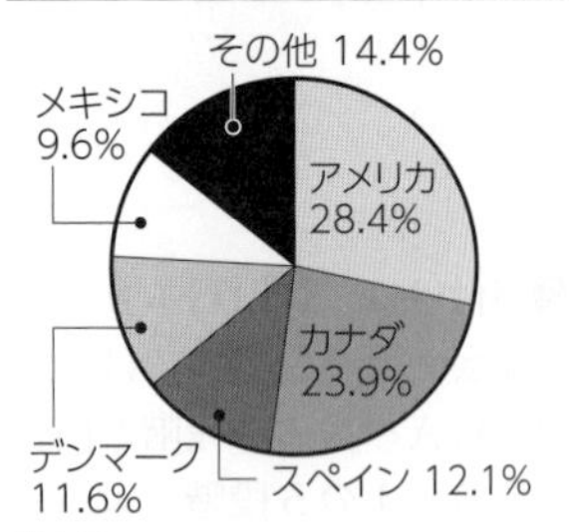

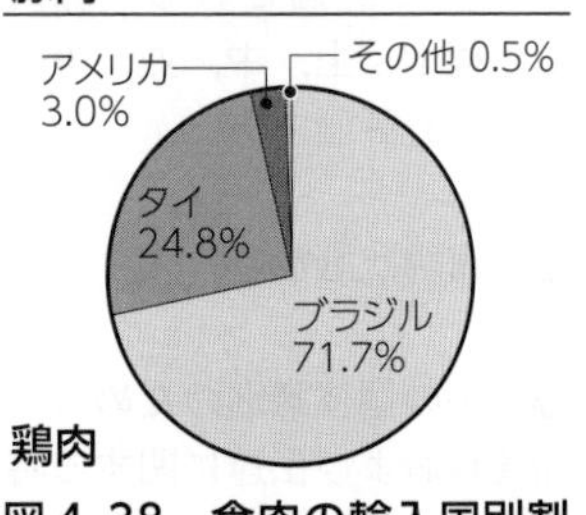

図 4-38　食肉の輸入国別割合(2018年)
(財務省「貿易統計」による)

❶冷凍は－18℃以下，冷蔵は0～1℃を保ったまま輸送される。

輸入食肉の流通

1971年の豚肉輸入自由化に始まり，1991年の牛肉輸入自由化，1995年のGATT・UR農業協定による関税率の引き下げなどを経て，食肉の輸入量は増加した。牛肉は，北米でのBSEの発生によって，北米産の輸入が減少し，オーストラリア産が増えた。豚肉は，中国での口蹄疫(こうていえき)の発生により同国からの輸入が停止し，北米産，EU産が増えた。ブロイラーは高病原性鳥インフルエンザの発生により，タイからブラジルに輸入先が移った。このように，伝染病の発生などにより輸入国が変化していることも，食肉輸入の特徴である(図4-38)。

食肉のほとんどは，部分肉の形態で，海外の食肉処理業者(パッカー)から輸入商社などを通じて輸入される。国内へは，卸売段階から食品製造業・量販店などの小売業・外食産業に流通し，消費される。一方で，量販店や食品加工メーカーが直接輸入するケースも多くみられる(図4-39)。輸入品は，加工品の原材料や外食で使用されることが多く，これは原産国表示で判断できる。

輸入の方法には，生鮮･冷蔵(チルド)と冷凍(フローズン)があり❶，生鮮・冷蔵のほうが冷凍よりおいしいといわれる。これは，輸送技術の進歩による影響が大きい。2017年の輸入肉に占める生鮮・冷蔵の割合は，牛肉47.2%，豚肉43.1%であり，ブロイラーはほぼ100%冷凍である。なお，鶏肉にはブロイラーのほかに鶏肉調製品という加工品がある。

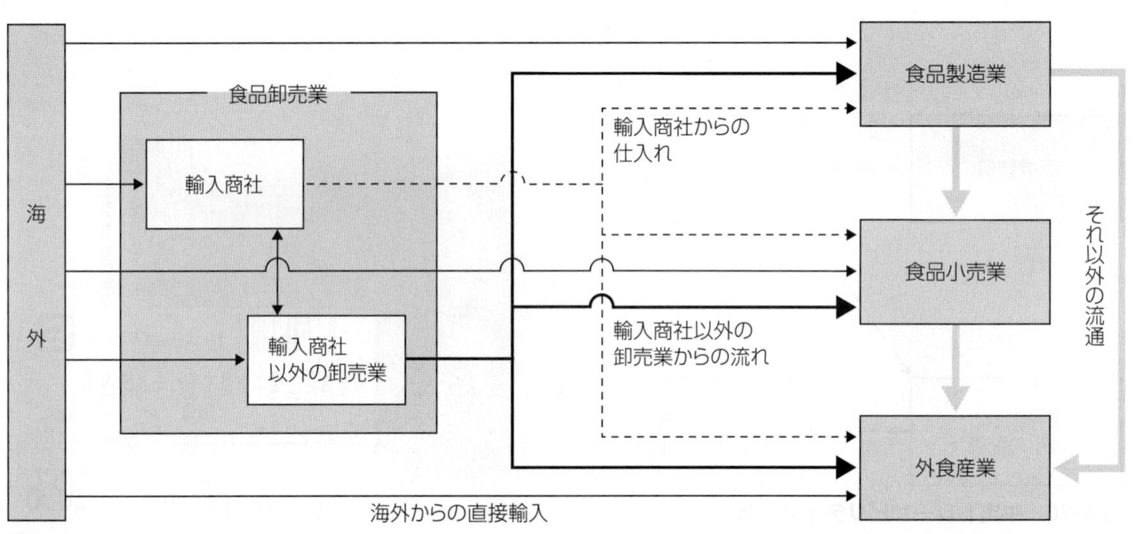

図 4-39　輸入食肉の流通経路
(農林水産省「食品産業実態調査」による)

3 食肉の種類

◆牛肉　大きく分けると，国産牛肉と輸入牛肉がある。松阪牛，神戸ビーフなど，産地銘柄で著名な牛肉は和牛である。代表的な和牛は**黒毛和種**であるが，在来品種をもとにしながら肉質改善をめざし，日本で品種改良が進められてきた肉用牛である❶。

国産牛肉と表示されているのは，牛乳生産を目的とした**乳用種**の牛肉である場合が多い。大半はホルスタインという品種で，牛乳生産を終えた雌牛と乳用雄牛を肥育したものである。肉質は，和牛に比べ劣る。交雑種と表示されているのは乳用種の雌に和牛の雄を交配させたもので，肉質は乳用種よりはよい。

◆豚肉　豚の品種は外来種のみで，基礎種豚は，デュロック，ランドレース，大ヨークシャー，中ヨークシャー，バークシャー，ハンプシャーであり，豚肉はこれらを交配した交雑種の肉が多くを占める。銘柄豚として有名な黒豚の名称を表示できるのは，バークシャーの純粋種のみである。各地で品種改良された銘柄豚がある。

◆鶏肉　鶏肉の大部分は，**ブロイラー**とよばれる肉用若鶏である。ブロイラー生産は企業的な大規模経営で営まれ，低価格で供給される。一方，地鶏(じどり)❷は，名古屋コーチン，比内鶏(ひないどり)などの在来品種の銘柄鶏や在来品種をもとに開発した阿波尾鶏(あわおどり)などがあり，銘柄確立に向け多くの品種が開発されている。

❶和牛と表示できるのは，黒毛和種，褐毛和種，日本短角種，無角和種とそれらの交雑種のみである。サシとよばれる赤身の中に細かい脂肪がはいっている肉が特徴である。

❷地鶏は，在来品種の血統を50％以上保有した鶏で，平飼い75日齢以上飼育すると特定JAS規格に定められている。

調べてみよう
牛肉や豚肉や地鶏で比較的新しい産地銘柄にはどのようなものがあるだろうか，なぜ，その銘柄が確立したのか調べてみよう。

図4-40　黒毛和種

図4-41　銘柄豚(黒豚)

図4-42　地鶏(阿波尾鶏)

4 消費形態の変化

調べてみよう
日本のハンバーガーショップと牛丼の歴史について調べてみよう。メニューや店舗にどのような変遷があるだろうか。

日本人が肉を食べるようになったのは，明治時代以降であるが，日常的に肉を食べることができるようになったのは，高度経済成長期以降のことである。2017年のわが国の１人あたりの年間食肉供給量は，牛肉6.3kg，豚肉12.8kg，鶏肉13.4kgであって，まだ，他の先進国に比べ少ないが，消費は頭打ちである。

家庭での１人あたり消費は，牛肉が横ばい，豚肉は増加，鶏肉も増加の傾向にある(図４-43)。肉類を食べる機会は家庭だけでなく，外食やファストフード店，弁当や惣菜でも少なくない。図４-44は食肉別消費の構成割合を示したものである。加工仕向け[1]は，牛肉ではハンバーグ・ハンバーガー，豚肉ではハム・ソーセージ，鶏肉ではハム・ソーセージ・冷凍食品に使用されていることが多い。また，その他は，業務用や外食向けである。

加工仕向けとその他の消費割合が高いことは，家庭内だけでなく，調理済み食品の購入が多くなってきていることや，外で食べる機会が多いことを示している。鶏肉については鶏肉調製品の輸入が増加している(図４-45)。開発輸入の代表例として，唐揚げや焼き鳥をあげることができるが，これらは，冷凍で輸入される。

❶仕向けとは，用途別処理量のことである。

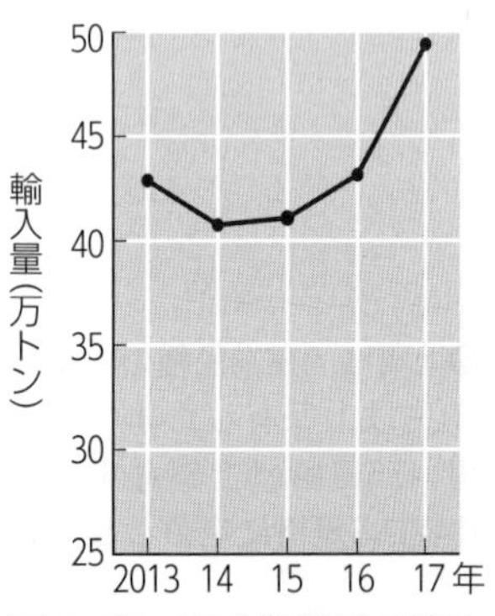

図４-45　鶏肉調整品の輸入量
(財務省「貿易統計」による)

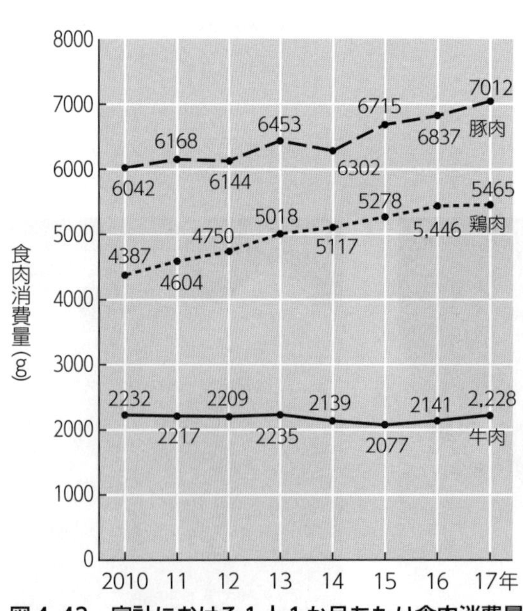

図４-43　家計における１人１か月あたり食肉消費量
(総務省「家計調査」による)

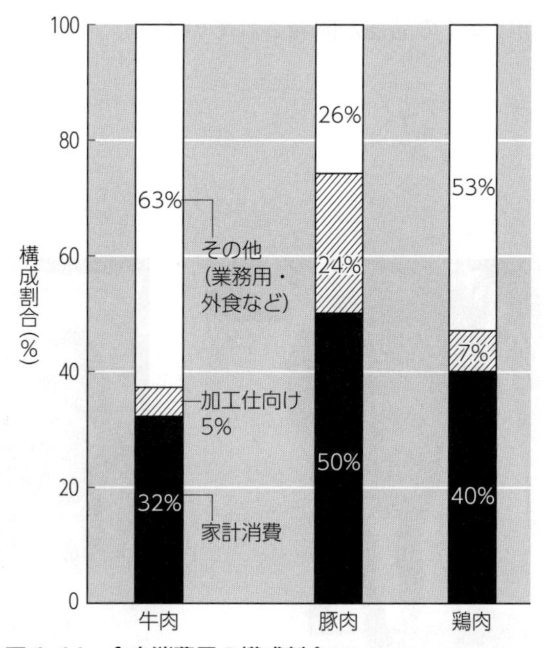

図４-44　食肉消費量の構成割合(2016年)
((独)農畜産業振興機構推計による)

5 牛乳，乳製品の流通

生乳・牛乳の特性

生鮮食品と同様に，鮮度が重視される食品として，牛乳をあげることができる。牛乳と表示ができるのは生乳を100%使用したものに限られ，コーヒー牛乳，フルーツ牛乳の名前は，使用できない[1]。加工乳，乳飲料については使用割合の一括表示が義務づけられている。

酪農家で搾乳中の乳牛を，**搾乳牛**という。搾乳牛は，毎日搾乳しなければならない。搾った乳を**生乳**[2]といい，飲用牛乳，乳製品の原材料となる。酪農家自身が牛乳や乳製品を製造することは少なく，生乳を酪農家から集め，乳業メーカーなどの工場で製造することが一般的である。

日々，生産される生乳であるが，牛の生理的条件と牛乳需要の季節変動によって，夏から秋にかけては不足傾向に，秋から春にかけては，逆に余剰傾向となる。

生乳は牛乳の原料であるが，クリームと脱脂乳に分離することができる。前者は脱水してバターに，後者は乾燥させて脱脂粉乳となり，保存が可能である(図4-47)。また，牛乳は輸入することが困難な商品であるが，保存できるバターや脱脂粉乳は輸入されている。

❶飲用乳のうち牛乳という名前は「牛乳」,「特別牛乳」,「成分調整牛乳」，「低脂肪牛乳」，「無脂肪牛乳」のみである。「牛乳」は成分の調整が禁止されている。

❷生乳とは，搾乳したままの乳用牛の乳。飲用牛乳は牛乳および加工乳である。飲用牛乳等となると，飲用牛乳，乳飲料，はっ酵乳，乳酸菌飲料の総称である。

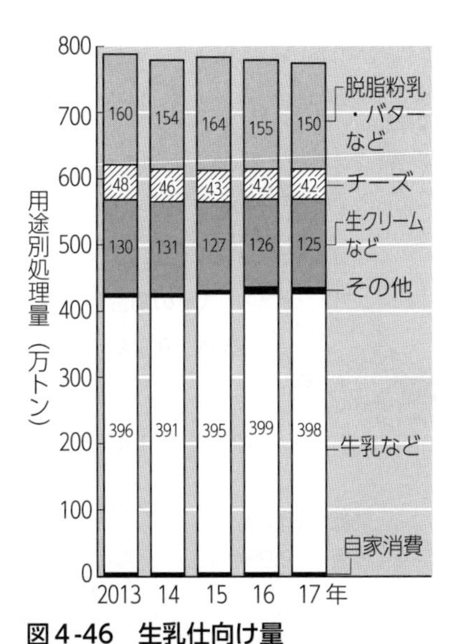

図4-46 生乳仕向け量

(農林水産省「牛乳・乳製品をめぐる状況」による)

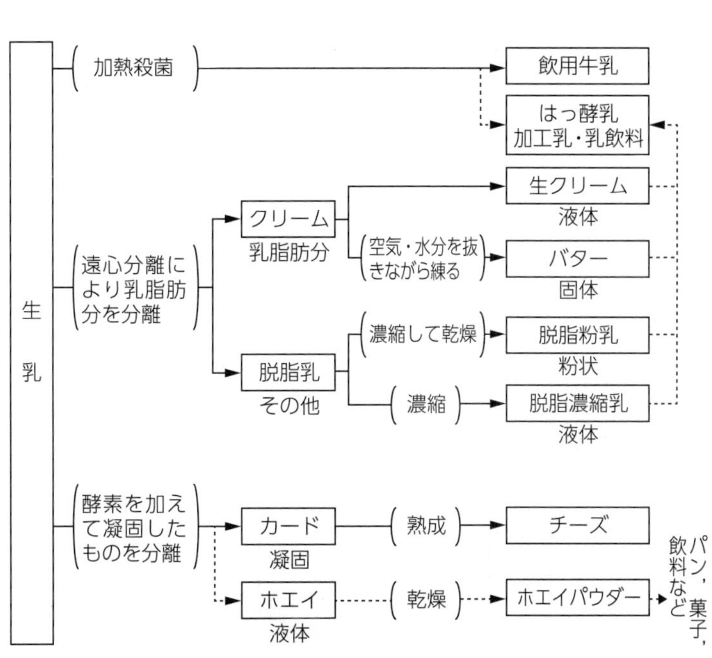

図4-47 牛乳・乳製品の製造工程

飲用牛乳の流通

図4-48に飲用牛乳の流通経路を示す。店頭でみるように，飲用牛乳には多くの種類がある。価格もさまざまで，乳業メーカー，販売者の違いだけではなく，成分や殺菌方法の違いなどにより異なっている。

飲用牛乳の製造過程では，必ず殺菌の過程を経なければならない。酪農家の生乳は生産者団体(農協など)単位に集荷されて，乳業工場に運ばれる。受入の検査を経た後に，浄化して，固形分量(乳脂肪量)を標準化(しない場合は成分無調整牛乳)し，脂肪球を均質化(しない場合はノンホモ牛乳)する。殺菌方法には，1)低温保持殺菌，2)高温短時間殺菌，3)超高温瞬間殺菌，4)超高温滅菌があり，約9割は超高温瞬間殺菌である。冷却後，容器に充てんされる。容器はほとんどが紙容器(→p.136)である[❶]。

製品は，乳業工場からスーパーなどの量販店へ配送され消費者が購入するか，乳業メーカーの牛乳販売店を通じて消費者に宅配される。最近は，高齢者宅への宅配や環境問題への対応で，牛乳販売店の経路が見直されている。

酪農が盛んな地域は，消費地から離れている場所にある。牛乳は消費地と生産地が離れているために，生鮮品にもかかわらず，広域に流通している[❷]。

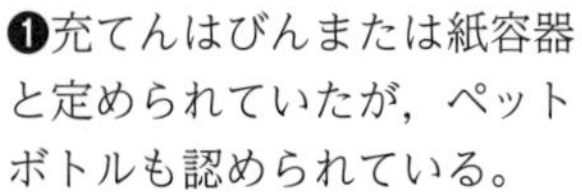

❶充てんはびんまたは紙容器と定められていたが，ペットボトルも認められている。

❷輸送に2通りある。一つは，生乳を消費地近くの乳業工場に運び，そこで牛乳にして，量販店などに配送する方法。もう一つは，生産地の工場で製造した容器牛乳を輸送する方法であるが，前者が主流である。

図4-49　乳業工場(製造ライン)

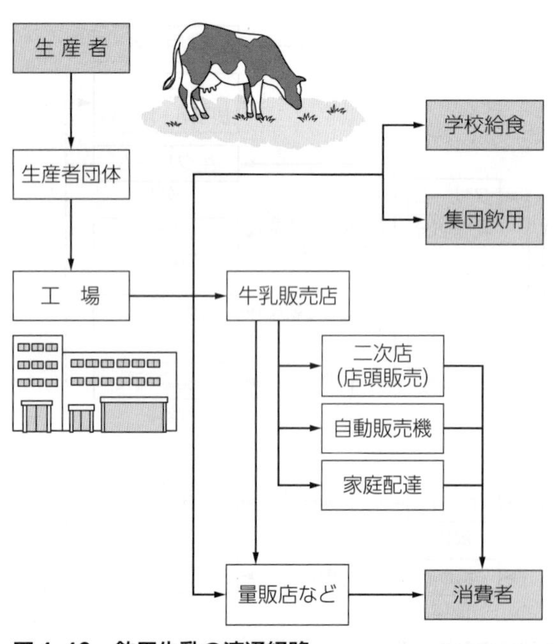

図4-48　飲用牛乳の流通経路

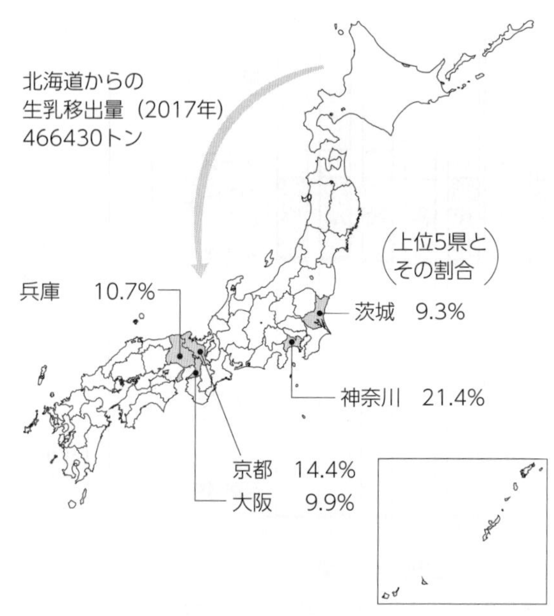

図4-50　北海道からの生乳の移出

生乳の取引

生乳の取引は，原則として工場渡しである。生乳の価格を**乳価**といい，地域ブロックごとの指定生乳生産者団体❶と個別乳業メーカーとの交渉によって決定される。乳価は大別すると，飲用向けと加工向けがある。

飲用向けには，用途別に，飲用牛乳向け，はっ酵乳向け，生クリーム向け，チーズ向けなどがある。生乳のうち約６割が，飲用牛乳として消費され，価格も高い。加工向けの約９割は北海道産である。加工向けは価格が安いので，酪農家の再生産を確保するため，政府から補給金が支払われている❷。

❶東北，関東，北陸，東海，近畿，中国，四国，九州の８ブロックに北海道，沖縄を加えた10団体。

❷バターや脱脂粉乳などに使われた加工向けの生乳には，加工原料乳生産者補給金制度により，補給金が支払われる。

消費動向

スーパーやコンビニに行くと，多くの種類の飲料がある。飲用としての牛乳は白物飲料といわれるが，多くの他の飲料と競合していることがわかる。健康飲料として強調される牛乳だが，牛乳の消費量は減少傾向にある（図４-51）。代表的な乳飲料は色物の飲料などであり，はっ酵乳はヨーグルトなどがある。はっ酵乳，乳酸飲料の消費量は，健康志向もありやや増加傾向にある。

図４-52はチーズ，生クリームについての消費動向を示している。近年の食生活の成熟化，多様化は，乳製品の消費に影響を与えている。とくにチーズの消費が増加し，国産のチーズも増加してきている。

調べてみよう
身近となったチーズの消費として，どのような料理があり，どのようなチーズを食べているのだろうか。

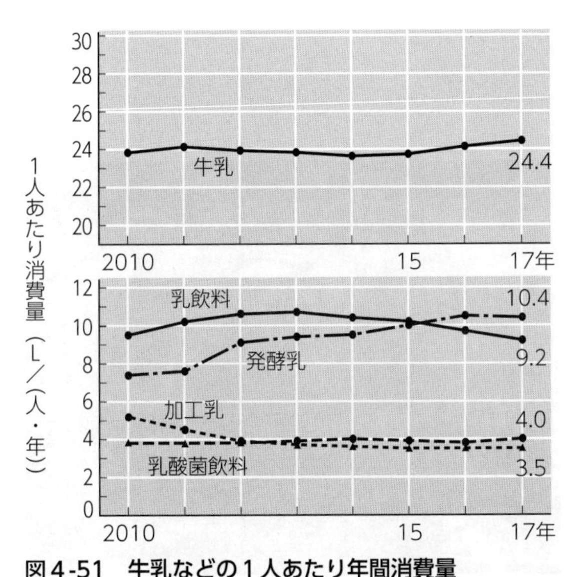

図４-51　牛乳などの１人あたり年間消費量
（農林水産省「牛乳乳製品統計」などによる）

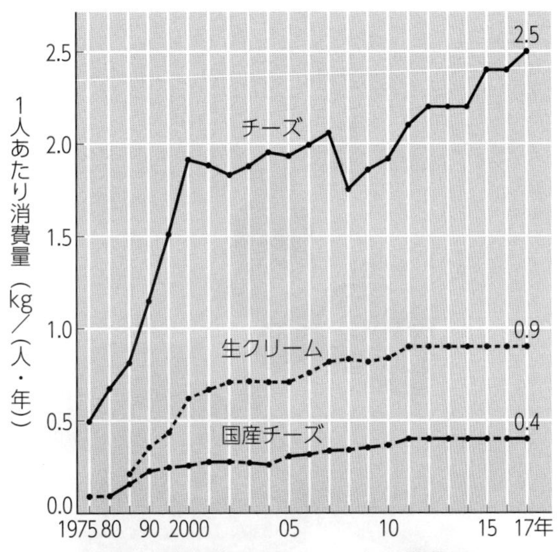

図４-52　チーズなどの１人あたり年間消費量
（農林水産省「牛乳乳製品統計」などによる）

5 ……… 加工食品の流通

●加工食品の商品特性と流通について学ぶ。

●加工食品の多様性と消費形態から流通の違いを考える。

1 加工食品の商品特性

調べてみよう
加工食品にはどのような種類があるだろうか，調べて分類してみよう。

多くの農産物は生産の季節性があり，また生鮮食品なので保存しにくいという特徴をもつ。そのため，人々はむかしから，飢えを避け食料を確保するために，農産物を加工して保存をするという作業を行ってきた。

第２章で学んだように，製造業に占める食品製造業の割合は小さくはないが，中小企業が多く，地方でも多く操業している。伝統的に，地元の農畜水産物を使用し，食品加工をしてきたからである。

私たちは，みそ・しょうゆ・納豆などの伝統的加工食品以外にも，多くの加工食品を日々食べている。食生活の成熟化にともない，加工食品もまた多様になり，新しい加工食品も次々に登場している。

加工食品は，生鮮食品に近いもの，長期にわたり保存がきくもの，そのまま食べられるものや調理しなければならないものなど，さまざまである。なぜ，私たちは多くの加工食品を購入し，食べているのであろうか。即席カップ麺に代表されるように，**利便性**と**簡便性**を求めているからである。

図4-53　伝統的加工食品

図4-54　いろいろな加工食品

2 加工食品の多様性と流通

加工食品には，**1次加工品**と**2次加工品**(場合によっては**3次加工品**)がある。麦の流通で学んだように，小麦は小麦粉になり，小麦粉はパンに加工される。1次加工品は，農産物を最初に加工した製品で，油脂，製粉，砂糖などが代表的なものである。1次加工品の多くは，直接消費者に販売されることは少なく，同じ食品製造業者の原料になる。2次加工品は，消費者が直接的，間接的に購入する。

◆商物分離　加工食品は生鮮農産物と違い，多くは保存がきき，品質や規格を整えることができることが一般の商品と同じであり，**商物分離**[❶]が可能なために，食品問屋を介した流通が多い。この点が他の食品流通とは異なる。しかしながら，近年，加工食品でも問屋を介さず，食品メーカーが小売業と直接取引をする流通もみられる。

◆ドライ加工食品　図4-55に，基本的な加工食品の流通経路を示す。このうち，食品卸売業者を経由する経路では，食品メーカーは製造のみを担当し，分荷機能・情報収集機能などを食品卸業者にゆだねている。缶詰・調味料・油脂・米菓・スナック菓子など，常温流通が可能な加工食品の多くが該当し，**ドライ加工食品**とよばれる。

❶商流(売買取引の流れ)と物流(商品の輸送・保管などのものの流れ)が分離していること。

図4-56　ドライ加工食品

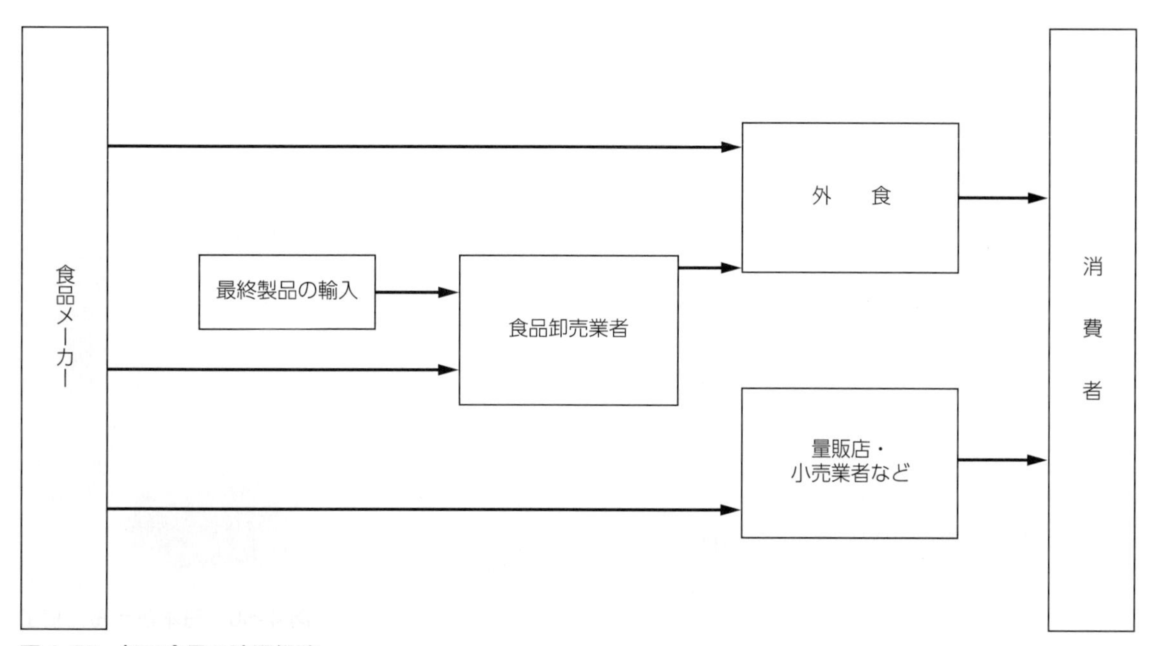

図4-55　加工食品の流通経路

図 4-57　生鮮的加工食品の例

図 4-58　業務用と家庭用製品

調べてみよう
食品の原材料となる，1次加工品について，業務用と家庭用の大きさ，使用量の違いを，業者や店舗で聞きとりをしてみよう。

◆生鮮的加工食品　食品卸売業者を経由しない経路は，貯蔵性に乏しく，鮮度が重要視される加工食品に多い。流通にかかる時間を短くし，小売店への配送頻度を多くするように，食品メーカーから小売店へ直接販売をする。消費者の購入も生鮮食品なみに多頻度であるために，生鮮的加工食品あるいは**日配食品**とよばれ，パン，ゆで麺，豆腐，納豆，練り製品，肉加工品，乳製品などがある。

◆業務用流通　加工食品の流通には家庭用流通のほかに，食堂・病院・給食業者・惣菜業者・レストランなどに食材を供給する業務用流通がある。業務用は家庭用の少量・小型の商品形態とは違い，大型容器やタンクローリーなどで流通する。第２章で学んだように，近年，食事の形態として内食が減少し，中食や外食が著しく増えている。このような食の外部化は，業務用加工食品の流通を増加させている。業務用加工食品の流通経路の例を，図 4-59に示す。**業務用卸売業**という専門業者のとり扱い比率が高くなるのが，特徴である。

3　技術革新と加工食品

加工技術が進むことによって，新たな加工食品が登場してくる。日本がうんだ加工食品として，魚肉ソーセージ，インスタントラーメン・カップ麺，かに風味かまぼこは世界的に有名である。

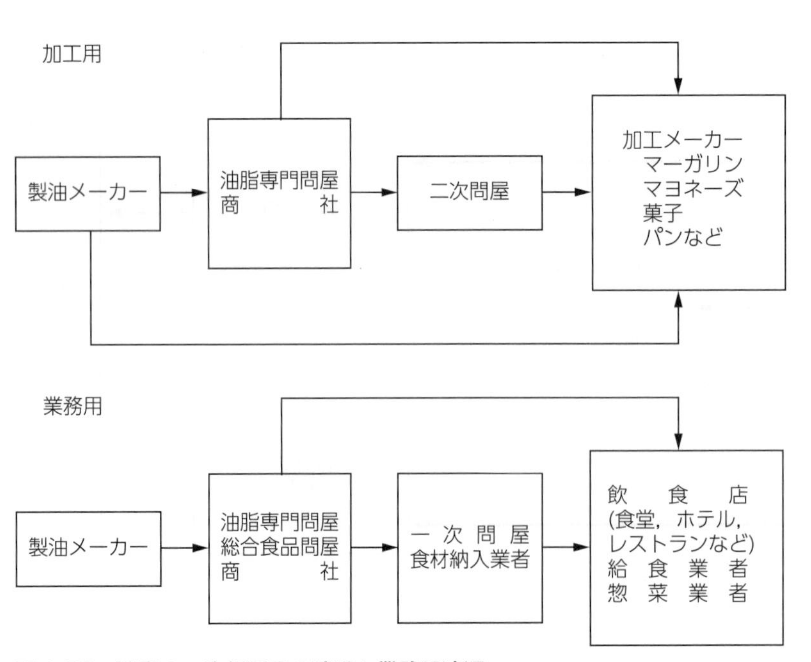

図 4-59　油脂の一次加工品の流通と業務用流通

図 4-60　日本がうんだ加工食品の例

冷凍食品

技術革新が加工食品流通をかえた例として，**冷凍食品**がある。

冷凍食品とは，「前処理を施し，急速冷凍を行って，－18℃以下の凍結状態で保持した包装食品」と定義されている。冷凍食品は，－18℃以下の温度帯で流通させる必要があることから，メーカーから小売店までの**コールドチェーン**(→p.157)が確立することによって，流通が可能となった。

冷凍食品は保存性が高く，ストックすることができ，しかも，解凍して，そのつど使うことができる。冷凍技術の向上により，冷凍する食材や食品の種類が大幅に増加した。とくに，調理食品で顕著であって，消費者の利便性・簡便性への要求に応えるものであった。

2017年の国内冷凍食品の生産量は約160万トンで，用途別では59%が業務用，41%が家庭用であるが(図4-61)，品目別では，約85%が調理食品である。

多種多様な冷凍調理食品が生産され，消費されている。表4-2は冷凍調理食品の品目別生産量の上位10品目を示した。私たちになじみのある品目が並んでいることがわかる。

冷凍食品が家庭に普及するためには，家庭内に，保存のための冷凍庫を備えた冷蔵庫と解凍・調理のための電子レンジの普及が必要であった。図4-62は電子レンジの世帯普及率を示しているが，1997年には90%をこえている。

調べてみよう

家庭用の冷凍食品にはどのようなものがあるだろうか。価格，原材料，原産国，味を調べてみよう。

表4-2　品目別冷凍調理食品の生産量(2017年)

品目	生産量(トン)	構成比(%)
コロッケ	182,166	11.4
うどん	157,625	9.8
ハンバーグ	84,462	5.3
ピラフ類	68,648	4.3
炒飯	66,605	4.2
カツ	66,168	4.1
ギョウザ	65,650	4.1
スパゲッティ	53,089	3.3
シュウマイ	47,464	3.0
ポテト	46,602	2.9

(日本冷凍食品協会による)

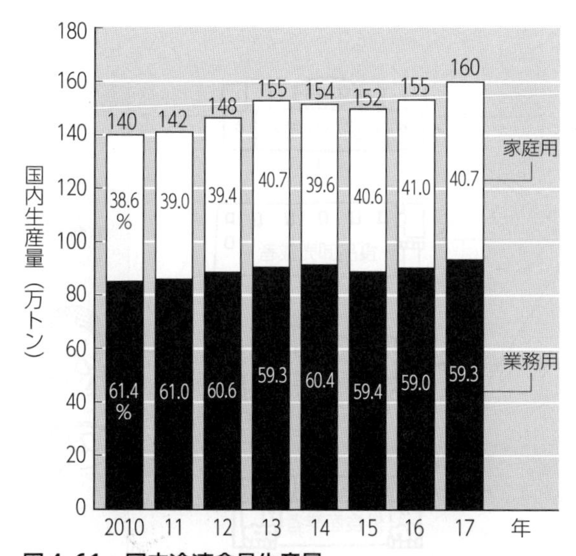

図4-61　国内冷凍食品生産量

(日本冷凍食品協会による)

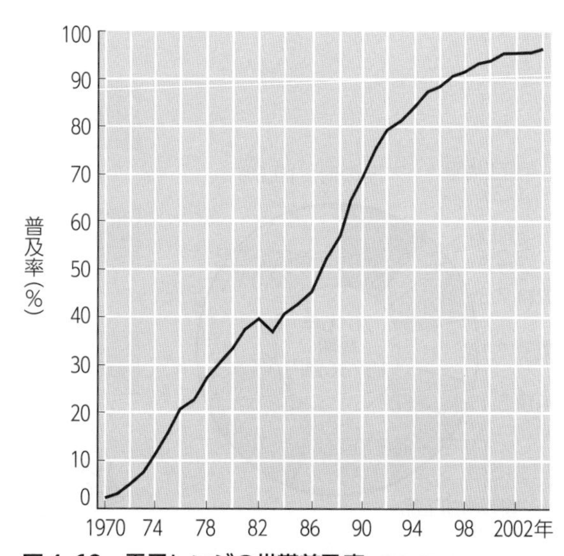

図4-62　電子レンジの世帯普及率

(内閣府「消費実態調査」による)

4 輸入加工食品の増加

日本でほとんど栽培されない農産物を原料とした加工食品，たとえば，パスタ類などは，ほぼ輸入加工食品とわかる。しかし，伝統的加工食品であっても，原材料を輸入していることがある。たとえば漬物などでは，輸入品を使用していることが原材料の原産国表示によってわかる。

食品製造業の特徴として，原材料調達に占める輸入割合が高いことがあげられる。従来，１次加工部門は輸入原材料を使う比率は高かったが，近年は，２次加工部門でも，輸入原料を使用することが多くなってきている。また，調理食品そのものを輸入する場合もある。

加工食品の輸入にはさまざまな種類がある。2016年の加工食品輸入額(酒類を除く)は１兆5736億円であり，酒類の2539億円を加えれば，膨大な額を輸入しており，私たちが消費する多くの食品が網羅されているといってもいい。図４-64に部門別の割合を示した。

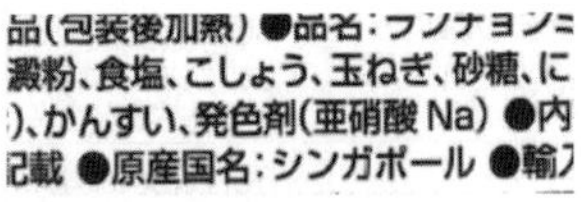

加工食品の輸入例として，冷凍さといもについてみてみよう。輸入先の大半は中国であり，皮むき・加熱処理されている。消費方法としては，直接購入して家庭で調理する場合，食品加工業者が煮物などに加工し，それを使った弁当や惣菜を購入する場合，外食時に調理されたものを食べる場合などがある(図４-65)。

調べてみよう
加工食品の原産国表示を調べ，輸入国としてどのような国があり，どこの国が多いかを調べてみよう。

品(包装後加熱) ●品名：ワンタヨンミ
澱粉、食塩、こしょう、玉ねぎ、砂糖、に
)、かんすい、発色剤(亜硝酸 Na) ●内
記載 ●原産国名：シンガポール ●輸

図４-63　原産国表示

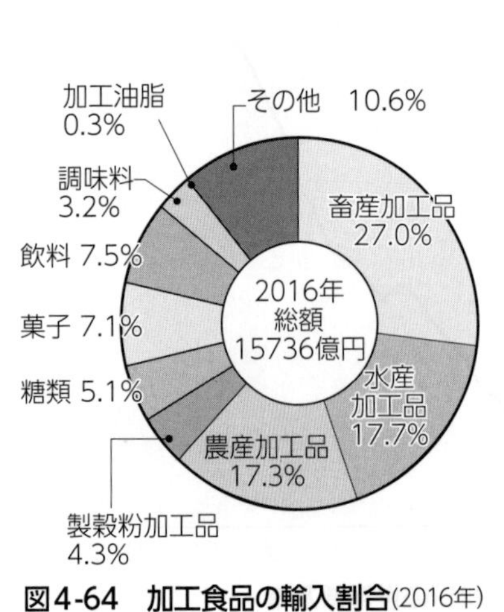

図４-64　加工食品の輸入割合(2016年)
(農林水産省「食品産業動態調査」)

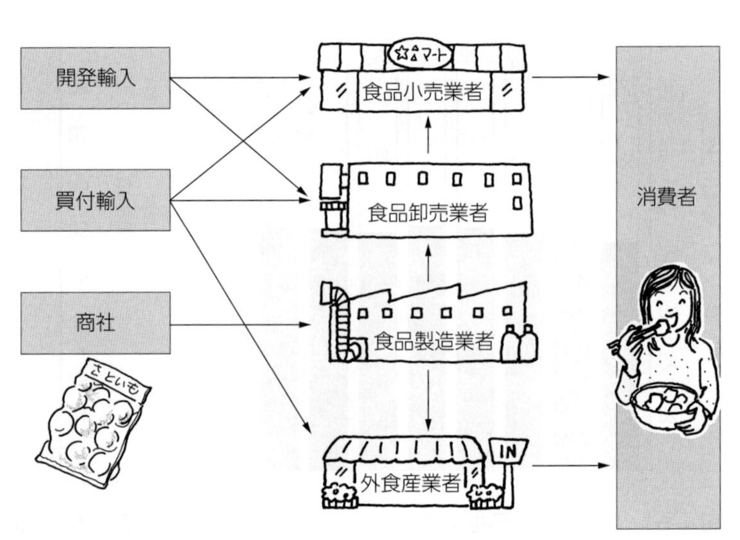

図４-65　冷凍さといもの主要流通経路

5 地場加工食品

◆6次産業化の動き　農村地域において，近年，**6次産業化**あるいは農商工連携が各地で進められている。6次産業化は地域の活性化戦略の一つでもある。ある地域の食品加工業者，生産者グループや農業諸団体などが中心となり，地域で生産される農畜水産物を利用した新しい加工食品を企画・製造し，地場加工食品として販売することが多い。また，伝統的加工食品を発掘し，より地域性をアピールすることで販売強化をすることもある。

◆地産地消・地域ブランド　地元の農畜産物が原材料として使われた加工食品が，地域で消費されれば**地産地消**となる。地元の食品加工業者は，原材料を地域内生産者から直接仕入れ，製造した加工品をみずから消費者に販売するか，加工品を地元の小売業者を通じて消費者に販売する。生産者，食品製造業者，小売業者，消費者の結びつきが強いことが特徴である。しかし，農村地域の消費者は限られているために，地域外，とくに，都市地域の消費者に販売をしないと地域の活性化につながらない。そのためには，生産者団体・食品加工業者などと都市地域の販売業者・消費者との結びつきや連携の強化が必要である。これは新しい産直形態なので，SNSを通じた情報発信やマーケティング戦略(→p.190)などによって，地域ブランドを確立することが求められる。

調べてみよう
自分が住んでいる地域あるいは学校が所在する地域でどのような地場産をアピールした加工食品があるのだろうか，それはどこで販売しているのだろうか。

コラム　地場加工食品の事例

M県のＩ農産は，M県が系統育成した「しもふりレッド」の肉豚を周辺の指定農家と自社農場で生産し，食肉およびハム，ソーセージなどに加工し，ブランド化をしている。みずから経営するレストラン，直売所で提供，販売するほか有名デパートにも出店をしている。2012年には，地元産にこだわり，近辺にある沼周辺で採取した乳酸菌を選定，培養した菌によって発酵生サラミソーセージを製造，商品化した。

研究問題

1 スーパーに行って，そこで売られている食品をみて，どのような区分がなされ，種類はどれくらいあるか，また，それらはどこから仕入れてくるかを，担当者に聞いてまとめてみよう。

2 店頭に置かれている米について，品種，産地，属性をみて，その品種改良がどのように進められたかを調べ，米の品質とは何か，売れる米の条件について考えてみよう。

3 近くの卸売市場を見学し，市場関係者から，取引がどのように行われているのか，その参加者は何をしているのか，市場の役割の変化や現在の問題点などを聞きとりまとめてみよう。

4 インターネットで，農産物を販売している生産者を探し，どのような農産物を販売し，どのようなメッセージを発信しているかを調べてみよう。

5 近くの農産物直売所に行って，どのような青果物がどのような価格で売られているか，どんな人が買いにきているのか調べてみよう。また，バーコードが付されていたり，顔写真をかかげたりしているのはどのような意味があるのかを考えてみよう。

6 学校で販売している農産物や加工品の販売ルートを調べてみよう。購入する人がいたら，なぜ，購入するのかを聞いてみよう。

7 家族の人に，ふだん，どの食品をどこで買っているかを聞き，その理由も尋ねてみよう。また，高齢者の人に，高校生の頃はどこで買っていたかを聞いて，変化がなぜ起きたかを考えてみよう。

8 関心のある加工食品をとり上げ，原材料からの流通経路を調べ，経路図を描いてみよう。

コラム　高校生による食品加工品

農業高校では，作物の栽培や家畜の飼育をするだけでなく，農畜産物の販売やそれを原料とする加工品の製造や販売も行っている。それだけでなく地域の農畜産物を利用した新しい加工品も企画し，製造・販売をしていて，地域住民のみならず一般消費者にも人気が高い商品もある。このような，高校の地産地消活動は，６次産業化でもある。

高校生がつくった生産物や食品は，なぜ人気が高く，ブランド化したのだろうか。品質はもちろんであるが，消費者が求める安心や安全が確保されているからである。安心や安全の認識は何によって醸成されるのであろうか。それは信頼感である。高校生への信頼がブランド化を支えているといってもよいのである。

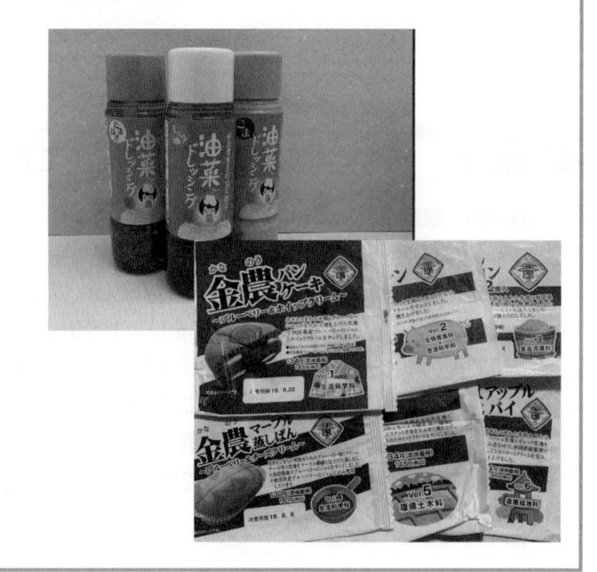

第5章

食品の品質と規格

1 食品の品質と安全性

2 品質と品質保証

3 規格，表示と検査

4 食品流通と包装

5 食品の変質と品質保持

1 ……… 食品の品質と安全性

- 食品にはどのような役割があるのかを学ぶ。
- 食品の品質と安全性について学ぶ。

1 食品の品質と機能

食品は，私たちのからだの発達や生命を維持し，健康な毎日の生活を支えている。そのため，食品の品質には安全性が高く，食生活が豊かで楽しめ，人々のし好に適応したものが要求される。食品の品質要素は，表5-1のように大きく基本的特性と機能的特性とに分けられる。

栄養特性

食品には活動エネルギーとなるもの，骨や筋肉となるもの，からだの調節をするものなどの栄養素が含まれる。**タンパク質・炭水化物・脂質・ミネラル(無機質)・ビタミン**などである。これは食品のもつ最も基本的な特性である。

◆タンパク質　消化されてアミノ酸に分解され，からだの筋肉，臓器，血液，皮膚，毛髪などの構成成分になる。

◆炭水化物(糖質)　人間活動のエネルギー源で，心臓や筋肉を動かしたり，脳や神経を働かせたりするときに利用される。

表5-1　食品の品質要素

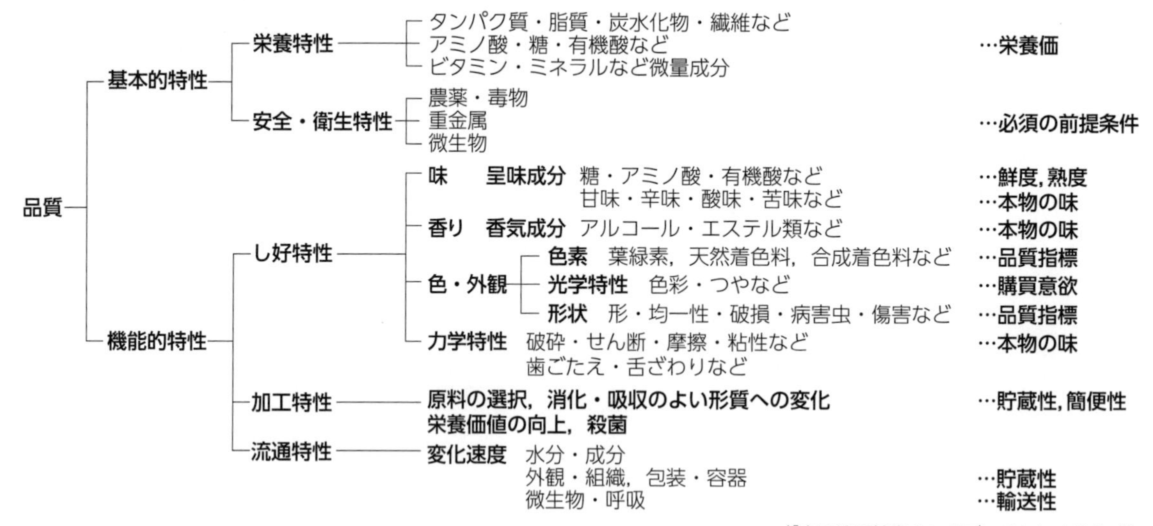

品質	基本的特性	栄養特性	タンパク質・脂質・炭水化物・繊維など アミノ酸・糖・有機酸など ビタミン・ミネラルなど微量成分	…栄養価
		安全・衛生特性	農薬・毒物 重金属 微生物	…必須の前提条件
	機能的特性	し好特性	味　呈味成分　糖・アミノ酸・有機酸など 甘味・辛味・酸味・苦味など	…鮮度，熟度 …本物の味
			香り　香気成分　アルコール・エステル類など	…本物の味
			色・外観　色素　葉緑素，天然着色料，合成着色料など	…品質指標
			色・外観　光学特性　色彩・つやなど	…購買意欲
			色・外観　形状　形・均一性・破損・病害虫・傷害など	…品質指標
			力学特性　破砕・せん断・摩擦・粘性など 歯ごたえ・舌ざわりなど	…本物の味
		加工特性	原料の選択，消化・吸収のよい形質への変化 栄養価値の向上，殺菌	…貯蔵性，簡便性
		流通特性	変化速度　水分・成分 外観・組織，包装・容器 微生物・呼吸	…貯蔵性 …輸送性

(「食品流通技術ハンドブック」により作成)

◆**脂質**　脂肪組織で貯蔵され，糖と同様にエネルギー源として使われる。

◆**ミネラル(無機質)**　カルシウム・リン・カリウム・ナトリウムなど数十種類あり，骨や歯を構成，体液の調整，神経伝達などを行っている。人体にとって必要量は微量であるが，からだのバランスを保つうえで，重要な働きをしている。

◆**ビタミン**　必要量は微量であるが，からだの代謝の補助的役割があり，さまざまな機能を調節する重要なものである。

安全・衛生特性

農薬や重金属などの有害物質が含まれておらず，また食中毒を引き起こす微生物などにおかされていないことが，安全で衛生的な食品の基本的特性である。

し好特性

食品のおいしさは人間の五感によって感じられる。このようなし好特性は，食品の重要な機能的特性の一つである。消費者のし好の多様性を背景として，さまざまな種類の食品が市場に供給されている。

◆**味**　酸味・甘味・塩味・うま味など，食品のおいしさを形づくる本源的な要素である。糖やアミノ酸，塩分などによりつくられる。

◆**香り**　食品のおいしさの重要な要素であり，アルコール類，エステル類によって香りがつくられる。

◆**色・外観**　消費者は，まず食品を外からみて，色素・光学特性・形状によって，品質のよしあしのかなりの部分を判断している。

◆**力学特性**　麺類のこしやビスケットのサクッとした食べやすさなど，食べたときの歯ごたえ，舌ざわりによっても食品のおいしさが左右される。

加工特性

食品は材料のもつ特性を生かし，消化・吸収しやすく，より栄養価を高め，健康によい，おいしいものに加工・調理され，新たな特性を備える。

流通特性

流通特性で重要なことは，食品中の水分含量，成分の新鮮さなどが変化せず，外観もそこなわれず，輸送できることである。

図5-1　食肉(脂質・タンパク質)

図5-2　ご飯(炭水化物)

図5-3　野菜・果物(ミネラル・ビタミン)

2 食品の安全性と信頼性

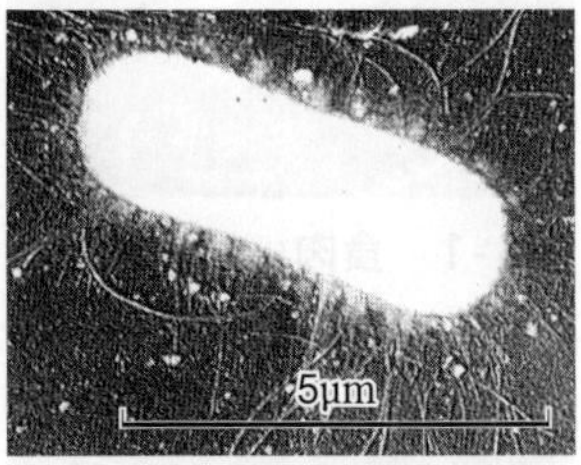

食品の機能が有効に発揮されるように，食品の安全面には，細心の注意を払う必要がある。食品の安全性をおびやかす要因には，食中毒・伝染病など微生物によるもの，時間による変質などがある。また，農薬や薬品，添加物など，食品生産に使われる化学物質についても，不適切に使用された場合，安全性に影響を与えうる。食品は直接消費者の口にはいるものであり，食品事故は人体に影響があるほか，流通網を通して影響が拡散しやすい。消費者が安心して食品を利用できるよう，さまざまな法律で規格や表示が決められている。

図5-4 腸管出血性大腸菌

食中毒

食中毒の発生原因の多くは，微生物による。しばしば病原性大腸菌のO157による食中毒が発生し，死者が出る事件が起こる。

消費者が食品を安全に利用できるように，殺菌の工程や製造過程を省略したり，古い回収品を再利用したりしない，適切な管理が必要となっている。

化学物質による汚染

基準をこえた農薬が残留している野菜や加工品がみつかり，自主回収されたこともある。外食や惣菜で使われる野菜の農薬や，肉・魚の抗生物質などにも消費者の関心が高まっている。消費者が安心して購入できるよう，十分な情報提供が必要となっている[1]。

アレルギー

食品によっては，人が摂取するとアレルギー症状を起こし，喘息(ぜんそく)，呼吸困難，湿疹(しっしん)，血圧低下などをひき起こすものがある。食べてもまったく何の問題も起こさない人がいる一方で，少しでも口にすると命にかかわる事態になる人もいる。アレルギー[2]の危険性は人により大きく異なっており，それを想定した対策が求められる。

食品偽装

牛肉や米，ウナギなどのさまざまな食品で，産地や用途，賞味期限の偽装がしばしば問題となる。産地や品質は一見してもわかりにくく，もし偽装したとしても発覚しにくいが，消費者に重大な健康問題をひき起こす恐れもある。消費者の信頼をそこなわないよう，食品にかかわる企業には**コンプライアンス(法令遵守)**[3]の徹底が求められる。

❶2011年３月の東日本大震災でひき起こされた原子力発電所事故により，大量の放射性物質が漏出し，発電所周辺地域が汚染された。国により食品に関する安全基準が設定されたが，消費者の不安はなかなかぬぐえなかった。

❷アレルギー症状をひき起こす恐れがある食品については，p.132参照。

❸コンプライアンス(法令遵守)とは，企業活動のさいに関連法令や規則を順守することである。

2 ……… 品質と品質保証

●食品の品質保証の内容について学ぶ。

●食品の品質を保証する法制度について学ぶ。

1 品質保証の必要性

食品を購入する場合，食品をみただけでは，その食品の生産地・生産方法・内容・保存方法などを知ることはできない❶。そこで，食品に関するさまざまな情報を表示したラベルや説明書，基準を満たしていることを示すマークなどが必要になってくる(図5-5)。

さらに，消費者が安心して食品を購入するためには，表示される情報に基準を設け，それらの情報が適切に表示されているかをチェックする体制が求められる。そのため，食品の安全性確保を目的とした法律が定められ，それらが遵守されているかどうかを監視する機関が設置されている(表5-2)。

食品の安全性に対する消費者の関心が高まるなかで，国際的・国内的な統一基準が順次整備され，品質の保証や製造業者の責任の明確化，監視体制の強化が進んでいる。食品の製造や流通にかかわる人は，食品の品質を保証することの意義と重要性を理解し，食品への信頼を高めていかなければならない。

❶食に対する価値観が多様化する現在，p.121に紹介したスローフードなど，食品に求められる特性が広がっている。

図5-5　さまざまな食品表示

表5-2　監視組織とその内容

組織名	内容
消費者庁	食品表示など消費者行政全般を統括している。
食品安全委員会	食品安全基本法で指摘されているリスク評価・リスク管理を行い，食品事故の危機管理を行う。「食の安全ダイヤル」を設置している。
農林水産省	日本農林規格(JAS)を管理しているほか，検疫・防疫ならびに農林水産物の生産流通における安全管理状況を監視している。
厚生労働省	食品安全の基準策定や食品製造業者に対する安全管理状況を監視している。
農林水産消費安全技術センター	DNA分析など科学的手法により食品表示の真偽を監視している。
食品表示110番(農林水産省)	農林水産省ならびに同省地方農政局に設置。広く国民から食品の表示について情報提供を受けるホットライン。不審な食品表示の情報を集めている。
国民生活センター	消費者の立場を守る観点から食品に限らず電化製品などの商品テストを行ったり，消費者へのアンケート調査を行ったりしている。
食品衛生監視員(厚生労働省・地方自治体)	検疫所や保健所において食中毒への対応や食品や食品関係業者を監視している。
検疫所(厚生労働省)	通関手続きにおいて食品の一部を抽出検査し，安全基準違反がないかを監視している。
食品表示ウォッチャー	県から委嘱された「食品表示ウォッチャー」が，食品表示の状況を日常的にモニタリングしている。

2 品質保証の目的と方法

安全性と健康

食品は毎日食べられるものであり，安全であることは最低限の条件である。

食品にひそむ危険性が最小限にとどめられるように，食品の安全性にかかわる微生物や化学物質については，法令に基づき専門家による科学的な評価が行われ，それらの結果をもとに各種の安全基準が定められている。

農畜水産物の生産に使用できる農薬などの薬剤，ならびに食品加工に利用できる添加物の種類や成分，使用方法は厳格に定められている。アレルギーをひき起こす可能性のある成分が食品に含まれている場合は，表示が義務づけられている。食品加工や外食にかかわる事業者は，加工設備を衛生的に管理しなければならず，食品の保存方法や食べられる期間を明示しなければならない。事業者はこれらのルールを守ることが求められ，違反すると罰則があるほか，企業名が公表され事業継続が困難になることもある。

また，急速な高齢化と疾病構造の変化で，健康問題の重要性が増したことを受け，加工食品に含まれる栄養成分や塩分，熱量の表示が原則義務化されているほか，一定の基準のもとで，健康を増進する効果があると認められた食品は，特定保健用食品，栄養機能食品や機能性表示食品として販売されている。

図5-6　特定保健用食品の例

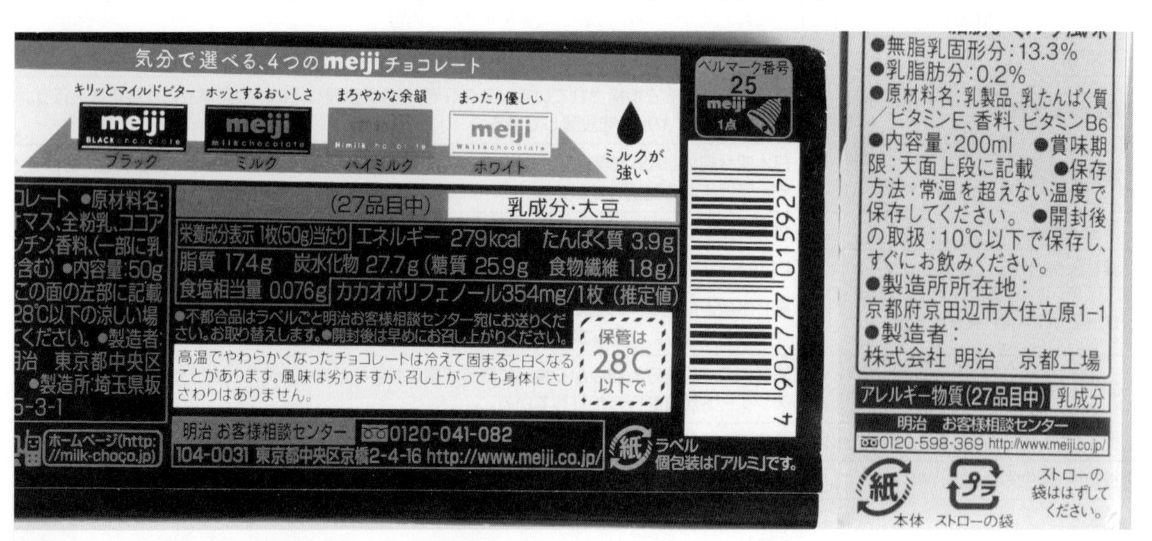

図5-7　アレルギーと安全性についての表示例

適切な商品選択の手がかり

消費者にとって，その人が望む品質の食品を適切に選べることは重要である。そのためには，食品がどのような特徴をもっているのかが明示されている必要がある。食肉や野菜・魚などの生鮮食品のすべてに，産地や食品名の表示が義務づけられている。

加工食品については使用した原材料名が表示されなければならず，最も多く使用されている原材料については，原産地や製造地❶も示すことが義務づけられている。

◆JASマーク　日本農林規格(JAS)❷に定められている検査に合格した食品には品質格付を表すJASマークの貼付(ちょうふ)が認められている。特定の食品❸については，原材料に**遺伝子組換え食品**が使われている場合には表示されなければならない。また，食品を販売するときの内容量が，グラム表示で過不足なく正確に表示されていなくてはならない。実際の品質・内容よりも誇大な広告・表示も禁止されている。

◆生産・流通経路の明示　食品の品質について消費者が疑問をもったときに，どこに問い合わせればよいかがわかることが重要である。また，食中毒や異物混入，表示偽装など食品安全をめぐる問題が発生した場合，食品の回収などの対応が求められる。

そのため，加工食品については，製造者あるいは販売者を明示することが義務づけられている。また，牛肉や米・米加工品などについては，生産者を含めて流通にかかわったすべての事業者がわかる**トレーサビリティ**(→p.140)の導入が法律で義務づけられているほか，他の食品においても，同様のとり組みが進んでいる。

◆その他の情報　国内外の団体により，環境や動物福祉への配慮，資源の持続的管理，取引の公正さ，地元の食材の積極的な利用など，それぞれの団体の視点から，一定の基準を満たした食品に対しての認証が行われている。認証を受けた食品にはそれを示すラベルが添付され，消費者の食品選択に生かされている(図5-8)。

❶最も多く使用されている原材料が生鮮食品の場合には原産地，加工食品の場合には製造地の表示が必要である。

❷Japanese Agricultural Standardの略。「日本農林規格等に関する法律(JAS法)」で定められている。

❸しょうゆ，みそなど。p.133参照。

コラム

スローフード

ファストフードが世界的に広まっているが，逆に地元の食材や伝統食・食文化を守り，尊重していこうという「スローフード」運動がある。

日本の伝統食品には，みそ・しょうゆ・漬物などの発酵食品や豆腐など，つくるのに時間がかかるものがある。

郷土料理を，大量には生産できないが人間にとってかけがえのない料理として守っていこうという運動がそれぞれの地域でとり組まれるようになった。

MSC認証

ASC認証

FSC認証

図5-8　さまざまな認証のラベルの例

3 品質保証のためのしくみ

リスク分析の考え方

食品中の化学物質や微生物などが健康に影響を与える危険性を**リスク**[1]という。食品の安全性を守るしくみには，**リスク分析**[2]という考え方が採用されており，リスクを科学的客観的に評価する**リスク評価**のしくみと，リスク評価の内容に基づいて食品関連事業者の行動を適切に管理する**リスク管理**のしくみが明確に分けられている。もし，リスクを管理する組織と評価する組織が同一である場合，事業者への影響を考慮するあまり，評価が客観的に行われない可能性があるため，管理組織と評価組織は独立している必要がある。

また，食品の安全性が適切に社会に伝わるように，これらの組織は，消費者や生産者など，食品の安全性をめぐるさまざまな関係者と**リスクコミュニケーション**[3]を行うことが求められる。

品質保証を担当する組織

食品の安全性の確保を目的とした**食品安全基本法**[4]には，リスク分析の考え方が生かされている(表5-3)。**食品安全委員会**は各省庁から独立してリスク評価を行い，食品に関する安全性について科学的な評価を行う。**消費者庁**や**農林水産省**，**厚生労働省**などの関係省庁はリスク管理を担い，業者の監視や添加物や農薬などの使用基準の設定など，食品の安全性を高める具体的な施策を行っている。

食品を安心して消費者が利用できるように，消費者庁が中心となって農林水産省や厚生労働省などの関連省庁と連携し，品質・安全基準の策定や事故への対応が行われている。また，**保健所**や**国民生活センター**，都道府県に設置されている**消費生活センター**などが相談窓口として，消費者からの相談や通報などに対応している。

❶リスクとは，危害が起こる可能性と影響の深刻度から定義される。たとえば農林水産省は，1次産品に含まれ，省が優先的に管理するべきリスクとして，ヒ素，カドミウムなどの重金属，各種カビや貝による毒をあげている。

❷リスクについて，分析方法(リスク評価)，管理方法(リスク管理)，情報共有方法(リスク・コミュニケーション)に整理して対処するという考え方。国際的に広く適用されている。

❸あるリスクが科学的に安全であっても，消費者が安心できないことがある。リスクコミュニケーションは，生産者，消費者，流通業者など，リスクにかかわる組織や人が，十分な情報交換を行い，リスクについて合意形成をすることである。

❹食品安全基本法のほか，関連する法律としては，消費者基本法，食品衛生法，JAS法などがある。

表5-3　食品の品質保証に関連するおもな法律

法律	概要	法律	概要
食品安全基本法	食品安全性の確保についての基本的な考え方を定める。食品安全委員会の設置の根拠。	製造物責任法(PL法)	製造物の結果により生じた損害について，製造業者の責任について規定。
消費者基本法	消費者の権利を明記し，消費者政策の基本的な考え方を定める。	牛トレーサビリティ法	牛肉についてのトレーサビリティシステムについて規定。
食品衛生法	食品に起因する危害発生を防止することが目的。安全性の面から食品が満たすべき条件を規定。	米トレーサビリティ法	米についてのトレーサビリティシステムについて規定。
JAS法	食品の規格であるJAS規格による規定。正式名称は，日本農林規格等に関する法律。	景品表示法	適正な表示のあり方について規定。
		不正競争防止法	直罰規定があり，表示違反の捜査の根拠法。

3 ……… 規格，表示と検査

- どのような規格で表示されているかを理解する。
- どのような機関で決められているか学ぶ。
- 食品表示と安全性・信頼性の関係について理解する。

1 規格，基準

毎日の食生活で安心して食品を食べるためには，食品が規格どおりに製造され，内容物や添加物が規則どおりに表示され，安全性が検査で確認されていることが必要である。

◆食品の規格 食品製造の急激な技術進展，新製品の開発，流通の変化，輸入食品の増加などのもとでは，食品が満たすべき製法や原材料，安全性や表示内容，重量などの条件を規格により決めることによって，合理的な生産や取引ができる。その基準となるものが**規格**である。

◆食品の表示 食品の内容を的確に表すものがなければ，その食品が規格どおりにつくられたものかどうかわからない。食品の正確な情報が，食品の表示として必要とされている。

◆食品の認証 消費者が食品の品質を知るために，認定を与える組織がその食品を基準以上であると判断し証明したこと，ならびにそれを表す印が認証である。

日本の食品規格，基準

◆安全や衛生に関するもの 安全性や衛生の観点から，食品の満たすべき規格基準を定めたものに，**食品，添加物等の規格基準**がある。食品に利用してもよい添加物や農薬などの成分規格，製造・加工および調理の基準，細菌数などの衛生・保存方法の基準などが，検査方法も含め，具体的に定められている。食品一般の基準に加えて，清涼飲料水や食肉などの品目[1]については，品目別の基準が追加されている。また，牛乳・乳製品や酒類については，食品，添加物などの規格基準とは別の規格基準[2]が追加されている。これらの基準を満たさない食品は不良品とみなされて，販売や提供が禁止される。

❶清涼飲料水，粉末清涼飲料，氷雪，氷菓，食肉および鯨肉(生食用食肉および生食用冷凍鯨肉を除く)，生食用食肉(牛の食肉(内臓を除く)であって，生食用として販売するものに限る)，食鳥卵，血液・血球および血しょう，食肉製品，鯨肉製品，魚肉練り製品，いくら・すじこおよびたらこ(スケトウダラの卵巣を塩蔵したものをいう)，ゆでだこ，ゆでがに，生食用鮮魚介類，生食用かき，寒天，穀類・豆類および野菜，生あん，豆腐，即席麺類，冷凍食品，容器包装詰加圧加熱殺菌食品の23品目。

❷牛乳・乳製品については，乳および乳製品の成分規格等に関する省令(乳等省令)，酒類については酒税法にも規格基準が定められている。

◆**品質・等級に関するもの**　食品の品質・等級を示すおもな規格として**日本農林規格(JAS規格)**がある。JAS規格は，農林水産大臣が指定した食品などについて品目ごとに制定されている。

JAS規格にはいくつかの種類があり，一般的な品位，成分，性能などの品質についての一般のJAS規格のほか，生産・製造方法などに明確な特色をもつ**特色のあるJAS規格**があり，有機農産物や有機食品についての**有機JAS規格**[1]以外にも，さまざまな高付加価値製品に対するJAS規格がある[2]。

登録認定機関により食品がJAS規格に適合していると認証されれば，JASマークが商品に添付され，品質が一定の水準を満たしていることが示される。また，JASマークを添付されている食品は，登録認定機関の定期的な監査を受ける必要がある。

なお，JAS規格による表示は義務表示ではなく，食品事業者がJAS規格の格付けを受けるかどうかは任意である。もし事業者が客観的な品質の証明が欲しい場合には，登録認定機関による格付けを受け，JASマークを表示することで，消費者に高い品質をアピールすることができる。

また，JAS規格以外にも，特定の食品に適用される規格や，業界団体などにより自主的に定められた規格も存在している。

◆**表示内容に関するもの**　すべての飲食料品については，表5-4，5-5にあるような項目について，食品表示が義務づけられている。農産物や畜産物，水産物などの生鮮食品については食品の名称と原産地の表示などが義務づけられている。加工食品には名称，重量順

❶有機JASについては，p.138でより詳しく説明する。

❷平成30年から，特色のあるJAS規格のうち，特定JAS，生産情報公表JAS，低温管理流通JASのマークが統一された。

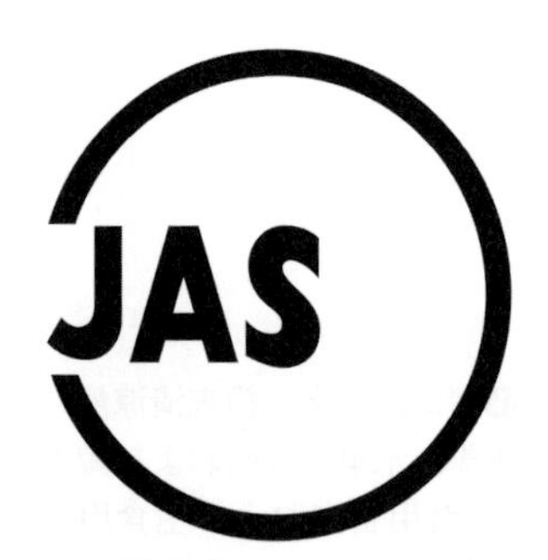

一般JAS規格

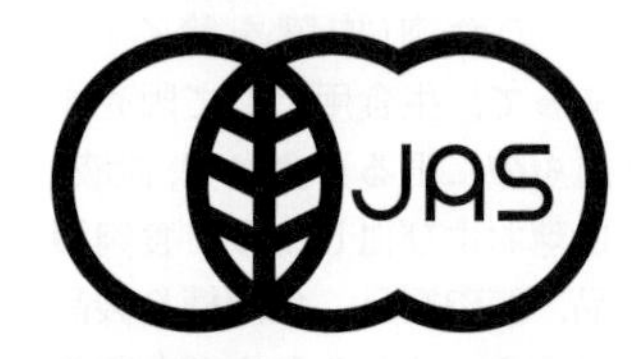

有機JAS規格

特色のあるJAS規格

図5-9　さまざまなJASマーク

表5-4　食品表示基準によるおもな表示内容

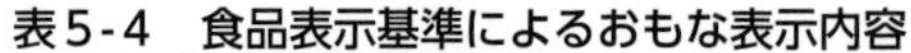

分類	表示項目
農産物	「名称」・「原産地」 ※輸入品は原産国名 ※国産品は都道府県名(市町村名でも可)
畜産物	「名称」・「原産地」 ※輸入品は原産国名・国産品は国産である旨を表示(都道府県名，市町村名，一般に知られている地方名でも可) ※卵・生乳も表示が必要
水産物	「名称」・「原産地」・「解凍」(解凍されたもの)・「養殖」(養殖されたもの) ※輸入品は原産国名・国産品は水域名(都道府県名，市町村名，水揚げ漁港も可)
玄米および精米	「名称」・「原料玄米」・「産地」(輸入品は原産国名)・「産年」・「品種」・「使用割合」・「精米年月日」・「内容量」・「販売業者の氏名または名称，住所，電話番号」
加工食品	「名称」・「原材料名」・「食品添加物」・「内容量」・「消費期限または賞味期限」・「保存方法」・「製造業者等の氏名または名称，住所」・「原産国」(輸入品)・「原料原産地」・「栄養成分」

の原材料名，内容量などのほか，最も多く使用されている原材料の原産地あるいは製造地の表示も必要である(表5-5)[1]。表示の方法については，容器包装のみやすいか所，または，売り場において製品に隣接した場所に一括して表示する。ただし，卸・仲卸業者などの流通業者は，容器包装への表示のほか，送り状や納品書に表示してもよい。また，店内加工された食品や包装されていない商品，生産者が直接販売する商品などについては，表示義務が免除される場合もある。

不当な表示や誇大広告を防止するために，業界団体が**公正取引協議会**などを組織し，消費者庁および公正取引委員会に認められた**公正競争規約**を定めて，自主的に表示項目などの基準を定めることもある(**公正競争規約制度**[2])。

❶2017年9月の食品表示基準の改正による。ただし，2022年3月まで猶予期間がある。

❷業界団体による自主的表示ルールが認定済みであれば，表示は景品表示法の違反にはならない。

❸22食品群(乾燥きのこ類・野菜および果実，塩蔵したきのこ類・野菜・果実，ゆで・または蒸したきのこ類・野菜および豆類ならびにあん，異種混合したカット野菜・異種混合したカット果実，その他野菜・果実およびきのこ類を異種混合したもの，緑茶および緑茶飲料，もち，いりさや落花生・いり落花生・あげ落花生およびいり豆類，黒糖および黒糖加工品，こんにゃく，調味した食肉，ゆで・または蒸した食肉および食用鳥卵，表面をあぶった食肉，フライ種として衣をつけた食肉，合挽肉その他異種混合した食肉，素干し魚介類・塩干魚介類・煮干し魚介類およびこんぶ・干しのり・焼きのりその他干した海藻類，塩蔵魚介類および塩蔵海藻類，調味した魚介類および海藻類，こんぶ巻，ゆで・または蒸した魚介類および海藻類，表面をあぶった魚介類，フライ種として衣をつけた魚介類，その他生鮮食品を異種混合したもの)と5品目(農産物漬け物，野菜冷凍食品，ウナギ蒲焼き，かつお削り節，おにぎり)

表5-5　加工食品の表示方法

表示事項	表示方法
名称	その内容を表す一般的な名称
原材料名	食品添加物以外の原材料名は，原材料に占める重量の割合が多い順に記載する。アレルギー物質を含む場合は記載する。
食品添加物	食品添加物は，原材料に占める重量の多いものから記載する。
内容量	内容重量，内容体積または内容数量を単位とともに表示する。
消費期限または賞味期限	消費期限または賞味期限を記載する。 品質が急速に変化しやすく，製造後すみやかに消費すべきものでは，「消費期限」，それ以外のものでは「賞味期限」を表示する。
保存方法	飲食料品の特性に従い記載する。
製造者	製造業者の氏名または名称および住所を記載する。(輸入品は「輸入業者」および「原産国名」を記載する)
原料原産地	国内製造品については，重量割合上位1位の原材料について，原産地あるいは製造地を表示する。複数の原産地・製造地から調達している場合には，重量の多い順に表示するのが原則だが，重量順を定められない場合には「又は」，3か国以上の外国から調達している場合には「輸入」という表示も可能。ただし，22食品群と5品目[3]で，重量割合上位1位の原材料が50%以上であれば，必ず重量順に原産地を表示する.
栄養成分	熱量，タンパク質，脂質，炭水化物，食塩相当量を記載する。

名称：緑茶(清涼飲料水)
原材料名：緑茶(日本)　添加物：ビタミンC
内容量：500mL
賞味期限：2020年8月1日
保存方法：直射日光を避けて保存してください。
原産国名：日本
製造者：東京都○○区△町　○○食品株式会社

図5-10　加工食品の表示の例

国際的な食品規格

輸入食品の増加にともなって，わが国の食品規格は，国際的な基準との整合性が求められている。食品安全に関する各国の規格や基準が，ややもすれば貿易障壁として機能する可能性もあることから，これらの食品安全に関する規格・基準のとり扱いが，貿易協定を締結するうえでの重要な問題の一つとなっている。

アメリカ食品医薬品局(FDA)は，食品・医薬品についての新製品の許可，監視，安全性の強化を推進している。アメリカ国内だけではなく，世界に先がけて食品・医薬品の調査研究を行い，危険情報を発信している。FDAの食品安全性応用栄養センターは，食品の安全性を最優先に活動を行っている。

また，国連食糧農業機関(FAO[1])と世界保健機関(WHO[2])の食品添加物に関する合同会議である**JECFA**[3]で，国際的な食品添加物の基準が決められている。**コーデックス委員会(FAO/WHO合同食品規格委員会)**では，消費者保護と食品貿易の障害排除を目的として，食品・食品添加物・残留農薬・動物用医薬品・検査の方法などの規格，基準を設定するなど，国によって異なる食品規格が調和できるようにしている。

国際標準化機構(ISO[4]**)**による**ISO22000**は，食品安全のための総合的なマネジメントシステムに関する国際規格である。

ISO22000において，食品安全を守るために重視されているポイントとして次の四つがある。

❶Food and Agriculture Organizationの略。

❷World Health Organizationの略。

❸FAO/WHO 合同食品添加物専門家会議。Joint FAO/WHO Expert Committee on Food Additivesの略。

❹幅広い工業分野の国際規格を策定する非政府組織。ISOが策定した国際規格はISO○○という名前がつく。

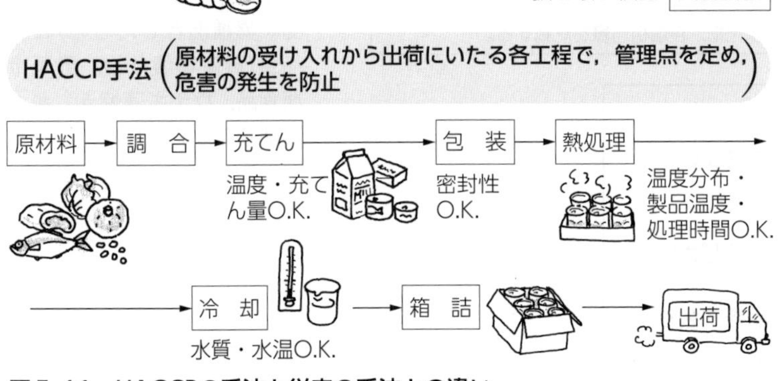

この方式は，従来の最終製品の検査でチェックする衛生管理ではなく，
①食品の安全性を確保するために，食品の生産から消費に関係する一連の工程において，
②どの工程でどのような危害が発生するかあらゆる健康危害を事前に予測し，
③それを予防するための監視，管理基準を定め，
④すぐに確認できる方法で記録し，
⑤コントロールの方法が適切であるかどうかを，モニタリング(監視)によって適正に制御していくという考え方である。

図5-11　HACCPの手法と従来の手法との違い

1)相互コミュニケーション　食品安全性が守られるためには，食品製造者や流通業者，監督官庁や消費者など，食品にかかわる組織や人々とのあいだに十分なコミュニケーションが必要である。

2)システムマネジメント　経営の観点から，食品の安全管理の方法を適正に管理・運用し，つねにチェックし，みなおしをして，継続的に改善する体制が重要である。

3)前提条件プログラム　食品にかかわる事業者が最低限行わなければならない衛生基準[1]を順守することが重要である。

4)危害分析・重要管理点(HACCP)[2]　食品安全性に影響が大きい要因を科学的に分析(ハザード分析)し，その部分を重点的に管理・記録することで，食品安全がそこなわれることを未然に防ぐという考え方である(図5-11)。

ISOが食品製造業者や流通業者がこれらの基準を満たしていると判断すれば，ISO22000の認証を受けることができる。

また，世界の食品企業や小売企業の業界団体である**GFSI(世界食品安全イニシアチブ)**[3]は，GAP(→p.139)など食品安全にかかる認証制度の信頼性評価を行っており，承認を行っている。

食品添加物の規格

わが国の**食品添加物**[4]の規格基準はいくつかの安全検査が行われたのち，国際基準と照らし合わせて法律で指定されている。おもな添加物には，みた印象をよくするもの(着色料，漂白剤，発色剤)，味や香りを加えるもの(甘味料，香料，酸味料，調味料)，質感を調整するもの(増粘剤，膨張剤，乳化剤)，保存性を増すもの(保存料，酸化防止剤)などがある。

食品添加物は，化学反応を利用して製造されることが多く，不純物が混入する恐れがあるが，人の健康をそこなうことがないよう品目ごとに品質や純度が厳密に規定されている。

表5-6　添加物の規格基準

分類	内容
成分規格	食品添加物の品質確保のため，含量，性状，純度や不純物などの確認試験の方法など
使用基準	食品添加物として加えてもよい食品の範囲，使用量，残存量，使用目的，使用方法の規制
製造基準	食品添加物の製造原料を制限するなど製造や加工するときの基準
保存基準	食品添加物そのものの効果を維持するための保存方法の基準
表示基準	食品添加物とその製剤の表示基準

[1]作業場がつねに清潔に保たれている，廃棄物が適正に処理されている，温度が十分に管理されているなど。

[2]危害要因(Hazard)を分析(Analysis)して重要管理点(Critical Control Point)をモニタリングするシステム，危害分析・重要管理点方式という。

[3]グローバル化する食品流通ネットワークにおける食品安全を推進するために2000年に設立された。カルフールやウォルマートなど有力企業が参画している。

[4]食品の製造過程において，食品の加工もしくは保存の目的で，食品に添加，混和，浸潤その他の方法などで使用するものをいう。ただし，塩や砂糖，しょうゆなどは，食品添加物ではなく，国際的にも食品として扱う。

2 食品添加物の表示

いろいろな食品添加物

食品添加物は，栄養的価値の維持，風味外観の維持(食品を美しくみせる)，腐敗・変質を防ぐ保存性などの観点から，その使用が避けられないものでもある。毎日約60種類の添加物が私たちの体内にはいっているといわれており，その安全性への消費者の関心が高まっている。

添加物は，**指定添加物**❶(455品目)，**既存添加物**❷(365品目)，**天然香料**❸(612品目)，**一般飲食物添加物**❹(106品目)の４種類に大別でき，1500以上もの種類が許可されている。これ以外のものを使用することは禁じられている。

専門家の検討により作成される「**食品添加物公定書**」には，食品添加物の成分や製造基準，使用基準が掲載されており，おおむね５年ごとに最新の知見をふまえて改訂される。

❶食用赤色102号，ソルビン酸カリウムなど。

❷カラメル，ペクチンなど。

❸レモン香料，アップル香料など。

❹エタノール，ブドウ果汁など。

図5-12　添加物の表示

食品添加物の表示

食品添加物については，重量順に表示しなければならない。

◆物質名による表示　食品には，添加物の物質名を表示するが，広く知られている簡略名で表示することもある(表5-7)。

表5-7　物質名によるおもな食品添加物

物質名類	内容	種類
亜硝酸ナトリウム	ハム・ソーセージに使用されている発色剤。	指定
アスコルビン酸	ビタミンCとも表示している。	指定
アスパルテーム	ヨーグルトやアイスクリームの一部に使用。1983(昭和58)年に添加物として許可されたが，フェニルケトン尿症の人は注意が必要という説がある。	指定
安息香酸ナトリウム	清涼飲料水に使われている保存料。	指定
キシリトール	糖アルコールの一種でサトウキビやトウモロコシの成分のキシロースに水素添加したもの。	指定
サッカリン	ガムに使用されている甘味料。	指定
ソルビトール	甘味料。	指定
ソルビン酸	魚肉練り製品やチーズに使われる防腐剤。	指定
リン酸塩	ハム・ソーセージの結着剤。	指定
甘草(かんぞう)	甘草から抽出した甘味料。	既存
コチニール	エンジ虫からとれる着色剤。	既存
ステビア	キク科のステビアから抽出したもの。甘味度は砂糖の約250倍。	既存
トレハロースなど	低カロリー甘味料であるが，ゼロではない。	既存
オレンジ	菓子や清涼飲料水の香料。	天然
ペパーミント	ガムなどの香料。	天然
グルテン	増粘安定剤。	一般
茶	着色料。	一般

◆用途名と物質名との併記　甘味料，着色料，保存料，酸化防止剤，糊料(増粘剤・安定剤・ゲル化剤)，発色剤，漂白剤，防かび剤の８つの用途に使用した場合は，物質名と用途名とを併記している。たとえば，「甘味料(ステビア)，着色料(食品黄色５号)」などと表示される。

◆一括名表示　同じ使用目的の成分が含まれているものは，まとめて代表名を表記できる。イーストフード，かんすい，ガムベース，香料，酸味料，豆腐用凝固剤，チューインガム軟化剤，乳化剤，pH調整剤，膨張剤(ベーキングパウダー・ふくらし粉)，苦味料，酵素，光沢剤が該当し，一括名表示を適用することができる。たとえば，「調味料(アミノ酸)，イーストフード(塩化アンモニウム・リン酸水素２ナトリウムなど10種を代表して)」などと表示される(表5-9)。

◆その他表示義務のあるもの　表5-10のような添加物がある。

◆表示が免除できる場合　加工助剤とキャリーオーバー，栄養強化剤などは表示を免除されている。ただし，それらがアレルギー物質❶の場合は表示しなければならない。ここで，加工助剤とは，製造過程で使用される物質で分解・除去・中和され，食品にほとんど残らないものである。キャリーオーバーとは，たとえばせんべいの原料である「しょうゆ」に含まれる添加物のように，食品に直接使用されたものではなく原材料の中に含まれているもので，製品中の含有量はごく微量となる。この場合，しょうゆに含まれる添加物は表示しなくてよい。

栄養強化剤として認められている，ビタミン類やミネラル類など，通常の食品にも含まれる成分を栄養強化の目的で使用する場合は表示が免除される。また，小包装の食品や包装されていないバラ売り食品についても，表示スペースがないため表示が免除されている。

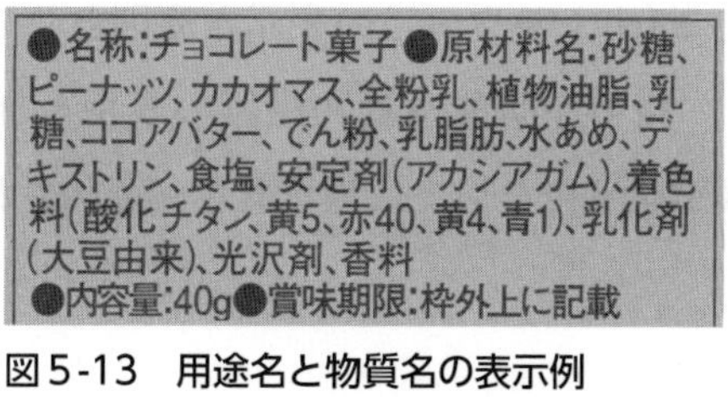

●名称:チョコレート菓子●原材料名:砂糖、ピーナッツ、カカオマス、全粉乳、植物油脂、乳糖、ココアバター、でん粉、乳脂肪、水あめ、デキストリン、食塩、安定剤(アカシアガム)、着色料(酸化チタン、黄5、赤40、黄4、青1)、乳化剤(大豆由来)、光沢剤、香料
●内容量:40g●賞味期限:枠外上に記載

図5-13　用途名と物質名の表示例

表5-8　用途名と物質名との併記例

用途名		物質名
甘味料		アスパルテーム，サッカリン
着色料		赤色３号
保存料		安息香酸
糊料	増粘剤	アルギン酸ナトリウム
	安定剤	
	ゲル化剤	
酸化防止剤		ブチルヒドロキシアニソール(BHA)
発色剤		亜硝酸ナトリウム
漂白剤		亜硫酸ナトリウム
防かび剤		オルトフェニルフェノール

表5-9　一括名による表示例

名称	別表記
イーストフード	塩化アンモニウム
	塩化マグネシウム
	炭酸アンモニウム
	炭酸カリウム(無水)
	炭酸カルシウム
	硫酸アンモニウム
	硫酸カルシウム
	硫酸マグネシウム
	リン酸三カルシウム
	リン酸水素二アンモニウム
	リン酸二水素カルシウム
	リン酸一水素カルシウム

❶アレルギー物質についてはp.132を参照。

表5-10　表示義務のある添加物(用途名および一括名表示以外)

殺菌剤，結着剤，保湿剤，保水剤，小麦改良剤，製造用剤，醸造用剤，皮膜剤，品質改良剤，抽出剤，吸着剤，色素安定剤，溶剤，消泡剤，固結防止剤，防虫剤，発酵調整剤，離型剤

添加物の安全性の確保

食品添加物は，登録前に毒性試験が行われ，安全性確認試験が行われている。添加物の毒性に加えて，体内での代謝のしかた，1日の摂取量などから，安全性が判定される。

◆反復投与毒性試験　実験動物[1]に被験物質を28日間，90日間あるいは1年間繰り返し投与したときの毒性の影響を検査する。

◆その他の毒性試験　世代をこえた影響を調べる繁殖実験や，催奇形性や発ガン性を調べる試験，アレルギーの有無を調べる抗原性試験などがある。

◆一日摂取許容量　毒性試験により無毒性量[2]を算出する。その無毒性量に，動物と人間との差や影響の個人差を考慮して設定された安全係数(通常は1/100)をかけて，**一日摂取許容量(ADI[3])**としている。添加物の1日の摂取量がADIをこえなければ使用が許可される。

❶おもにラットや犬が使われる。

❷毒性試験で，実験動物にはまったく影響が観察されない範囲での最大投与量。

❸Acceptable Daily Intake の略。人が，一生涯，毎日摂取しても障害を受けず，次世代にも影響を与えない量。単位は(mg/kg(体重)/day)。

3 その他の表示

栄養に関する表示基準

消費者の健康への関心の高まりとともに，栄養成分に関する表示が増えている。食品表示基準には，食品について，栄養成分の表示をルール化し，わかりやすくするための基準も含まれている。この基準には，表示する場所や項目，方法などが定められている。

また，たとえば，「ビタミンCたっぷり」あるいは「糖質ゼロ」，「糖類ゼロ」など，特定の栄養成分を強調する場合は，その食品中の栄養成分が国により定められた基準を満たしていなければならず，「カロリー30％オフ」など，他の食品と比べて表示する場合には，食品中の栄養成分が基準を満たしているとともに，比較対象を記載する必要がある。

2015年4月より，消費者向けのすべての加工食品に対して，食品表示基準に基づいて，栄養成分(熱量，タンパク質，脂質，炭水化物，食塩相当量(ナトリウム))の表示が原則として義務づけられている。，また，飽和脂肪酸や食物繊維の表示も推奨されている。ただし，小規模事業者については表示義務が免除されている。

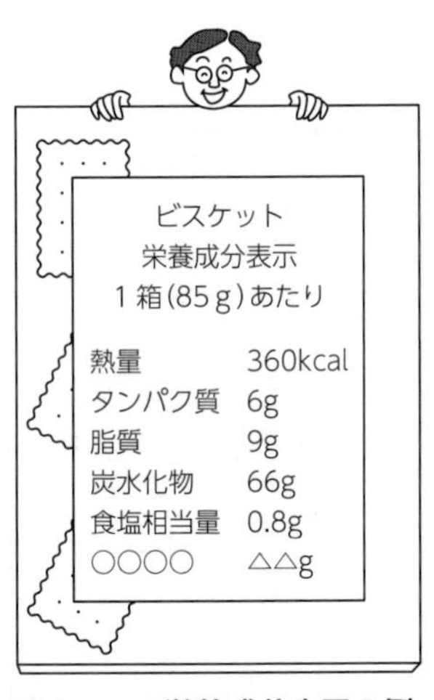

図5-14　栄養成分表示の例

機能性のある食品

◆特定保健用食品　特定保健用食品(トクホ)は，「おなかの調子を整える」など，特定の保健機能をもつことが科学的に示され，その機能を表示することを認められた食品である。表示をするためには，製品ごとに消費者庁の許可が必要である。ただし，許可件数が多く科学的根拠が十分蓄積されたものについては，規格基準が満たされていれば表示できる。また，特定保健用食品に必要な科学的根拠は十分ではないものの，一定の有効性が確認される食品については，「条件付き特定保健用食品」の認証を得ることができる。

◆栄養機能食品　栄養機能食品は，通常の食生活でたりない栄養成分を補給するための食品である。栄養成分の含量が国の基準の範囲内であれば，食品生産者は国の許可を得ずに栄養機能食品と表示してよい。ビタミンCやカルシウムなど20種類の成分について表示できる。

◆機能性表示食品　機能性表示食品[❶]は，特定保健用食品と同様に，食品などのもつ健康の維持・増進にかかる機能性を表示することができる食品である。消費者庁の許可は必要なく，事業者の責任で表示できる。

◆特別用途食品　特別用途食品とは，高血圧症や腎臓患者用にナトリウムを減らした食品やタンパク質を制限した食品，また，乳幼児，妊産婦用，高齢者用など特別の用途に適するものとして，消費者庁が許可した食品である。

図5-15　トクホマーク

図5-16　条件付きトクホマーク

❶2015年４月より導入された保健機能食品である。機能性の科学的根拠として，最終製品についての臨床試験の結果だけでなく，最終製品や製品に含まれる機能性をもつ成分(機能性関与成分)についての過去の研究結果を利用することができる。また，国に届け出るだけで表示を行うことができる。

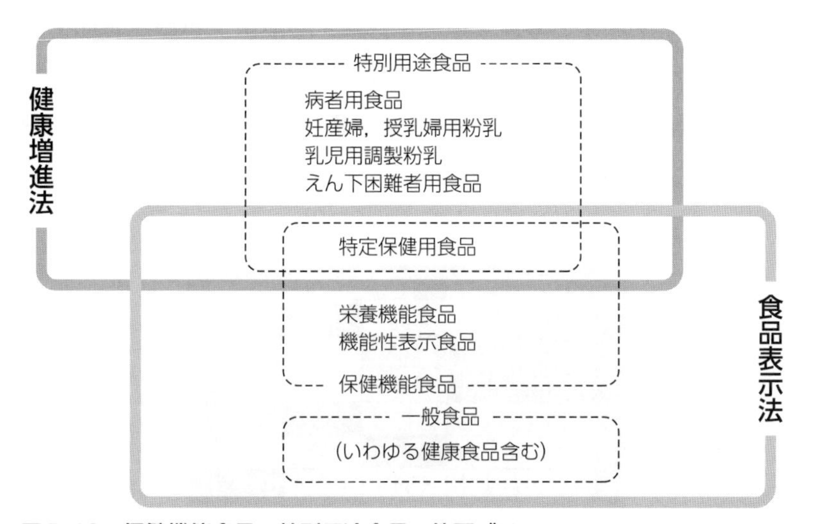

図5-18　保健機能食品・特別用途食品の位置づけ

図5-17　特別用途食品マーク

認定健康食品表示

JHFA[1]**マーク**は健康補助食品の品目別規格基準に適合した食品に対してのみ認定し，指定のマークがつけられることになっている。エイコサペンタエン酸(EPA)含有精製魚油食品，マンネンタケ(霊芝)食品，プロポリス食品などの食品につけられている。

❶公益社団法人 日本健康・栄養食品協会(Japan Health Food and Nutrition Food Association)。

図5-19　JHFAマーク

アレルギー表示

アレルギーの発症件数が多い，卵・乳・小麦・落花生・エビ・ソバ・カニの7品目を，加工食品の原材料として用いる場合には必ず表示しなければならない。また，アーモンド・あわびなど21品目[2]についても表示が奨励されている。アレルギー物質は，微量でも命にかかわるアレルギー症状をひき起こす恐れがあることから，消費者向けだけではなく，業務用や加工原料も含めたすべての食品が対象である。さらに，食品添加物の場合には表示が免除されていたキャリーオーバーや加工助剤であっても表示しなければならない。かりに食品の原材料にアレルギー物質が含まれていなくても，同じ工場でつくられている他の製品に含まれている場合には，注意喚起の表示が奨励されている。

❷アーモンド，あわび，いか，いくら，オレンジ，カシューナッツ，キウイフルーツ，牛肉，くるみ，ごま，さけ，さば，大豆，鶏肉，バナナ，豚肉，まつたけ，もも，やまいも，りんご，ゼラチンの21品目。

遺伝子組換え表示

遺伝子組換え食品は，もとの食品と比較して，栄養素など実質的に同等性をもっているかどうか，また，新しい遺伝子によってつくられたタンパク質がアレルギーの原因物質や毒性物質を出していないかなどについて，安全性評価基準[3]に従い食品安全委員会が評価し，安全性が確認された食品が輸入・流通・生産されている。

◆IPハンドリング　遺伝子組換え食品や非遺伝子組換え食品を生産・流通・加工するときに，混入が起こらないように分別され，かつそれが記録されている管理方法を**分別生産流通管理システム**(**IPハンドリングシステム**)という。

❸国際食品規格を策定しているコーデックス委員会のバイオテクノロジー応用食品特別部会では，2000年から2007年にかけて，日本を議長国として遺伝子組換え農産物等の安全性評価ガイドラインを作成した。わが国の安全性評価基準も，このガイドラインに準拠している。

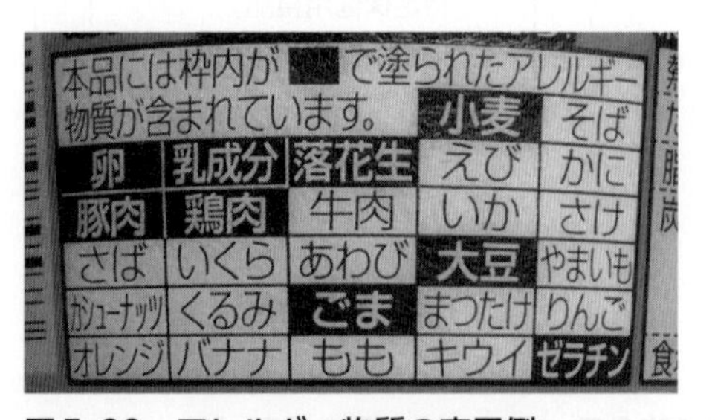

図5-20　アレルギー物質の表示例

◆**義務表示**　遺伝子組換え農作物(GM作物)[1]と，それをおもな原材料とした加工食品[2]に対しては，遺伝子組換え食品の表示基準によって，表示内容が決められている。IPハンドリングされた遺伝子組換え農産物が原材料になっている食品は「遺伝子組換え」，IPハンドリングされていない農産物を原材料としている食品には「遺伝子組換え不分別」と表示しなければならない。

◆**任意表示**　IPハンドリングされた非遺伝子組換え農産物がおもな原材料である場合には，表示義務はないが，任意で「遺伝子組換えではない」と表示してもよい。

安全性が確認された遺伝子組換え食品が市場に流通する一方で，遺伝子組換え食品を受容せず，非遺伝子組換えの食品を望む消費者もいる。さまざまな意識をもつ消費者がいるなかで，すべての消費者が望ましい食品を選択できるために，表示は重要な役割を果たしている(表5-11)。

❶大豆，トウモロコシ，バレイショ，なたね，綿実，アルファルファ，てん菜，パパイヤの8種類。

❷豆腐や納豆，みそ，コーンスナック菓子，ポテトスナック菓子など33種類。製造過程で遺伝子やそれがつくるタンパク質を検出できないもの(たとえば食用油，しょうゆなど)は表示が義務づけされていない。

ポテトチップス
じゃがいも(遺伝子組換えでない)、植物油、食塩、コーンスターチ、こんぶエキスパウダー / 調味料(アミノ酸等)、酸化防止剤(ビタミンC)

図5-21　遺伝子組換えではない場合の表示例

単位価格表示：Unit Price

単位価格表示とは，食品の重量や容量など一定の単位あたり価格を，「100gあたり○○円」，「100mLあたり○○円」というように販売価格とともに表示することである。

食品の内容量が違っても，単位あたりの価格で高い安いが判断でき，品質と食品自体の価格とを比較できるなどの利点がある。東京都など表示を義務づけている都道府県もある。

表5-11　遺伝子組換え表示の区分

区分	表示例	備考
生産や流通の過程で，遺伝子組換えとそうでないものがきちんと分けて管理され，それを証明する書類などが整っている(分別生産流通管理が行われている)遺伝子組換え農作物を原材料とする場合	「大豆(遺伝子組換え)」など 	義務表示
生産や流通の過程で，遺伝子組換えとそうでないものがきちんと分けて管理されていない農作物を原材料とする場合	「大豆(遺伝子組換え不分別)」など 	義務表示
分別生産流通管理が行われている非遺伝子組換え農作物を原材料とする場合	「大豆(遺伝子組換えでない)」など 	任意表示

コラム

ゲノム編集食品

ゲノム編集とは，近年急速に進展した新しい遺伝子改変技術である。従来の遺伝子組換え技術では，農薬耐性などの新しい形質をもつ品種をつくる場合に，別の生物の遺伝子を組み入れる必要があった。ゲノム編集では，その生物のもつ遺伝子の一部を切断するなどで新しい形質をもつ品種をつくることができる。ゲノム編集による開発品種を使用した食品に対する安全性管理は今後の重要な課題である。

4 食品別の規格と表示

生鮮食品

◆生鮮食品の規格と表示　野菜・果物・鮮魚・肉類などの加工されていない生鮮食品は**生鮮食品における食品表示基準**に従って表示を行う(図5-22)。おもな表示事項は，食品の名称と原産地である。たとえば国産品であれば都道府県名，市町村名，一般的に知られている地名，輸入品であれば原産国名が表示されなければならない。水産物に関しては，それに加えて，解凍したものであれば「解凍」，養殖のものは「養殖」と表示しなければならない。

◆食肉　食肉の規格としてはJAS規格のほか，日本食肉格付協会による牛，豚の枝肉および部分肉についての**取引規格**が，品質と歩留まりの等級を定めている。農林水産省の省令である「**牛肉小売品質基準**」，「**豚肉小売品質基準**」ならびに「**食鶏小売規格**」では，牛肉，豚肉，鶏肉の部位について定めている。また，食肉事業者による公正競争規約である「**食肉の表示に関する公正競争規約**」は，食肉を販売するさいに表示しなければならない項目を定めている(図5-23)。

国産 黒豚豚肉ももうすぎり

加工年月日　2020.11.7
消費期限　2020.11.9

内容量（g）
300

保温温度
4℃以下

100 g あたり 220円

価格（円）
660

スーパー●●●
東京都千代田区五番町○○○

図5-22　食肉表示カードの例

事前包装されていない食肉の必要事項
①食肉の種類・部位(商品名称)
②原産地
③量目(内容量)および販売価格(100gあたり単価)
④牛にあっては個体識別番号(または荷口番号)
⑤冷凍および解凍品にあってはその表示

事前包装された食肉の必要事項
①食肉の種類・部位(商品名称)
②原産地
③100gあたり単価
④牛にあっては個体識別番号
⑤冷凍および解凍品にあってはその表示
⑥量目(内容量)
⑦販売価格
⑧消費期限または賞味期限および保存方法
⑨加工所(包装した所)の所在地
⑩加工者の氏名または名称

図5-23　食肉表示の必要事項

食肉の表示に関する公正競争規約
(平成28年9月23日施行 公正取引委員会による)

1)牛肉　A，B，Cの歩留等級と5等級の**肉質等級**があり，上級のA 5から最も劣るC 1までの15段階に分けられ評価されている。「食肉の表示に関する公正競争規約」によって，種類が和牛と表示されているものは「黒毛和種」などの肉専用種に限定されている。また，「牛肉小売品質基準」に基づいて11部位が決められ，「ヒレ」「サーロイン」などと表示される(図5-24)。「食肉の表示に関する公正競争規約」により食肉の種類と部位を組み合わせた品名を記載しなければならない。

2)豚肉　重量や肉質などを総合して定められる極上，上，中，並，等外の五つの等級がある。豚の品種は外来種だけであるが，とくに純粋バークシャー種どうしの交配で生産された豚が，かごしま黒豚などとして有名である。豚肉も「豚肉小売品質基準」に基づき，「かた」，「ロース」など7部位が決められている。もちろん輸入肉であれば，その表示が必要である(図5-22)。表示に「SPF[1]」とあるのは，トキソプラズマ感染症などの特定病原体が不在であるということを示すが，現在は自主基準のみが存在している。

3)鶏肉　「鶏肉小売規格」があり，「むね」，「もも」などの部位が規格となっている。しかし2種類の部位をひき肉にした場合，混合比率の多い順に「国産鶏ももむね」のように表示をしなければならない。

[1] Specific Pathogen Freeの略。特定病原体不在を意味する。

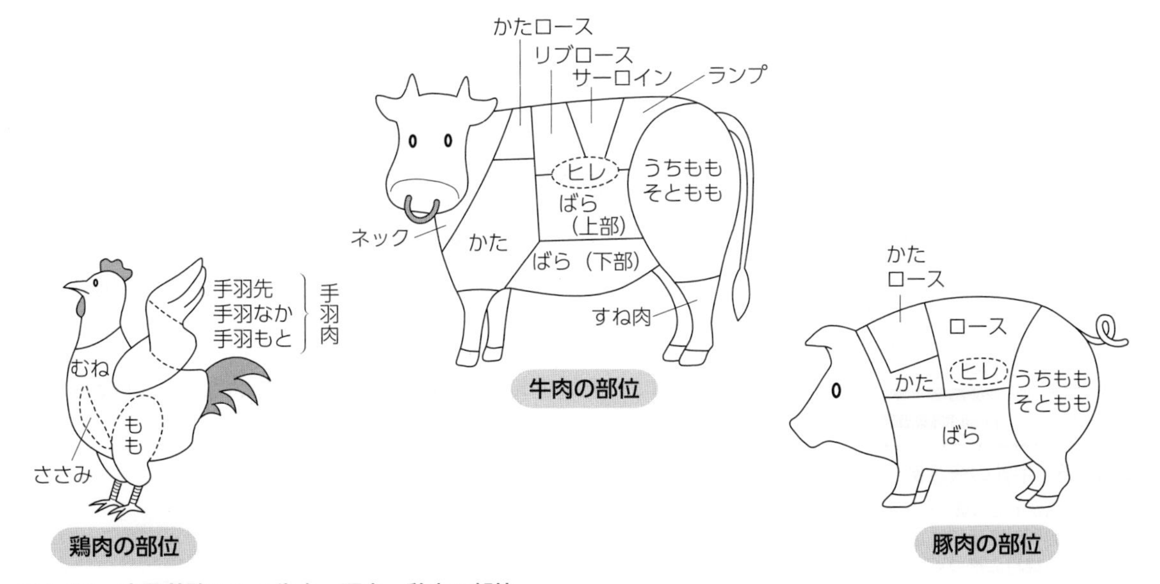

図5-24　表示義務のある牛肉・豚肉・鶏肉の部位

加工食品

◆加工食品の規格と表示　加工食品は，**加工食品における食品表示基準**にしたがった表示がなされており(表5-4(→p.124))，販売者は次のような表示事項の表示義務を負う。表示事項は，食品の名称，原材料名(アレルギー物質を含む場合は明記する)，食品添加物[1]，内容量，賞味期限，保存方法，製造業者や販売業者の氏名または名称および住所，栄養成分である。また，重量割合上位1位の原料について原産地を表示しなければならない。

◆飲用乳　牛乳などの飲用乳は，豊富な栄養を含んでいる食品なので，微生物にとっても，よい栄養源となり，保管を誤ると食中毒の危険性が高い食品ともいえる。牛乳の規格については，**「乳及び乳製品の成分規格等に関する省令」(乳等省令)**が厚生労働省により定められ，これによって製造，加工基準が決められている。

牛乳および乳製品の規格基準[2]では，牛乳は，生乳100%で乳脂肪分[3]3%以上，無脂乳固形分[4]8%以上のものをいう。牛乳・特別牛乳以外の，部分脱脂乳や脱脂乳，加工乳などについても，それぞれ乳脂肪分や無脂乳固形分の基準が定められている。牛乳を乳酸菌などで発酵させたヨーグルトは，種類別では発酵乳に分類され，牛乳と同様，乳脂肪分，無脂乳固形分を表示する必要がある。

殺菌方法には，低温保持殺菌(62～65℃，30分)，高温短時間殺菌(72℃以上，15秒以上)，高温保持殺菌(75℃以上，15分以上)，超高温瞬間殺菌(120～130℃，1～3秒)，などがある。

ロングライフ(LL)牛乳は，超高温滅菌法で滅菌し，無菌充てん包装されたものである。アイスクリームなども，食中毒を発生させやすいので，ソフトクリームを製造する連続式フリーザは，牛乳と同様，毎日洗浄殺菌しなければならない。

牛乳の公正競争規約である，**「飲用乳の表示に関する公正競争規約」**では，原材料の表示欄には生乳の割合を「100%」「50%以上」「50%未満」のように表示を行うよう定めている。また，産地を表示する牛乳は，その産地の牛乳を100%使っていなければならない。

❶原材料名については，重量順に表記することが定められている。食品添加物についても重量の割合が多い順に記載する。

❷乳等省令に基づく規定。

❸乳脂肪3.5という表示は，牛乳100gあたり3.5gの乳脂肪が含まれているということである。

❹牛乳から水分と脂肪分をとり除いた残りのタンパク質やカルシウムなどを示している。

図5-25　飲用乳の公正マーク

種類別名称	牛乳　＊2 公正
商品名	北海道 根室牛乳
無脂乳固形分	8.4%以上
乳脂肪分	3.7%以上
原材料名	生乳100%
殺菌	130℃　2秒間
内容量	1000mL
賞味期限	上部に記載
保存方法	10℃以下で保存してください。
開封後の取扱	品質保持期限にかかわらずできるだけ早くお召しあがりください。
製造所所在地	■■■■■
製造者	■■■■■

＊1

図5-26　牛乳の表示例

＊1　食品表示法に基づく表示。
＊2　飲用乳の表示に関する公正競争規約に基づく公正マーク。

◆冷凍食品　冷凍食品[1]は，**調理冷凍食品についての食品表示基準**によりエビフライ，ミートボール，米飯など細かく定義され，それぞれ表示の方法が定められている。一般の加工食品についての食品表示基準に加えて，冷凍前加熱の有無，調理する方法(電子レンジの使用法，何℃の油で揚げるか)を表示しなければならない。業界団体である日本冷凍食品協会の確認工場製品マークがあるものは，この協会の設置した，以下のような「冷凍食品の品質についての指導基準」に達したものである。

1)前処理(魚や野菜で不可食部をとり除く)されている。
2)急速冷凍されている。
3)使用する前まで包装がされている。
4)−18℃以下のまま保たれている。

加えて，東京都で販売される冷凍食品については，原料原産地の表示がよりきびしく義務づけられており，製品重量の上位3位かつ重量の5％をこえる原料ならびに，パッケージなどに表示されている原料(たとえばえびピラフの場合のえびなど)の原産地を表示しなければならない。

◆果汁飲料　果汁飲料は，**果実飲料品についての食品表示基準**により，果汁の使用割合によって，100％の果実ジュースと10％以上100％未満の果汁入り飲料とに分けられている。また，果実ジュースは，果汁ジュース，果実ミックスジュース，果粒入り果実ジュース，果汁・野菜ミックスジュースに分類されている。果汁の保存容量や輸送量を少なくするために一度5～6倍に濃縮してから，再度水で希釈することを濃縮還元の加工という。ジュースに香料を添加することがあるが，100％ジュースとして認められている。たとえば果汁入り飲料には果実のスライスのイラストを表示できないなど，表示のルールが公正競争規約に規定されている。

◆缶詰　缶詰の表示は，食品表示法およびその施行規則，景品表示法や食品缶詰の表示に関する公正競争規約などによって，缶の側面に，品名，形状，原材料，内容量，賞味期限(缶のふたに記載の場合もある)を，輸入品は原産国名も表示するように決められている。

❶ここでは，調理冷凍食品についての食品表示基準による調理冷凍食品とする。すなわち，農林畜水産物に，前処理および調理を行ったものを包装し，凍結したまま保持したものであって，簡便な調理で食用に供されるものである。たとえば魚を調理せずにそのまま冷凍したものなどはこれに該当せず，生鮮食品としての表示が必要となる。

図5-27　日本冷凍食品協会確認工場製品の認定証

5 有機食品等の品質基準

有機食品のJAS規格

有機食品は**有機JAS規格**で規格基準が定義されている。認証されていない食品には「有機」,「オーガニック」などの表示ができないなど，きびしく規制されている。生産方法が規格基準を満たしているかどうかの認証は，第三者の認定団体(登録認定機関)により行われる。生産工程管理者(農家)または製造者は，有機JAS規格に合格した食品に対して，登録認定機関の認定を受けて，「有機」の表示や，有機JASマークの表示が許される(図5-9)。(→p.124)

2006年に**有機農業推進法**が施行され，国全体で有機農業の推進にとり組んでいる。2018年の農林水産省の調査によれば，国内の耕地面積のうち，有機農業の取組面積は約0.24%である。

◆有機農産物　有機農産物と認証されるためには，たねまきまたは植えつけの２年以上前(多年生作物や果樹は収穫の３年以上前)から農薬，化学肥料などを使用しない圃場(ほじょう)で収穫され，化学肥料や農薬は原則として使用しないなどの規格基準を満たしている必要がある。2017年には69,169トンが国内で格付けされている。

◆有機畜産物　有機畜産物と認証されるためには，家畜の飼料がおもに有機飼料であること，病気予防の目的で抗生物質を投与しないことなどの基準を満たす必要がある。2017年には，4,561トンが国内で格付けされている。

◆有機加工食品　有機加工食品と認証されるためには，化学的に合成された食品添加物および薬剤の使用を極力避けていること，原材料の95%以上(水，食塩を除く)が有機食品であることなどの基準を満たす必要がある。2017年度には，84,081トンが国内で格付けされている。

◆輸入有機食品　輸入された有機食品に有機JASマークをつけるには，登録外国認定機関によって認定を受けた外国の生産工程管理者などが直接つける方法と，JAS制度と同等の格付け制度をもつ外国の政府機関[1]が，有機農産物であることを証明し，これに登録認定機関による認定を受けた輸入業者がつける方法とがある。

❶同等性を有している国としては，EU，オーストラリア，アメリカ合衆国，アルゼンチン，ニュージーランド，スイス，カナダが指定されている。

特別栽培農産物表示ガイドライン

有機農産物ほどではないが，土地の生産力や環境負荷軽減を重視した農産物として，**特別栽培農産物**がある。これは，節減対象農薬❶の使用回数が50%以下かつ化学肥料の窒素成分量が50%以下のものをいう。これらの基準は農林水産省が設けたガイドラインに定められている。ただし，法律ではないので強制力はない。

特別栽培農産物の表示は容器や包装材に表示する以外にも，インターネットなどでの情報提供も認められている。表示項目としては，節減対象農薬や化学肥料の節減量，使用した節減対象農薬の一覧，責任者の氏名と連絡先などである(表5-12)。各都道府県で，年度ごとに特別栽培農産物を認定している。

残留農薬への規制とポジティブリスト

農畜水産物や加工食品に農薬などの化学物質が残留していると，広範な消費者に健康被害が生じる恐れがある。農産物の国際貿易が広がり，国外で生産されたさまざまな食品が消費されるようになると，国内では通常使用されない予期しない農薬が残留している可能性も生じる。そこで2006年から，残留農薬についての**ポジティブリスト制度**が導入された❷。そこでは，それぞれの農産物について使用可能な農薬がリスト化され，それぞれ残留基準が設定されている。それ以外の農薬の残留は原則禁止され，きわめて微量の残留(0.01ppm❸)しか認めていない。

適正農業規範(GAP)

適正農業規範(**GAP**❹)とは，農業生産が持続できるよう，食品安全・環境保全・労働安全などの観点から，点検項目を定めて農業生産を適正に実施し，安全で品質のよい農産物を生産する生産工程管理のとり組みである。生産者がGAPにとり組むことにより，農業経営の効率化だけではなく，残留農薬の削減など品質の改善，廃棄物の適正管理による環境負荷の低減，労働環境の改善などが見込まれ，取引先や消費者からの信頼も増すことが期待される。

生産者によるGAPのとり組みを第三者機関が認証する制度も存在している。ヨーロッパで誕生したGLOBAL G.A.P❺が有名であり，ヨーロッパへ農産物を輸出する場合には，認証取得が求められることも多い。

❶化学合成農薬のうち，有機JAS規格基準で使用を認められたものを除いたもの。

表5-12　特別栽培農産物の表示例(2007年3月改正の表示例)

農林水産省新ガイドラインによる表示	
特別栽培農産物	
節減対象農薬：当地比5割減(使用回数)	
化学肥料：栽培期間中不使用	
栽培責任者	○○○○
住所	○○県○○町△△△
連絡先	TEL□□-□□-□□
確認責任者	△△△△
住所	○○県○○町◇◇◇
連絡先	TEL□□-□□-▽▽
(農薬等資材使用状況) htpp://www.■■■■.■■.jp/	

別途添付

節減対象農薬の使用状況		
使用資材名	用途	使用回数
○○○○○	殺菌	1回
□□□□□	殺虫	2回
使用資材名	除草	1回

使用資材名は原則として商品名ではなく，主成分を示す一般的名称を表示する。

❷ポジティブリスト制度では，「一定の残留が認められる農薬」がリストされ，それ以外の薬剤の残留は禁じられる。

❸parts per million(パーツ・パー・ミリオン)。百万分率ともいわれる。1 ppmは0.0001%に該当する。

❹Good Agricultural Practiceの略。農業生産工程管理ともいわれる。

❺ドイツの業界団体であるフードプラス(FoodPLUS GmbH)が運営しており，ヨーロッパを中心に世界に普及している認証制度の一つである。

❶農林水産省の調査によれば，第三者認証GAP(JGAP, ASIAGAP, GLOBAL G.A.P) を取得している経営体は2019年４月現在で4,805経営体である

図5-28　JGAPマーク

図5-29　牛の耳標

図5-30　牛の個体識別番号ラベル

❷対象品目は，米穀や米粉，米菓生地，もち，だんご，米飯類，米菓など。

◆日本におけるGAPのとり組み　日本でもGAPのとり組みは進んできており，第三者認証制度も存在している❶。日本GAP協会はJGAPならびにASIAGAPの認証制度を運営している。ASIAGAPはGFSIによる承認を得ており，今後国際的な認証制度になることが期待されている。そのほかにも都道府県や農協，小売企業によるGAPが存在している。

6 トレーサビリティ

トレーサビリティ(**追跡可能性**)とは，生産から小売まで，食品がどのような業者にとり扱われ，移動してきたのかを追跡できることである。事故に対する迅速な対応が期待できるほか，産地偽装が困難になり，食品への消費者の信頼性を増すことが期待できる。

現在，さまざまな食品でトレーサビリティの導入が進んでいる。とくに牛肉，ならびに米とその加工品に関しては，導入が法律で義務づけられている。それに合わせ，農畜産物がどのように生産されたかを示す**生産履歴情報**の公開も進んでいる。

牛肉トレーサビリティ

2001年に国内で起こったBSE発生を受けて，**牛肉トレーサビリティ**が法制化された。国内で飼育されているすべての牛には，出生したとき(輸入牛の場合は，輸入したとき)，10桁(けた)の**個体識別番号**がつけられる。生産者や加工業者，流通業者は，食肉として小売されるまで個体識別番号を引き継いで移動履歴を記録し報告することが義務づけられている。そのため，消費者は，購入した牛肉についている個体識別番号をインターネットで検索すれば，その牛肉がどのような経路で手元に届いたのかを知ることができる。

米トレーサビリティ

2008年に非食用米が食用へ転用される事件が起こり，これをきっかけとして，**米トレーサビリティ**が法制化された。米や米加工品❷を取引，事業所間で移動，あるいは廃棄した場合には，事業者は，それを記録して一定期間保存しなければならない。また，それらの産地についての情報を，取引相手に伝達しなければならない。小売業者や外食業者は，消費者へ伝達することが義務づけられている。

7 地域によるとり組み

各都道府県でも，食品について独自にさまざまな規格や基準を設けている。国の規制のないものについて，**消費生活条例**[1]を制定し，食品の品質表示の基準を定めている。調理冷凍食品・かまぼこ・ハチミツ・カット野菜などについても，都道府県によって表示基準が決められていることがある。また，かごしま黒豚や松阪牛，名古屋コーチンなどの銘柄のついた食肉については，生産者や流通業者による団体が独自に規格を作成し，その規格を満たしたと認証されたものにのみ，銘柄の使用を認めていることもある。銘柄が地域団体商標や地理的表示として保護されている場合もある。

◆地域団体商標　地域の特産物である農畜水産物に，地域の名前をつけてブランド化し，地域農畜水産業の競争力強化と地域経済の活性化をねらうとり組みが進んでいる。そのなかで，一定の範囲で地域ブランドが周知となった場合には，**地域団体商標**[2]として登録が認められている。2019年現在，653件が登録されている。

◆地理的表示　地域の伝統的な生産方法や，気候や土壌など生産地の特性によって，品質などの特性が形成されているような食品に対して，地域名が含まれた産品の名称を保護するために**地理的表示保護制度**[3]が導入された。2019年現在，89産品が登録されている。

❶たとえば，p.137にある東京都独自の冷凍食品の原料原産地表示義務については，東京都の消費生活条例で定められている。

❷2006年に導入された制度で，地名と産品名を組み合わせた名称を商標として登録する制度である。通常の商標登録よりも比較的簡単な条件で登録することができる。

❸2014年に導入された制度で，特定農林水産物等の名称の保護に関する法律(GI法)による。名称だけでなく生産地や生産方法も保護の対象となる。神戸ビーフや市田柿などが同制度により保護されている。ヨーロッパなどにも同様の制度がある。

図5-31　地域団体商標の例

図5-32　地理的表示マーク

4 ……… 食品流通と包装

目標
- 食品がどのようなもので包装されているかについて学ぶ。
- 食品の包装材と環境との関係を学ぶ。
- 食品の包装方法を学ぶ。

1 食品包装の意義と目的

私たちのまわりの食品は，いろいろな材料や方法で包装され，販売されている。たとえば，市販されている500mLのペットボトル入りの緑茶飲料をみてみると，包装は次のような機能と特徴をもっている。

1）飲料という食品を入れるのに適している（容器）。

2）外気を遮断（しゃだん）し，保存性が高まっている（内容物の保護）。

3）飲むためにちょうどよい大きさで，携帯・運搬しやすい（利便性）。

4）商品としてとり扱いやすい（流通価値）。

5）パッケージの形・デザインを工夫できる（販売促進）。

6）内容物の情報を消費者に与える（情報提供）。

食品を消費者に安全に供給するためにも，包装に適切な材料と方法を選ばなければならない。容器包装[1]は，衛生面でも重要な役割を果たしている。

❶食品衛生法で「食品衛生とは，食品，添加物，器具および容器包装を対象とする飲食に関する衛生をいう」と規定している。

図5-33　ペットボトル　　図5-34　びん型アルミニウム缶

図5-35　無菌包装された食品　　図5-36　真空包装された食品

2 包装材

ガラス

ガラスは，酸に強く，衛生的な容器として，古くから使われてきた。ガラスびんは王冠やスクリューキャップで栓(せん)がされ，とくに液体食品用に多く用いられている。また，むかしから牛乳びん・ビールびん・ジュースびんなどはリサイクルが行われてきたが，最近では，ワンウェイボトル(使い捨てびん)が増加している。

調べてみよう
包装された食品のいくつかをとり上げ，その役割について考えてみよう。

金属

金属は，一般に酸に溶ける性質があるので，溶出試験の結果をみて使用しなければならない。また，金属面を塗装するなど，直接内容物と接しないような工夫も必要である。カドミウムなどは食品中への溶出濃度が100ppm以下で使用しなければならない。金属缶は，清涼飲料水用の場合，ガス圧も考慮に入れ，缶の強度を保っている。

紙

紙パックは，内外の表面をポリエステルやアルミニウムでコーティングしたもので，軽量でリサイクルが可能である点ではすぐれているが，こわれやすい点では劣っている。紙パックは牛乳容器として最も普及しており，1Lサイズのものは，すべての紙パックの約60％を占めている。このほか，果実飲料，清涼飲料，アルコール飲料，乳飲料，野菜飲料，豆乳飲料など幅広い用途に利用されている。

家庭ゴミの紙パックリサイクル率[❶]は43.4％(2017年)となっている。

❶全国牛乳容器環境協議会による計算。

図5-37　包装材(ガラス・金属・紙)

プラスチック

プラスチックは軽量で加工しやすく，供給が安定しているなど，すぐれた点が多いので，食品容器や包装材として広く利用されている。使用されるプラスチックの種類にはポリエチレン・ポリ塩化ビニル・ポリプロピレンなどがあり，用途に応じて使い分けられている。

最近では環境への配慮から，バクテリア・かびなどの自然界の微生物によって分解させるプラスチック[1]も開発されている。

また，液体の容器として便利なものにペットボトルがある。おもに清涼飲料・しょうゆ・酒類に使用され，缶・ガラスびんからの転換が進んでいる。耐熱，耐高圧，紫外線の吸収，容器の回収とリサイクルなどの研究が進められ，乳製品に使われる場合は，ふつうの基準よりきびしく規定されている。

卵パック・ラップなどの塩化ビニル樹脂中の塩化ビニルモノマーは，発ガン性があるので樹脂内残留1 ppm以下の濃度[2]で使用されている。塩化ビニルは，低温で焼却するとダイオキシンを発生するので，廃棄・焼却される量をできるだけ少なくする必要がある。ポリプロピレンは，電子レンジで加熱すると環境ホルモンが発生する危険性がある。また，近年では，マイクロプラスチック[3]による海洋をはじめとした環境汚染が懸念されている。

❶生分解性プラスチックという。

❷合成樹脂製の器具または容器包装の規格。材料試験と溶出試験とがある。

❸環境中に存在する微細（5 mm以下）なプラスチック粒子。2019年大阪市で行われたG20会議においても主要議題となり汚染対策へ向けた国際的枠組みが議論された。

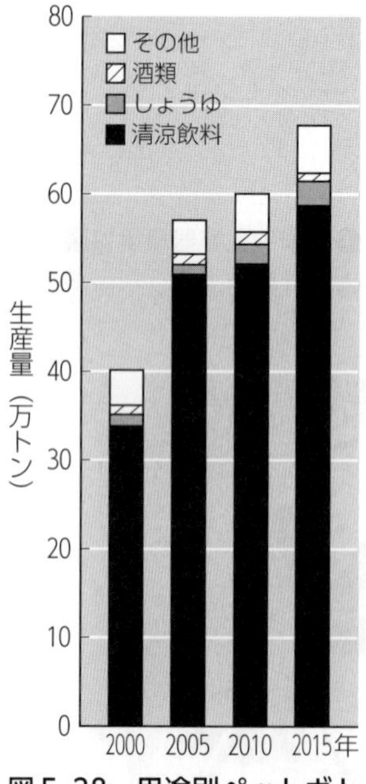

図5-38　用途別ペットボトル需要量
（PETボトルリサイクル推進協議会）

表5-13　プラスチックの種類と識別マーク

区別	識別マーク	プラスチック名	おもな用途
熱可塑性プラスチック（熱を加えるとやわらかくなるプラスチック）	1 PET	ポリエチレンテレフタレート	ペットボトル，テープ，フィルム
	2 HDPE	高密度ポリエチレン	灯油缶，びん，網
	3 V	ポリ塩化ビニル	卵パック，ラップ
	4 LDPE	低密度ポリエチレン	ポリ袋，通信ケーブル，ふた
	5 PP	ポリプロピレン	浴槽，自動車部品，注射器
	6 PS	ポリスチレン	キャビネット，トレイ，おもちゃ
	7 OTHER	その他の熱可塑性プラスチック	ボールペンの軸，看板，哺乳びん
熱硬化性	7 OTHER	熱硬化性プラスチック（熱を加えると固くなるプラスチック）	ボタン，食器，ヨットの本体

発泡スチロール

発泡スチロールは，ポリスチレンというプラスチックをブタンなどの発泡剤の力でふくらませたもので，保温・保冷性が高く，衝撃に強い。また，水を通さない，軽い，整形しやすいなどすぐれた性質がある。食品の断熱包装，陳列用包装(肉・魚のトレー)，カップ麺の容器，コップなどに使われ，リサイクルが可能である。

3 包装の方法

食品の包装には，次のような方法がある[1]。

無菌包装

無菌包装は，食品や容器を殺菌し，無菌室(クリーンルーム)で無菌状態のまま密封したものである。腐敗の原因菌の影響を極力避けることで，大きく風味をそこなわずに賞味期限，消費期限を延ばすことができる。

レトルトパウチ

食品をパウチ容器[2]に密封した後，加圧加熱殺菌(レトルト殺菌)した食品が**レトルトパウチ食品**，あるいは**レトルト食品**である。賞味期限は長く，6～12か月のものが多い。

MA包装

MA[3]包装は気体透過性のあるプラスチックフィルム[4]で青果物を密封包装したものである。青果物の呼吸によって包装内が低酸素濃度，高二酸化炭素濃度の状態になると，青果物の呼吸が抑制され，鮮度が保持される。成熟ホルモンであるエチレンを生成する青果物には，エチレン除去剤を同封することで，エチレンの影響をおさえることもできる。

脱酸素包装

包装の中から酸素を除くことで，好気性菌による食品の腐敗，かびの発生，変質を防ぎ，保存性を高める包装である。

◆真空包装　密封された包装内の空気もろとも酸素を除去する方法である。

◆脱酸素剤包装　密封された包装内に脱酸素剤を入れて，酸素を除く包装方法である。

◆ガス充てん包装　窒素などの不活性ガスを充てんし，酸素を除く包装方法である。

❶本節の内容については，第6章も参照。

図5-39　レトルト食品

❷機能の異なる樹脂や金属はくなどの基材を何層か重ねたフィルムでできた包材。空気や水分，光を遮断する。

❸Modified Atmosphereの略。

❹適切な気体透過性をもつプラスチックフィルムを選択することにより，包装内で不足する酸素が外部から供給され，過剰な二酸化炭素が外部へ放出されて，ガス障害(→p.166)を回避することができる。

4 包装リサイクル

私たちの生活に地球環境問題が大きな関心事として，とり上げられるようになり，ゴミの減量化も進められている。すべてのゴミのうち，家庭ゴミ(生活系ゴミ)が占める割合は約7割であり，さらに，家庭ゴミのなかで，包装ゴミは約5割もあるため(2009年)，使用済みの包装容器をゴミとして排出せず，資源として再利用していくことが大切である。リサイクルを推進するために，**環境基本法**(1993年)，**容器包装リサイクル法**[❶](2000年完全施行)，**循環型社会形成推進基本法**(2000年)，**資源有効利用促進法**(2001年)，などの法律が施行されている。

容器包装リサイクル法では，1997年ガラスびんとPETボトルが，2000年には紙パックとプラスチック製容器が分別回収の対象となっている。施行された2001年以降，包装リサイクルは着実に進んでいる。

資源有効利用促進法では，リサイクルがしやすいように，アルミニウム・スチール・プラスチックなどの材質素材の表示が義務づけられている。

❶「容器包装にかかわる分別収集および再商品化の促進に関する法律」という。1997年に紙容器など一部を除いて本格施行され，2000年に完全施行された。消費者には分別排出が，自治体には分別収集が義務づけられている。ガラスびん，PETボトル，紙パック，プラスチック製容器が対象であるが，現状で有償回収されているアルミ缶やスチール缶は非対象である。また，2006年に一部改正され，レジ袋の削減などももり込まれた。

容器包装の材質について

：外箱

容器本体：PP
容器フタ：PS
容器フィルム：PET，PE

容器・包装を使用後に捨てる時はお住まいの自治体の分別区分に従ってください

図5-40　包装材についての表示例

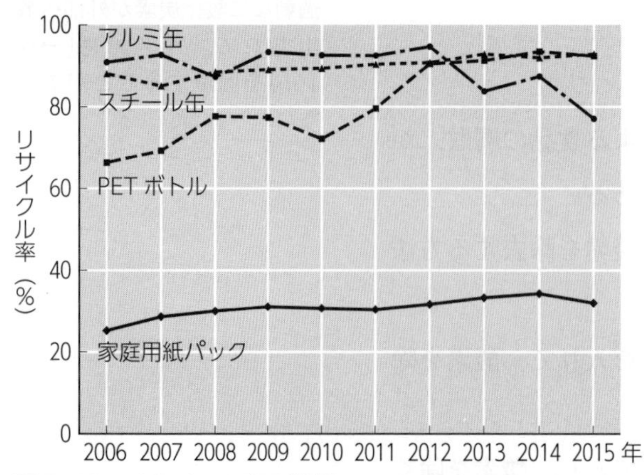

図5-41　リサイクル率の推移(環境省 環境統計)

家庭用紙パック，PETボトルの値は回収率。

プラスチック

紙

スチール

アルミニウム

PET

図5-42　分別のための表示

……食品の変質と品質保持

目標
- 食品が変質する原因について学ぶ。
- 食品の品質を保持するための条件を理解する。
- 食中毒予防の観点について学ぶ。

1 食品が変質する要因

野菜・果物・畜産製品・乳製品などの生鮮食料品にかぎらず，加工食品においても消費者の鮮度志向は非常に強いものがある。また，食品の変質を予防し，鮮度を保つには，原材料の管理から施設・設備などの環境条件を整えることが必要である。食品のとり扱い，とり扱う人の健康，運搬など，すべての流通過程に注意を払い，食品の安全性をおびやかす要因を除去しなければならない。

物理的変質

高い温度や，湿度の高低は，とくに果実や野菜などの生鮮食品に影響を与える。生鮮物の呼吸作用による蒸散が水分を減少させ，しおれ・軟化・変色などを起こす。さらに，輸送中の振動や衝撃により変質が起こることもある。

化学的変質

食品中の油脂類やビタミン類などは，空気中の酸素によって，酸化され，栄養素の破壊や油脂の分解で酸敗臭を発生させたりする。これは，不飽和脂肪酸の酸化やタンパク質の変性が起きたためである。また，生鮮物内にある酵素が作用して，しだいに軟化し，溶解することもある。

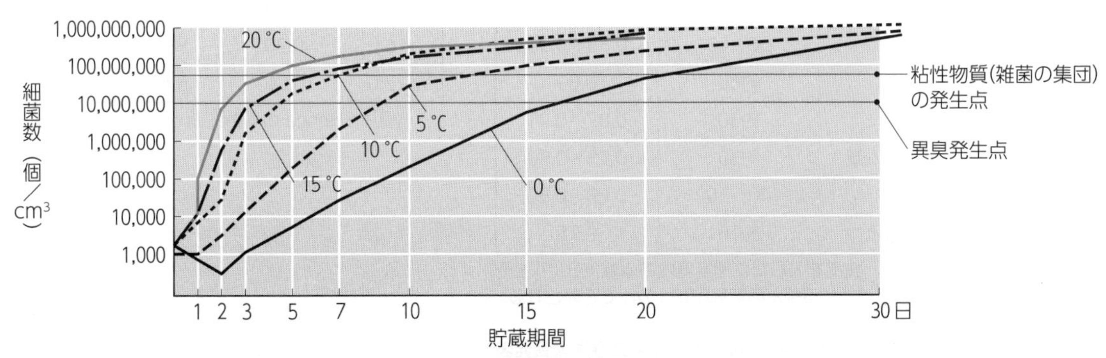

図5-43　牛肉における細菌の増殖速度に及ぼす貯蔵温度の影響(J.C.Ayres,1960による)

生物的変質

有害な微生物が食品内で増殖し，風味がそこなわれ刺激臭がし，食べられない状態になることを腐敗という。とくに，肉・魚介類・乳製品・卵のような栄養分の豊富な食品は，微生物の増殖にとってよい培地となり，著しく商品価値を落とすことにもなる。

また，微生物は利用できる水分があるところで多く繁殖する。その基準として**水分活性**（Aw[❶]）がある（表5-14）。最低水分活性は，細菌では0.91，酵母で0.88，かびで0.80で，1.00から離れているものほど乾燥したところで生育が可能である。また，食品の水分活性は，表5-14からもわかるように，水分（%）が少ないからといってかならずしも低いとはかぎらない。さらに同じ水分活性でも，塩と砂糖の溶液では，その濃度に大きな違いがある。

❶Water Activityの略。

また，小動物や害虫の混入などからくる食害も，変質の要因となるので避けなければならない。

2 品質の保持

食品の品質を保持するためには，食品が劣化する条件を避けるような環境を整えなければならない。食品の劣化は，おもに微生物の増殖によって起こる。

表5-14 食品の水分活性（Aw）

食　品	水分（%）	Aw
野菜	90以上	0.98
果実	87〜89	0.98
鮮魚介類	70〜85	0.97
食肉類	70以上	0.97
アジの開き	約68	0.96
ハム	56〜65	0.89〜0.935
塩鮭	約60	0.89
サラミ	約30	0.87〜0.91
ジャム類	約30	0.75〜0.80
みそ	40〜50	0.69〜0.80
はちみつ	約16	0.75

Awは，食品を入れた密閉容器内の水蒸気圧（P）とその温度における純水の蒸気圧（P_0）の比で定義される。

$$Aw = P/P_0$$

（横関源延「昭和45年度日本水産学会春季大会発表1970」および春田三佐夫「実務食品衛生」による）

表5-15 塩，砂糖濃度と水分活性（Aw）

塩（%）	Aw	砂糖（%）	Aw
0.9	0.995	8.5	0.995
1.7	0.99	15.4	0.99
3.5	0.98	26.1	0.98
7.0	0.96	37.1	0.96
10.0	0.94	48.2	0.94
16.0	0.90	58.4	0.90
22.0	0.86	67.2	0.85

（The Science of Meat Products 1960による）

微生物の生育環境の制御

微生物が増殖する主要な条件は，温度・水分・栄養の三つである。微生物が増殖しやすい条件が整ってしまうと，菌の数は時間の経過とともに，図5-44のように急激に増え，変質が進行する。これを防ぐため，微生物の増殖条件を制御することが必要となる。おもに温度・水分の二つの条件を制御することによって，食品の変質だけでなく食中毒や伝染病を発生させない条件をつくることができる。

このほかにも，微生物を増殖させないために，酸化防止のため酸素や光を遮断したり，pHを調整したりしている。また，殺菌剤などの食品添加物も使用されているが，その使用に当たっては，使用基準を厳守しなければならない。

◆温度条件　微生物の種類によって，増殖可能な温度がほぼ決まっている。増殖温度より高い温度条件にして増殖を防ぐあるいは死滅させる方法が加熱殺菌である。これは，煮沸，焙煎，蒸煮(蒸すこと)，焼く，加圧加熱するなどの方法である。逆に，低い温度条件をつくる冷蔵・冷凍の方法で増殖を防ぐこともできる。食品の保温温度を4℃以下にすると，食中毒などの原因菌の増殖をとめることができる。冷凍によっても細菌類の増殖をおさえることができるが，死滅させる効果はほとんどないので，食品の温度が上がると再び増殖する。缶詰・びん詰・レトルト食品は，充てん密封後，変質防止のために加熱殺菌されたものである。

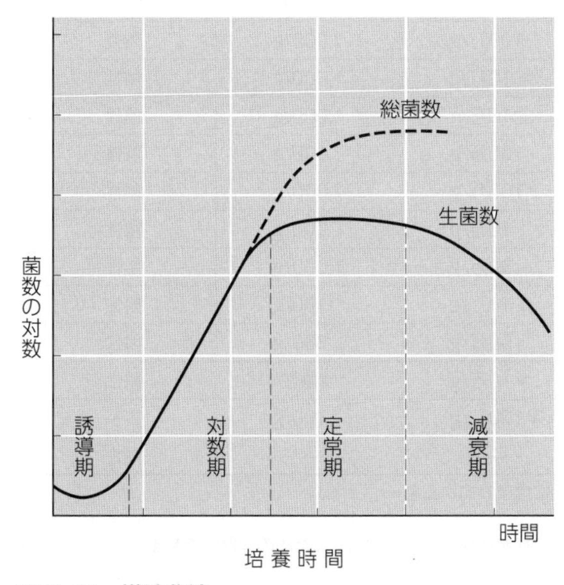

図5-44　増殖曲線

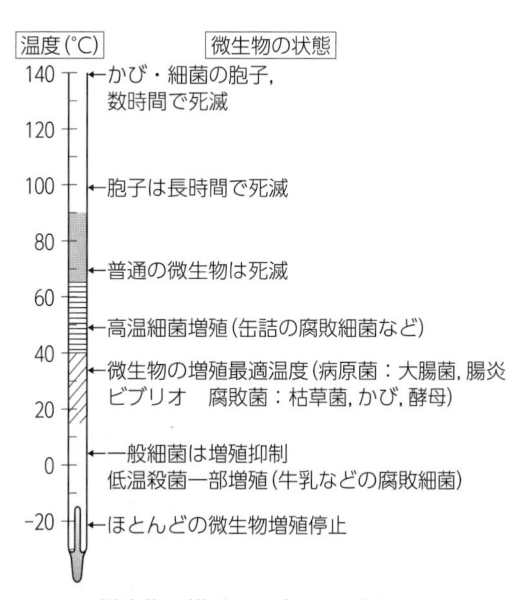

図5-45　微生物の増殖と温度との関係

◆水分条件　微生物が繁殖するために利用する遊離水（自由水）を除去し，乾燥させることで，劣化を防ぎ品質を保持することができる。この状態で，微生物や酵素の働きが抑制され，食品の保存性が高まる。よい乾燥食品といわれるものは，水分を補充することでほぼ原材料の状態にもどる。

また，糖や塩を利用した糖蔵・塩蔵食品は，シロップ漬け，塩漬けすることで水分活性を下げ，微生物がその浸透圧に耐えられず，生育不可能の状態にしたものである。

◆栄養条件　腐敗菌や食中毒菌は，無機物と有機物を必要とする従属栄養菌であり，糖などの炭素源，アミノ酸などの窒素源，ビタミン類，無機塩類などの栄養素があると増殖する。食品である以上これらの栄養を除去することは困難であるため，他の増殖条件を制御することが必要となる。

また，加工・調理上，食品の残りや汚れが細菌にとってもよい栄養源となるので，清潔を心がけなければならない。

表5-16　食品別衛生基準目安表　（＊成分規格）

対象食品	細菌数	大腸菌群	大腸菌
すし種・刺身	100万/g	3,000/g	陰性
すし弁当	10万/g	1,000/g	陰性
加熱済惣菜類・弁当類	10万/g	1,000/g	陰性
サラダなど未加熱惣菜	100万/g	3,000/g	陰性
調理パン	100万/g	1,000/g	陰性
洋生菓子	10万/g	100/g	陰性
和生菓子	50万/g	1,000/g	陰性
ゆでめん類	10万/g	100/g	陰性
豆腐	50万/g	300/g	陰性
アイスクリーム類	＊10万/g	＊陰性	陰性
未殺菌液卵	＊100万/g	100/g	――
生食用食肉	――	――	陰性

大腸菌群：人など動物の糞便に含まれている菌
大腸菌：人の便の中にいる菌
これらは，病原菌汚染の可能性があるかどうかを評価するための指標菌である。
陰性はほぼ無菌と考えてよい。

（東京都指導基準・特別区指導基準などによる）

食中毒の予防

食品に有害・有毒な材料が使われたり，製造過程で食中毒菌が増殖し，有害・有毒物質が発生して食中毒を起こす場合がある。食中毒を発生させないためにも，1)微生物による汚染防止，2)微生物の増殖防止，3)微生物の死滅などの対策がとられなければならない。

対象食品がどれだけの微生物に汚染されているか検査する場合，大腸菌群が食品1g中にどれだけいるかを測定することにより，他の菌類がどの程度生息しているか類推することができる。

また大腸菌群数は衛生管理上の指標として用いられ，表5-16の目安表の数以下であれば衛生的に扱われており，新鮮であるとみなすことができる。

衛生的な条件下で食品の安全性を保つためには，洗浄・消毒をおこたらず，清潔を心がけ，食品加工後も適切な手順に従って殺菌を確実に行うことが必要となっている。

以上のような条件の制御と，食品の安全性と品質の向上を確保するために，食品工場では，簡易細菌検査を行って，製品に微生物が混入していないかどうかの検査を行っている。

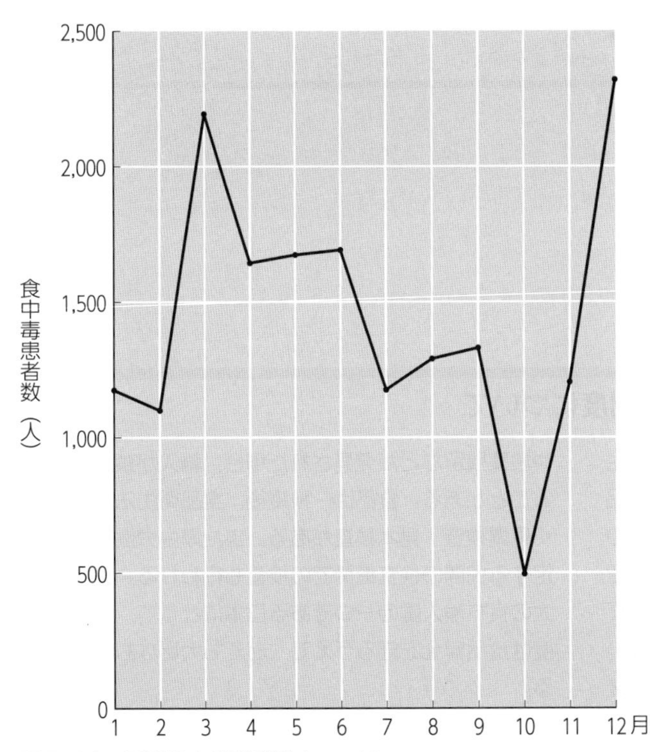

図5-46　月別食中毒患者数(2018年)

(厚生労働省「食中毒統計」による)

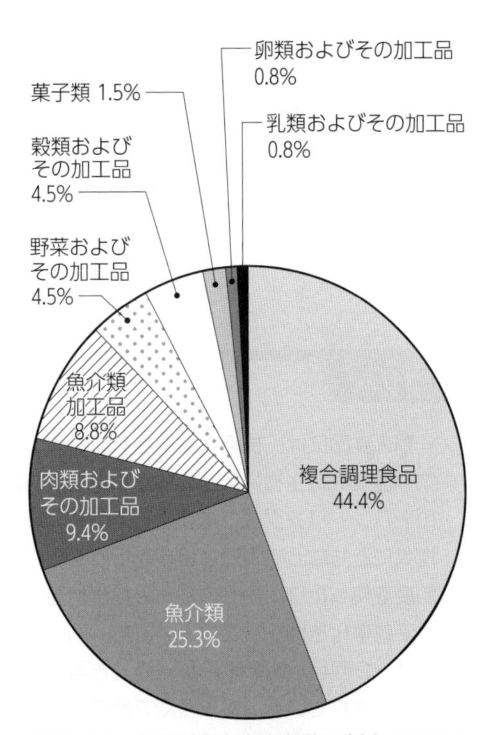

図5-47　食品別食中毒患者数の割合(2018年)

原因不明は除く　(厚生労働省「食中毒統計」による)

研究問題

1 私たちの毎日の活動は，食品中のどのような栄養素からエネルギーを得ているかを調べてみよう。また，今日のメニューのなかでエネルギーをつくり出す食品をあげてみよう。

2 しょうゆなどの調味料，果汁や炭酸飲料などの飲料，食用油などの油脂類の品質表示が，実際にどのようになっているのか，書き出して調べてみよう。

3 畜産食品についての安全性への対処について，日本と外国とではどのような違いがあるか調べてみよう。

4 食品表示に関連する法律にどのようなものがあるのか調べてみよう。

5 家で使う食材や自分で買った清涼飲料やスナック菓子などの食品表示を切り抜き，内容量，内容など項目ごとに書き出してみよう。また，食品表示の項目がどの法律により定められているのかまとめてみよう。

6 インターネットを利用して，厚生労働省などのホームページから食品安全情報を検索し，いま，何が問題になっているのか，みんなで話し合ってみよう。

7 食品の安全性をおびやかす要因をまとめ，昨日食べたものに，どのような危険性があったかを書き出してみよう。

8 FTAやWTOなど貿易協定で，食品の安全性の基準について，どのようにとり扱われているか調べてみよう。

9 食品の容器や包装のリサイクルマークに注意し，自分の住んでいる地区のゴミの分別などリサイクルシステムについて調べてみよう。

10 輸入食品がどのような経路で消費者の食卓や外食産業で利用されているのか，またどのような検査制度があるのか調べてみよう。

11 世界にどのような適正農業規範があるか複数を書き出して，項目ごとに比較してみよう。

5
10
15
20

コラム 検疫制度について

輸入食品には，検疫が実施されており，病原微生物や農薬や抗生物質などの残留，遺伝子組換え食品のIPハンドリングなどを検査している。輸入食品の増大にともなって円滑な検疫を行うように事前確認制度を使ったり，食品の2％の抽出検査を行ったりして効率化をはかっている。また，同一品目については，2回目以降の試験が省略できる品目登録制度も導入されている。輸入検疫で農産物に指定病害虫や農薬残留などが発見された場合，輸入が禁止されることがある。食品は，検疫後，食品衛生法に基づく現場検査，見本検査がある。また厚生労働省が指定する民間の検査機関での検査も行われる。世界最大の食料輸入国の一つである日本にとって，検疫制度は食品安全を守るうえで，とても大切なものである。

25

第6章

食品の物流

1  物流のしくみと働き

目標
- 物流とは何かを理解する。
- 食品の物流の特色について学ぶ。

1 物流とは

生産と消費のあいだにあるさまざまなへだたりを埋め，両者の仲立ちをすることが流通のおもな役割であることを，第1章で学んだ。物流とは，これらのへだたりのなかでも，生産されるときと消費されるときが異なるという**時間的へだたり**や，生産される場所と消費される場所が異なるという**場所的へだたり**を埋めるものである。

図6-1は，ホウレンソウが収穫されてから消費者の手に届くまでの過程を示したものである。生産者と消費者の時間的・場所的へだたりを埋めるために，輸送や保管などさまざまな活動がかかわっていることがわかる。

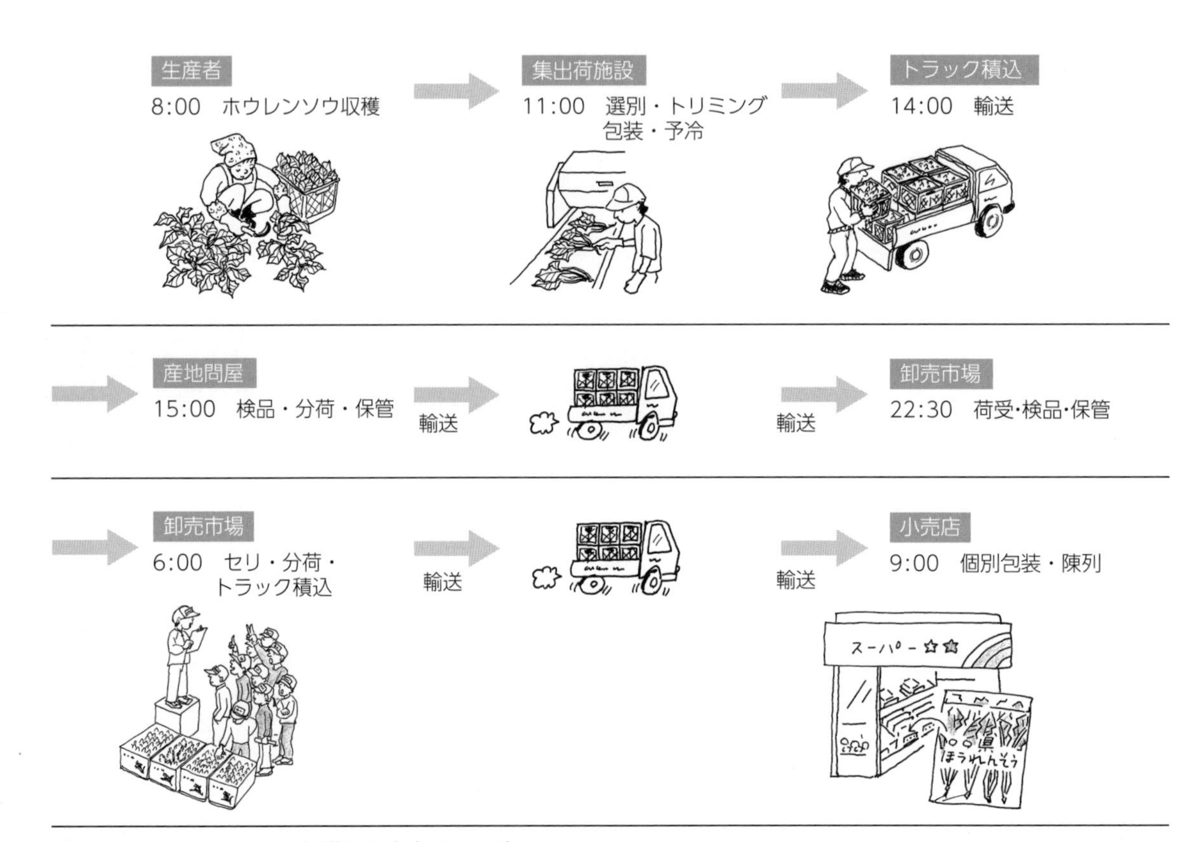

図6-1 ホウレンソウの収穫から小売までの流れ

2 物流を構成する活動

輸送

輸送とは商品をある地点から他の地点に移動させることであり，生産者と消費者の場所的へだたりを埋める役割を果たす。物流を構成する活動のなかでもきわめて重要な役割を担っており，輸送を抜きに現代の経済活動はなりたたない。

保管

保管とは，商品を「保存」し，「管理」することである。たんにモノを貯蔵するだけでなく，管理された状態で品質を保つことが求められる。また，商品を量的に管理することを**在庫管理**といい，適切な管理によって，商品が発注されてから納入されるまでの時間(**リードタイム**)を短縮することが可能になる。保管は，生産者と消費者との時間的へだたりを埋める役割を果たし，物流のなかで輸送と並んで重要な役割を担っている。

荷役

荷役(にやく)とは，輸送の前後における物品の積み込み，積み降ろし，運搬，仕分け，ピッキング❶，荷(に)ぞろえ❷などの作業のことである。

調べてみよう
荷役作業にはどのようなものがあるか，身近な具体例を調べてみよう。

❶保管場所から必要な物品をとり出す作業。

❷出荷する物品を輸送機器にすぐに積み込めるようにそろえる作業。

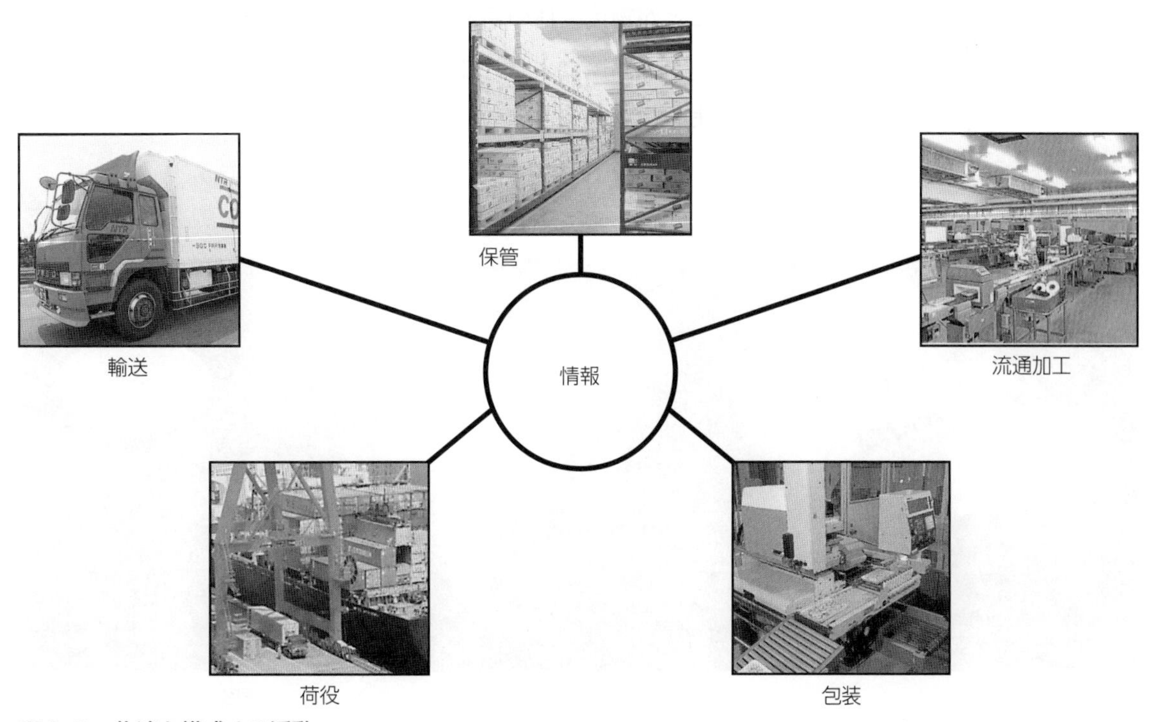

図6-2　物流を構成する活動

包装

包装[1]とは，汚れ，破損，品質の劣化を防ぐために，適切な材料や容器を商品に施すことである。また，包装によって輸送・保管・荷役が効率的になる場合もある。包装は，**個装**・**内装**・**外装**に分けることができる。

個装は，一つひとつの商品に対する包装で，小売店における最小単位となる。内装は，個装をひとまとめにしたもので，水・湿気・光・熱・衝撃などから商品を守る役割をもつ。外装は，荷役などの作業性を考慮し，内装をさらに大きな単位にまとめたものである。

流通加工

流通加工とは，顧客の要望に応じて商品価値を高めることや，物流を効率的に行うために商品に加工を加えることである。青果物を形や重量で選別したり，販売単位へ小分けにしたり，鮮度を維持するために予冷したりすることも，流通加工である。また，包装も流通加工の一つである。

情報

物流を構成する各活動では，物品がどこにどれだけあるのか，何をいつどこにどれだけ運ぶのかといったさまざまな**情報**を必要としている。これらの情報を収集し，適切に処理し，そして各活動に提供することが物流全体の効率化，高度化につながる。通信手段とコンピュータの発達により，これらの情報を管理・処理するシステムはめざましい発達をとげている。

❶包装材や包装方法については，第5章で学んだ。

話し合ってみよう
包装の具体例をあげて，その役割について，話し合ってみよう。

話し合ってみよう
どのような情報が必要となるのか具体例をあげて，その役割について，話し合ってみよう。

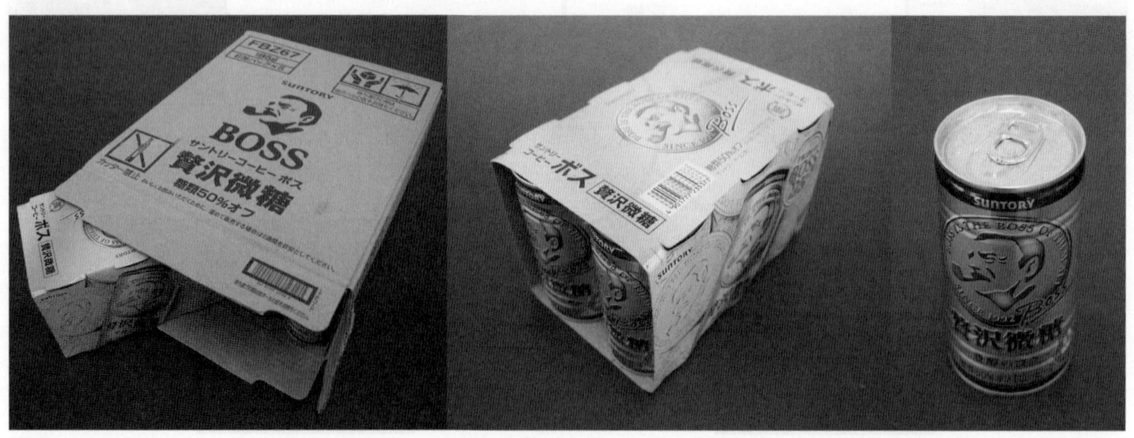

外装　　内装　　個装

図6-3　包装のいろいろ

3 食品の物流の特色

多くの食品では，鮮度が商品としての価値を決める。食品における物流では，この鮮度をいかに維持し，新鮮な商品を消費者に届けるかがきわめて重要である。そのために，低温貯蔵技術，冷凍貯蔵技術，各種の包装技術などさまざまな技術が開発され，食品物流に応用されている。また，物流における食品の安全性の確保も，強く求められている。第5章で学んだように，管理をおろそかにすると食品は変質し，消費者の安全をおびやかすことになる。食品の変質を防ぎ，食中毒事故を防止するために，鮮度を維持する技術とともに，HACCPといった食品安全性を確保するシステムが導入されつつある。食中毒事故の防止をはかる一方で，万が一事故が起きた場合に，不都合な食品の行き先を特定し，迅速(じんそく)で正確な回収や撤去(てっきょ)を行うことにより，消費者の健康被害の拡大を防ぐことができるよう，**食品トレーサビリティシステム**(→p179)の導入が進められている。

調べてみよう
鮮度によって価格が大きく異なってくる食品にはどのようなものがあるか調べてみよう。

コールドチェーン

低温の保持が不可欠な生鮮食品や冷凍食品を対象として，生産の現場から消費者までの流通過程で，切れ目のない徹底した温度管理が行われている。**コールドチェーン(低温流通機構)**では，食品の製造段階はもちろんのこと，輸送や仕分け，荷役作業，倉庫における保管，小売店における商品陳列，家庭における保管にいたるまで，一貫して低温状態を保持することが求められている。

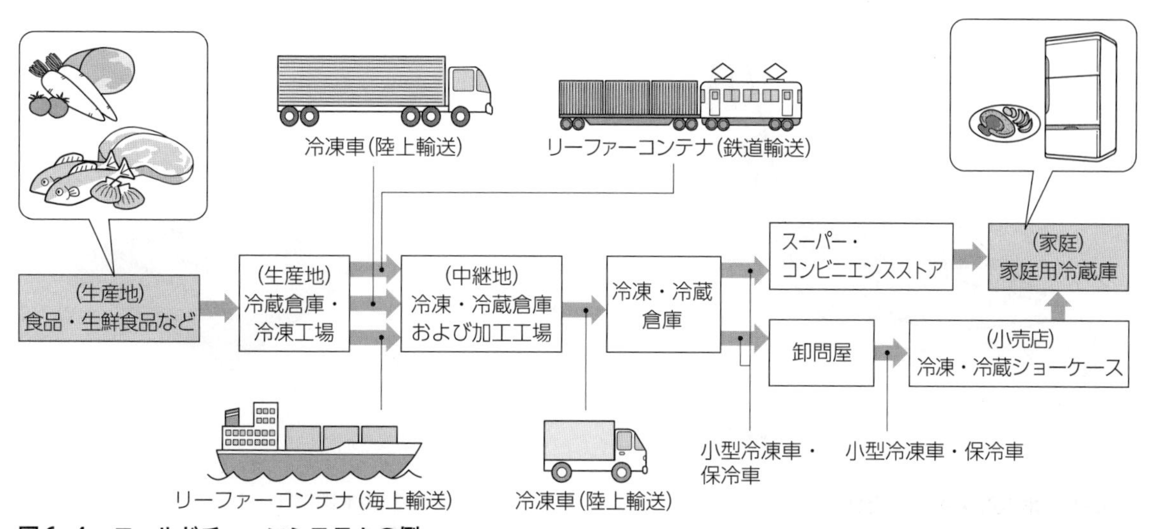

図6-4　コールドチェーンシステムの例

2 ……食品の輸送

目標
- 各輸送手段の特色について学ぶ。
- 食品輸送の特徴を理解する。

1 現代の食生活と輸送

図6-5は，1日あたりの日本国内における物資の地域間移動流を示したものである。これをみてもわかるように，私たちのまわりではぼう大な量の物資が輸送[1]されており，それによって現代の経済生活は支えられている。

食料についても例外ではない。現代の食生活は質・量とも非常に豊かであるが，それは輸送の発達に負うところが大きい。各地で生産された食料を，効率的に，速く，品質を保って，消費地に輸送できるようになった背景には，自動車・船舶・航空機などの交通手段の技術革新，道路・港湾・空港などのインフラストラクチャー(産業の基盤となる社会資本)の整備，低温輸送といった品質保持技術の進歩などがある。

一方で，輸送やその前後の荷役作業などの物流は，エネルギー消費や二酸化炭素排出をともなっていることを忘れてはならない[2]。

❶異なった地点に物資を運ぶことを輸送というが，そのうち，短距離・少量の物品をいくつもの地点に運ぶことを，配送とよぶことがある。

❷二酸化炭素排出を削減するために，モーダルシフト(→p.162)，低公害車の利用，エコドライブ，積載率の向上など，グリーン物流へのとり組みがなされている。

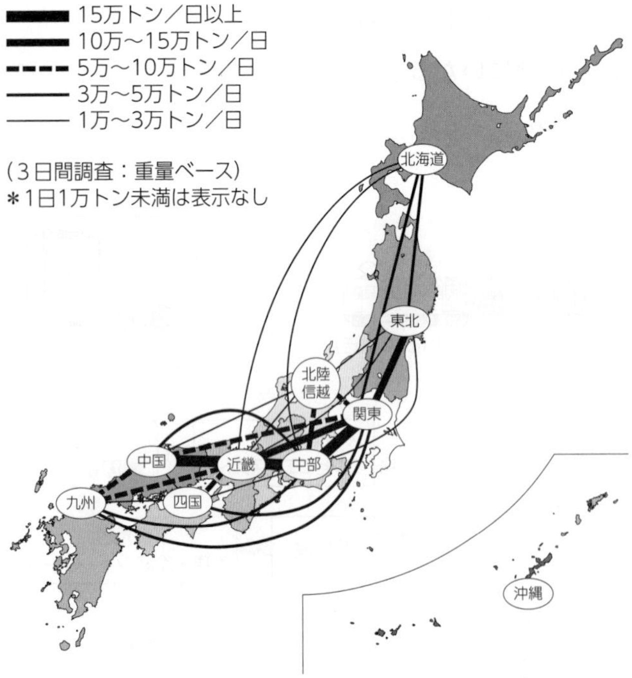

15万トン／日以上
10万～15万トン／日
5万～10万トン／日
3万～5万トン／日
1万～3万トン／日
(3日間調査：重量ベース)
＊1日1万トン未満は表示なし

北海道
東北
北陸信越
関東
中部
近畿
中国
四国
九州
沖縄

図6-5　地域間の物資の流れ
(国土交通省「物流センサス2015年」による)

11型木製平パレット
図6-6　パレット

2 輸送の担い手

輸送は，利用する交通手段によって，**自動車輸送・海上輸送・鉄道輸送・航空輸送**に分けることができる。輸送する距離，輸送にかかる時間や費用，物品の重量などによって，どの交通手段を利用するかが選択される。また，輸送の前後に必要となる荷役作業を省力化する**ユニットロードシステム**は，輸送の効率化をはかるうえで重要な役割を果たしている。

ユニットロードシステム

ユニットロードシステムとは，貨物を標準化された**ユニットロード**[1]にすることによって，荷役を機械化し，輸送や保管などを効率化するしくみのことである。ユニットロードシステムは，パレット単位で物流を行うパレチゼーションと，コンテナ単位で物流を行うコンテナリゼーションによって実現される。とくに，同一のパレットに物品を積載したまま出発地から到着地まで物流を行うことを，**一貫パレチゼーション**という。

◆パレット　物品などを一定単位にまとめて荷役・輸送・保管・包装するための荷台を，**パレット**[2]という。主流は木製のパレットであるが，プラスチック，アルミニウム，鋼鉄，段ボールなど，さまざまな素材のものが使用されている。

パレットを用いることによって，フォークリフトなどの荷役用機械を導入することができ，荷役作業の合理化をはかることができる。

❶複数の物品などを，機械などによるとり扱いに適するように，パレット，コンテナなどを使って一つの単位にまとめた貨物のこと。

❷物品を載せる面のみの平パレット，箱状のボックスパレット，車輪がついたロールパレット，液体を運ぶタンクパレットなどがある。平パレットの代表的な規格として，11型(1100(L)×1100(W)×144(H)mm)や12型(1200(L)×1000(W)×144(H)mm)などがある。

プラスチック製平パレット

鋼鉄製ロールボックスパレット

図6-7　フォークリフト

カウンタータイプフォークリフト

◆**陸上・海上輸送用コンテナ**　貨物を収納する一定の大きさの箱を**コンテナ**といい，1920年頃から欧米の貨物輸送で使用されるようになった。日本国内では，1960年代以降，コンテナによる輸送が急速に普及した。コンテナを用いることにより，荷役作業が大幅に省力化され，また貨物の損傷も予防することができる。

コンテナの大きさ[1]は，その長さを呼称として用いられることが多い。日本では，国内規格の12フィート(約3.7m)，国際標準の20フィート(約6.1m)や40フィート(約12.1m)などが多い。コンテナには，通常型の**ドライコンテナ**のほか，冷却装置を備え断熱材でおおわれた**リーファーコンテナ**[2]，液体を輸送するときに用いる**タンクコンテナ**などがある。リーファーコンテナが登場したことにより，野菜や果実などの生鮮食料品の長距離輸送が飛躍的に増加した。

◆**通い容器**　何度でも利用できるプラスチック製の輸送用容器を**通い容器**[3]といい，環境問題が重視される現在，段ボールにかわる容器として注目されている。商品とともに異なる利用者を経由する通い容器の場合，容器の供給・回収・洗浄のためのシステムが必要となる。日本では，このようなシステムを担う業者が1995年に登場し，広域で利用可能な通い容器流通システムが構築されている。

❶コンテナの大きさ(長さ×幅×高さ)は，日本産業規格(JIS)および国際標準化機構(ISO)により定められている。同じ呼称でも高さや幅がいくつかある。

❷温度管理に加え，CA貯蔵(→p.161)と同等の環境を実現するCAコンテナも実用化されている。

❸通いコンテナ，リターナブルコンテナともよばれ，容器の多くは，底辺が40cm×60cmで統一されているが，高さは用途に合わせて数種類ある。

図6-8　ドライコンテナ

図6-9　リーファーコンテナ
左側ドアに対応する部分に冷凍機が設置されている。

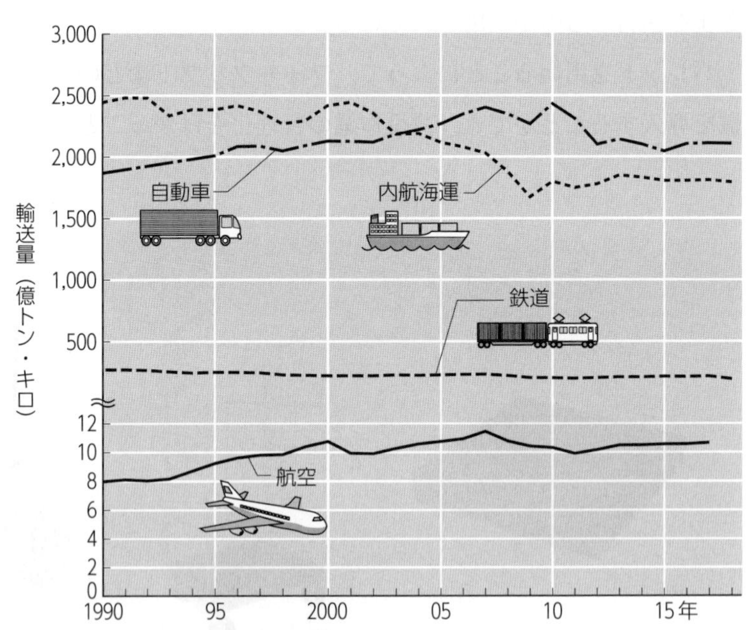

図6-10　輸送機関別の国内貨物輸送量の推移
縦軸は，輸送した距離に重量をかけた量。東日本大震災の影響により，2010年以降の自動車のデータは不完全なため，記載なし。
(国土交通省「交通関連統計資料集」による)

自動車輸送

図6-10に示すように，国内の物流において，最も多くの物資を輸送しているのが自動車である。自動車輸送は，海上輸送や鉄道輸送に比べると，小口で短距離の輸送に適しているとされている。しかし近年では，大口で遠距離の輸送においても自動車輸送の占める割合が高くなっている。

自動車輸送の特徴は，運行に柔軟性があり，小回りが利くということである。現代の物流では，多種多様な商品を，日々刻々と変化する消費者のニーズに合わせて輸送しなければならないが，自動車輸送はそうした要望に応えることができる。さらに，コンテナを用いることによって鉄道輸送や海上輸送と結びつき，大量，中・長距離輸送の分野にも進出するようになった。

食品輸送においては，コールドチェーンを実現するために各種の特別自動車❶(特装車，特用車)が利用されている。低温輸送用車両には，外部からの熱を遮断する断熱パネルのみで冷却装置をもたない**保冷車**と，断熱パネルに加え冷凍機を備えた**冷凍車**などがある。一般に，冷凍車に搭載されている冷凍機には，積荷の温度を一定に維持するのみで，温度を下げる能力は備わっていない。したがって，保冷車のみならず冷凍車においても，積荷である食品は積み込まれる前に必要な温度まで十分に冷却されていることが不可欠である。また，断熱パネルでも完全には熱の侵入を防げないため，保冷車の場合は積荷の温度がしだいに上昇することを考慮して輸送時間を決める必要がある。

❶特殊な装備をした輸送専用自動車，特殊な作業専用自動車などのことである。特装車は，その特殊な装備を自動車のエンジンにより駆動させるものであり，そうでないものは特用車とよばれる。たとえば，冷凍車は特装車であり，保冷車は特用車である。

調べてみよう
食品を輸送するために特別な装備をもった自動車にはどのようなものがあるか調べてみよう。

図6-11　ミルクタンクローリー

図6-12　冷凍車

海上輸送

海上輸送の特徴は，大量の物資を安く，長距離輸送できるということにある。その反面，スピードの点では他の輸送手段に劣る。したがって，重量あたりの価格が安く，品質劣化の遅い原材料・商品の輸送に適している。

食品の物流と海上輸送の結びつきは非常に古く，江戸時代の菱垣(ひがき)廻船(かいせん)❶や北前船(きたまえぶね)❷などに代表されるように，米・海産物・酒・みそ・しょうゆなどの食料品の交易を通じて，わが国の経済活動の中心を担ってきた。また，第２章で学んだように，近年では，食料の輸入がきわめて多くなっているが，そのほとんどは海上輸送によってわが国に運ばれてきている。

コンテナによる輸送の場合，その積み込み方法としては，クレーンを用いてコンテナを船に積み込む**リフトオン・リフトオフ方式**❸と，コンテナを積んだトレーラーやトラックが船に直接乗り入れる**ロールオン・ロールオフ方式**❹とがある。

鉄道輸送

鉄道輸送の特徴は，中・長距離，大量輸送に適していることである。かつては陸上における輸送手段の中心的存在であったが，自動車輸送が発達したため，鉄道輸送の役割は比較的小さなものになってしまった。

しかし，鉄道の省エネルギー，環境への低負荷などの特質が，改めてみなおされるようになってきている❺。**モーダルシフト**とは，現在トラックで行われている長距離輸送を鉄道輸送や海上輸送に転換することをいう。モーダルシフトは，温室効果ガスの排出削減による地球温暖化の防止と，低炭素型の物流体系の構築をはかることを目的としており，国土交通省によって推進されている。

❶江戸時代に江戸と大阪の海運の主力となった運搬船。千石船ともよばれた。

❷江戸時代中期から明治時代にかけて，大阪と北海道を西回りで結んだ運搬船。

❸リフトオン・リフトオフ方式を用いている船舶は，LOLO船(lift-on lift-offの略)とよばれることがある。コンテナ船の大半がリフトオン・リフトオフ方式である。

❹ロールオン・ロールオフ方式を用いる船舶は，RORO船(roll-on roll-offの略，ローロー船)とよばれる。フェリーもロールオン・ロールオフ方式といえるが，一般旅客を受け入れる点が大きく異なる。

❺１トンの貨物を１km輸送したときの二酸化炭素排出量は，表6-1のように，鉄道はトラックの約1/12であることがわかる。

表6-1　輸送機関別CO_2排出量原単位(2017年度実績)

輸送機関	CO_2排出量原単位 (g-CO_2/トンキロ)
トラック(営業用)	232
内航海運	38
貨物鉄道	20

(国土交通省HPによる)

図6-13　コンテナ船

図6-14　RORO船とタンクコンテナを積んだトレーラー

航空輸送

航空輸送の特徴は，長距離をきわめて短時間で輸送できる高速性にある。しかし，単位重量あたりの輸送費は高くなるため，付加価値の高い商品の輸送に適している。

現在のところ，輸送量全体に占める航空輸送の割合は小さいが，国際輸送，国内輸送ともに近年著しい伸びをみせている。食品についても例外ではなく，青果物・水産物などを中心に，さまざまな食品が航空機によって輸送されている。

貨物は，ユニットロードデバイス(ULD)とよばれる航空機用のパレット・コンテナに積みつけて搭載するのが一般的である。飛行時間が長い国際線の場合，食品の輸送にはドライアイスを使って温度管理を行う**航空保冷コンテナ**が用いられる。ドライアイスが昇華した二酸化炭素は庫外に排出されるため，このコンテナは生きたままの魚介類や炭酸ガス障害(→p.166)を受けやすい青果物も輸送できる。また，国内線においては，断熱パネルのみの簡易保冷コンテナが広く用いられている。

調べてみよう
航空機を使って輸送される農水産物にはどのようなものがあるか調べてみよう。

図6-15　貨物機

図6-16　航空保冷コンテナ

3 ……… 食品の保管

- 保管の環境要因について理解する。
- 保管における温度管理について学ぶ。
- 食品の保管施設について学ぶ。

1 保管の働きと保管環境

生産者と消費者のあいだの時間的へだたりを橋渡しする役割を担う活動が**保管**である。食品が生産されてから消費されるまでに，時間的なずれがあるのがふつうである。また，農産物などはほかの商品と違って生産量の変動，季節性，地域性などがあり，食品の製造や流通にいろいろな制約をもたらしている。しかし，食品の消費量は年間を通じて大きく変動しないので，生産と消費のあいだにずれが生じてしまう。このずれを調節するために保管が必要となる。

食品を保管するさいの環境は，食品の品質に大きな影響を及ぼす。そのおもな環境要因には，**温度**，**湿度**，**光**，**酸素濃度**，**二酸化炭素濃度**，**エチレン濃度**などがある。食品の品質を維持するために，食品によって異なる環境要因の品質への影響を理解し，適切に環境をコントロールする必要がある。また，適切な包装により環境要因が品質に及ぼす影響を小さくすることができる。

温度

温度は，食品の保管で最も重要な要因である。温度は食品の化学的な変質に直接的にかかわると同時に，微生物や害虫の活動にも影響を及ぼす。一般に，温度が低いほど化学的な作用や微生物の生育がおさえられ，食品の品質保持期間は長くなる。

食品の種類や保存期間によって，さまざまな温度帯が輸送と保管に用いられている。その温度帯は，おおまかに常温(室内温度，約25℃以下)，冷蔵(0～10℃)，冷凍(−18℃以下)の**三温度帯**[1]に区分されている。

[1] 常温をドライ，冷蔵をチルド，冷凍をフローズンということもある。また，この三温度帯に定温(10～20℃)を加え，四温度帯ということもある。実際には，食品の種類によって区分のしかたが異なり，同じ呼称でも異なる温度範囲を指している場合があるので注意が必要である。

湿度

温度と並んで，湿度は食品の保管にとって重要な要因である。かび，酵母，細菌などの微生物の活動は，湿度が高くなると活発になる。また，青果物[1]やパンなどのように，乾燥することでその価値を大きく減らしてしまう食品もある。保管中の食品は，まわりの空気とのあいだで水分の吸収あるいは放出を行い，周囲の環境の湿度と平衡した水分量(平衡含水率)となる。したがって，保管中の食品のまわりの空気の湿度を適切にコントロールすることが重要である。また，温度調節が行われているとき，吹出口から出てくる空気の湿度はかなり低下している場合があるので，包装されていない食品には吹出口からの風を直接当てないようにする必要がある。

❶青果物では，初期質量の5%が蒸散などにより減少すると，しおれなどが顕著になり，その商品価値を失うとされている。

調べてみよう
高湿度や低湿度による食品の劣化の具体例を調べてみよう。

光

光は，食品に含まれる成分の変化あるいは分解を促進する作用[2]をもっており，とくに紫外線はその作用が強い。また，太陽光は曇天であっても蛍光灯などよりもその促進作用が強い。食品の変質を防ぐため，保管場所を暗くしたり，包装材に遮光性のものを使ったりするなどの工夫がなされている。

❷油脂の酸化，ビタミンの破壊，色素の分解による退色や変色などを促進する。

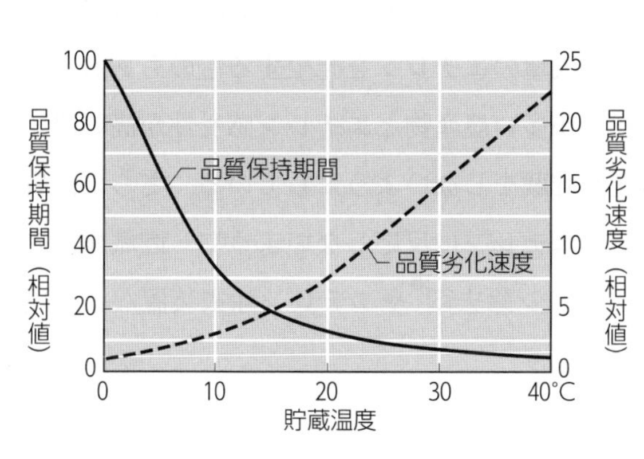

図6-17　貯蔵温度と青果物の品質との関係

(「Postharvest Technology of Horticultural Crops 3rd Ed.」A.A. Kaderによる)
低温障害(→p.168)を受けない青果物の貯蔵温度と品質保持期間(0℃を100とした相対値)・品質劣化速度(0℃を1とした相対値)の関係を表す。

表6-2　食品の光による劣化

食品	劣化の内容
ジャガイモ(生)	表皮が緑化し，有害物質が蓄積
緑黄色野菜(生)	ビタミンCの破壊，退色(たいしょく)
肉製品	肉色の退色と褐変(かっぺん)
牛乳	ビタミンB_2の破壊，アミノ酸の酸化分解，異臭の発生
日本酒・ビール	アミノ酸などの分解で，異臭を発生
食用油	日光の紫外線で，酸化
スパイス類	明所に放置で，香りが変化
緑茶	ビタミンCの破壊

図6-18　遮光性を重視した包装

酸素・二酸化炭素濃度

加工食品のなかには，空気中の酸素により酸化が進むものがある。これらに対し，適切な包装とともに脱酸素剤，窒素充てん，真空パックなどにより包装内の酸素を除去することで，酸化防止がはかられている。

農産物はほかの食品とは異なり，収穫後も生きて**呼吸**を続けているため，密閉空間では酸素を消費することによる酸素濃度の低下と二酸化炭素を放出することによる二酸化炭素濃度の上昇が起こる。低酸素環境になると，農産物内でアルコールなどが生成する発酵が起こり，異味・異臭などの障害が発生する。また，高二酸化炭素環境になると，農産物の褐変や組織軟化などの障害[1]が発生する。したがって，密閉空間とならないよう包装容器[2]は密封されず，貯蔵庫内は換気が行われている。

エチレン濃度

農産物は，収穫後も生きているため，植物ホルモンの１つである**エチレン**[3]を生成したり，また，エチレンの影響を受ける。エチレンは，農産物の呼吸を促進するとともに，老化[4]の引き金となり品質劣化をまねく。0.1ppmというわずかなエチレン濃度で影響を受けるものや，みずからが大量のエチレンを発生するものもある。そのため，エチレン生成量が多い農産物とエチレン感受性が高い農産物を，いっしょに輸送や貯蔵をしないようにしている。さらに，農産物みずからが発生したエチレンに反応しないように，貯蔵庫内の換気だけではなく，エチレン除去剤[5]やエチレン除去装置などを用いる場合がある。

❶低酸素濃度または高二酸化炭素濃度による障害を総称してガス障害といい，とくに高二酸化炭素濃度による障害を炭酸ガス障害という。障害を起こす酸素濃度や二酸化炭素濃度は，品種やその他の条件によって異なる。

❷密封して包装するMA包装もある。

❸エチレン(C_2H_4)は，農産物から発生するだけではなく，エンジンの排ガス中にも含まれており，荷役や輸送に使用するフォークリフトや自動車はエチレンの発生源となる。

❹老化には，未熟なものを成熟させることも含まれ，バナナやキウイフルーツの追熟加工など，品質を向上させるものにもエチレンは用いられている。

❺活性炭，過マンガン酸カリウムなどによってエチレンが除去される。これらの物質を特殊なフィルムで包装したものが，農産物のはいった容器に入れられ用いられている。

表6-3　青果物のエチレン生成量と感受性

品目名	エチレン生成量	エチレン感受性	品目名	エチレン生成量	エチレン感受性	品目名	エチレン生成量	エチレン感受性
アスパラガス	VL	M	トマト(緑熟)	VL	H	イチゴ	L	L
オクラ	L	M	ナス	L	M	メロン(ハネデュー)	M	H
カボチャ	L	L	ニンジン	VL	M	カキ	L[M]	H
キャベツ	VL	M	ハクサイ	VL	H	ナシ	L	L
キュウリ	L	H	パセリ	VL	H	バナナ	M	H
サツマイモ	VL	H	ピーマン	L	M	モモ	H	H
サヤインゲン	L	H	ブロッコリー	M	H	リンゴ	H	H
ショウガ	VL	L	ホウレンソウ	VL	M	温州ミカン	VL	H
トマト(成熟)	M	[H]	レタス	VL	M	青ウメ	VH	H

エチレン生成量　VH：著しい，H：比較的大，M：中間くらい，L：低い，VL：きわめて少ないか０に近い
エチレン感受性　H：高い，M：ふつう，L：低いか，ほとんど感じない　(農産物流通技術研究会「農産物流通技術2012」による)

2 食品の保管における温度管理

常温貯蔵

環境温度の調節を，冷却装置などにたよらずに行う貯蔵方法を，**常温貯蔵**という。食品の原材料である穀類，豆類，砂糖などの保管や缶詰・びん詰・レトルト食品・即席麺などの加工食品の短期保管にも一般的に用いられるが，外部の温度に影響されるので，四季を通してその商品の品質を一定に維持することは，むずかしい。

青果物に対しては，廃坑や採石場跡の地下空間❶，高地などの自然の冷気を利用して品質保持を可能としている施設もある。

❶低温であるばかりでなく，青果物にとって望ましい高湿度の環境も利用されている。たとえば，栃木県の大谷石地下採石場跡では相対湿度約90%であり，北海道の旧狩勝トンネル内は約95%と安定した高湿度環境が形成されている。

低温貯蔵

食品を低温にすることによって，酵素の作用を弱めたりすると同時に微生物の増殖をおさえることができる。この性質を利用して，食品の品質を保ちながら貯蔵を行うことが可能になる。

低温貯蔵は，**冷蔵**と**冷凍**の二つに大きく分けることができる。冷蔵は，食品内に氷ができていない状態のことであり，一般に0～10℃の温度帯で貯蔵される。一方，冷凍は食品が凍っている状態のことであり，品質が比較的安定するとされる－18℃以下で貯蔵される。

冷蔵と冷凍のあいだの温度帯では，**氷温貯蔵**や**半凍結貯蔵**などがある。氷温貯蔵は，食品を0℃からその凍結点❷までの温度帯で氷ができないように貯蔵する方法である。半凍結貯蔵は，パーシャルフリージングともよばれ，食品を－2℃から－5℃までの温度帯で半凍結状態となるよう貯蔵する方法である。いずれの方法も，冷蔵に比べ品質保持効果は高いが，きびしい温度管理を必要とするとともに冷凍よりも貯蔵可能な期間は短い。

❷食品中の水分が凍り始める温度。食品中の水にはさまざまな成分が溶けていることから，食品の凍結点は水の凍結点である0℃よりも低くなり，一般に－0.5～－2℃である。

図6-19 食品冷蔵倉庫

❶呼吸熱のため品温が高くなり，そのためにさらに呼吸作用が活発化するという悪循環をひき起こす。

❷青果物内にできた氷により組織が破壊され，氷が解けたあとに青果物から水が出てきて著しい品質劣化を起こす。

図6-20　バナナの低温障害

上　氷温室(−1℃)
中　冷蔵室(9〜10℃)
下　室内(22〜28℃)
各条件で，5日経過後の状態

◆青果物の低温貯蔵　青果物は，呼吸により青果物内の糖や酸などの成分を失い，さらには**呼吸熱**[❶]を発生している。呼吸は温度の上昇とともに活発になり，10℃上昇するとおよそ2〜3倍となる。呼吸を抑制して鮮度を維持するためには，低温での貯蔵が必要となる。多くの青果物の最適な貯蔵温度は，凍結点よりわずかに高い0℃付近にある。実際には，貯蔵庫内に温度分布や温度変動があり，いったん青果物を凍結[❷]させてしまうと，その商品価値を失ってしまうため，3〜5℃を設定温度としている場合が多い。

しかし，熱帯・亜熱帯を原産とする青果物，たとえばキュウリ・カボチャなどのウリ科，ナス・トマトなどのナス科，レモンやバナナなどは，低い温度で貯蔵するとかえって品質低下が起こる。これを**低温障害**とよんでいる。低温障害は，青果物が置かれた温度と時間により，発生するまでの時間や程度が異なる。

1)**予冷**　青果物を収穫後，輸送あるいは貯蔵の前にすみやかに所定の温度(10℃以下，通常5℃前後)まで冷却することを**予冷**という。予冷は，青果物のコールドチェーンの出発点において，品質保持をはかる手段である。品質劣化が起きたあとに冷却しても品質は戻らないので，予冷なしにコールドチェーンは成立しないといえる。

表6-4　青果物の低温障害発生温度と障害の特徴

品目名	科名	温度(℃)	症状
オクラ	アオイ	6〜7	水浸状ピッティング
カボチャ	ウリ	7〜10	内部褐変，ピッティング
キュウリ	ウリ	7〜8	ピッティング，シートピッティング
スイカ	ウリ	4〜5	異味，異臭，ピッティング
メロン(カンタロープ)	ウリ	2〜4	ピッティング，追熟異常，異味
メロン(ハネデュー)	ウリ	7〜10	ピッティング，追熟異常，異味
メロン(マスク)	ウリ	1〜3	ピッティング，異味
トマト(熟果)	ナス	7〜9	変色，異味，異臭
トマト(未熟果)	ナス	12〜13	ピッティング，追熟異常
ナス	ナス	7〜8	ピッティング，やけ
ピーマン	ナス	6〜8	ピッティング，シートピッティング，がくと種子褐変
サツマイモ	ヒルガオ	9〜10	内部褐変，硬化
サヤインゲン	マメ	8〜10	水浸状ピッティング
サトイモ	サトイモ	3〜5	内部変色，硬化
ショウガ(新)	ショウガ	5〜6	変色，異味

品目名	科名	温度(℃)	症状
マンゴー	ウルシ	7〜10	水浸状やけ，追熟不良
オレンジ	カンキツ	2〜7	ピッティング，じょうのう褐変
グレープフルーツ	カンキツ	8〜10	ピッティング，異味
ナツミカン	カンキツ	4〜6	ピッティング，じょうのう褐変
レモン(黄熟果)	カンキツ	0〜4	ピッティング，じょうのう褐変
レモン(緑熟果)	カンキツ	11〜14.5	ビタミンC減少，異味
アボカド	クスノキ	5〜10	追熟異常，果肉褐変，異味
パッションフルーツ	トケイソウ	5〜7	オフフレーバー
パイナップル(熟果)	パイナップル	4〜7	果しん褐変，ビタミンC減少
バナナ	バショウ	12〜14.5	果皮褐変，オフフレーバー
パパイヤ(熟果)	パパイヤ	7〜8.5	ピッティング，オフフレーバー
青ウメ	バラ	5〜6	ピッティング，果肉褐変
モモ	バラ	2〜5	剝皮障害，果肉褐変
リンゴ(一部の品種)	バラ	0〜3.5	果肉褐変，軟性やけ
オリーブ	モクセイ	6〜7	果肉褐変

ピッティング：青果物の表皮が斑点状に陥没したもので，その部分は褐変する。
やけ：青果物の表皮に発生する日焼けしたような症状。
(農産物流通技術研究会「農産物流通技術2012」による)

国内で用いられている予冷法には，**強制通風冷却法**[1]，**差圧通風冷却法**[2]，**真空冷却法**[3]がある。強制通風冷却法，差圧通風冷却法は，ほとんどのすべての青果物に利用できるが，真空冷却法はホウレンソウ，レタス，ブロッコリー，スイートコーンなどの比表面積[4]の大きな青果物にしか利用できない。真空冷却法は，他の予冷法に比べ，施設設備費や運転費が高いが冷却速度は圧倒的に速い。

2)**CA貯蔵(気体調節貯蔵)**　青果物にガス障害が発生しない範囲で，周囲を低酸素濃度，かつ高二酸化炭素濃度にすると，青果物の呼吸を抑制する効果[5]があることが知られている。この効果を利用して，強制的に貯蔵庫内を低酸素濃度かつ高二酸化炭素濃度，さらに低温に保つことによって品質を維持する貯蔵の方法を**CA[6]貯蔵**という。CA貯蔵により，青果物の長期間にわたる貯蔵を可能にした。わが国では，リンゴの貯蔵に広く用いられ，ニンニクやナシなどにも応用されている。

◆米の低温貯蔵　米を常温貯蔵すると，外気温の上昇とともに貯蔵庫内の温度も高くなり，害虫の発生や米の食味が低下して，商品価値が下がってしまう。そこで，年間を通して貯蔵庫内の温度を15℃以下に保つ**低温貯蔵**を行うことで，品質保持がはかられている。

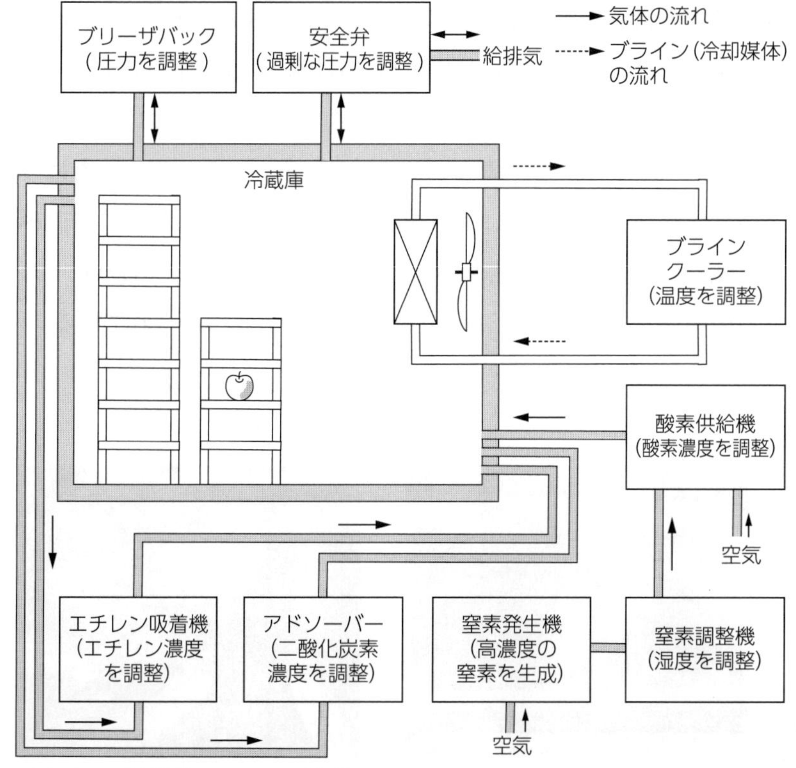

図6-21　CA貯蔵システムの構成

[1] 低温を維持する低温貯蔵庫と比べ，容量の大きなファンと冷凍機が設置されており，冷気を青果物のはいった容器の周囲に循環させて，なかの青果物を冷却する方法である。予冷に要する時間は12～20時間である。

[2] 通風孔のあいた容器に青果物を入れ，通風孔から容器内に冷気を通して，直接青果物を冷却する方法である。予冷に要する時間は約5時間である。

[3] 富士山の頂上では，気圧が低いため，水は約90℃で沸騰する。圧力をさらに下げると，水は0℃でも沸騰する。水が沸騰して蒸発するときに周囲から熱をうばうので，青果物周囲の圧力を下げ，青果物内の水や付着水を蒸発させて，青果物の温度を下げる冷却法である。予冷に要する時間は約30分である。

[4] 質量に対する表面積の比。

[5] MA包装はこの効果を利用している。

[6] Controlled Atmosphereの略。

◆食肉の低温貯蔵　1996年にO157(腸管出血性大腸菌)による食中毒が発生したことにより,厚生労働省は「生食用食肉の衛生基準」を策定した。しかし，2011年の食中毒事件の再発を受け，厚生労働省は食品衛生法の規定に基づき，強制力のある「生食用食肉の規格基準」を策定した。その規格基準は，食肉の成分規格と加工・保存・調理における衛生に関する基準を示したものである。生食用を除く食肉の保存については，「食肉及び鯨肉の規格基準」のなかで，次のように示されている。

1)食肉は，10℃以下[1]で保存しなければならない。ただし，細切りした食肉を凍結させたものであって容器包装に入れられたものにあっては，これを－15℃以下で保存しなければならない。

2)食肉は，清潔で衛生的な蓋(ふた)つきの容器に収めるか，または清潔で衛生的な合成樹脂フィルム，合成樹脂加工紙，硫酸紙，パラフィン紙もしくは布で包装して，運搬しなければならない。

◆牛乳・乳製品の低温貯蔵　牛乳・乳製品の品質は，微生物の影響を受けやすいことから，食品衛生法によって保存の条件が定められ，早くから低温流通・貯蔵が普及した。保存時の温度としては，一部の製品[2]を除いて，10℃以下とすることが義務づけられている。

◆水産物の低温貯蔵　水産物は，一般に氷による冷却[3]が行われる。砕氷(さいひょう)を直接水産物に接触させて冷却(**あげ氷法**)し，発泡スチロール箱に入れて，0℃付近の冷蔵室で貯蔵される。砕氷については，食品衛生法の基準により，清水氷が使用される。また，海水またはうすい食塩水をいれた水槽に砕氷を加え,この中に魚を入れて冷却(**みず氷法**)し，貯蔵する方法もある。水産練り製品は，一部のレトルト殺菌製品[4]を除き，10℃以下の低温流通が義務づけられている。

❶生食用食肉の規格基準では，4℃以下とされている。

❷LL牛乳(ロングライフミルク)など，常温保存が可能な製品がある。

❸マグロなどは，－60℃の超低温冷蔵庫なども用いられている。

❹大気圧以上の圧力となっている高圧釜(レトルト)の中で，110～150℃で10～30分間，缶詰や袋詰食品などを加熱・殺菌したもの。

図6-22　枝肉(牛肉)の冷蔵庫

図6-23　あげ氷法

図6-24　みず氷法

3 食品の保管施設

食品の品質変化を最小限におさえ，商品価値をそこなうことのないような保管施設は，保管する食品の特性に十分対応できるものでなくてはならない。食品の保管には，一般に倉庫が用いられるが，食品の種類が多く，それぞれに最適な保管温度・湿度が異なるため，使用される倉庫の種類も多い。

倉庫の立地には，保管に前後する食品の入出荷や輸送などに便利であることが必要である。

調べてみよう
身近な倉庫の事例をあげてその特徴を調べてみよう。

倉庫の種類

他人から物品を預かり保管する倉庫業を営む者を**倉庫業者**とよぶ。倉庫業は，事業の内容，料金，倉庫の施設，設備の基準などが倉庫業法，商法などによって規制されている。

倉庫業者が経営する倉庫(営業倉庫)は，図6-25のように普通倉庫・冷蔵倉庫・水面倉庫・トランクルームなどに分類されている。

営業倉庫のうち，食品が保管される倉庫は，１類倉庫，２類倉庫，貯蔵槽倉庫，冷蔵倉庫である。冷蔵倉庫は，温度によってC_3からF_4まで７つの級に分類されている。

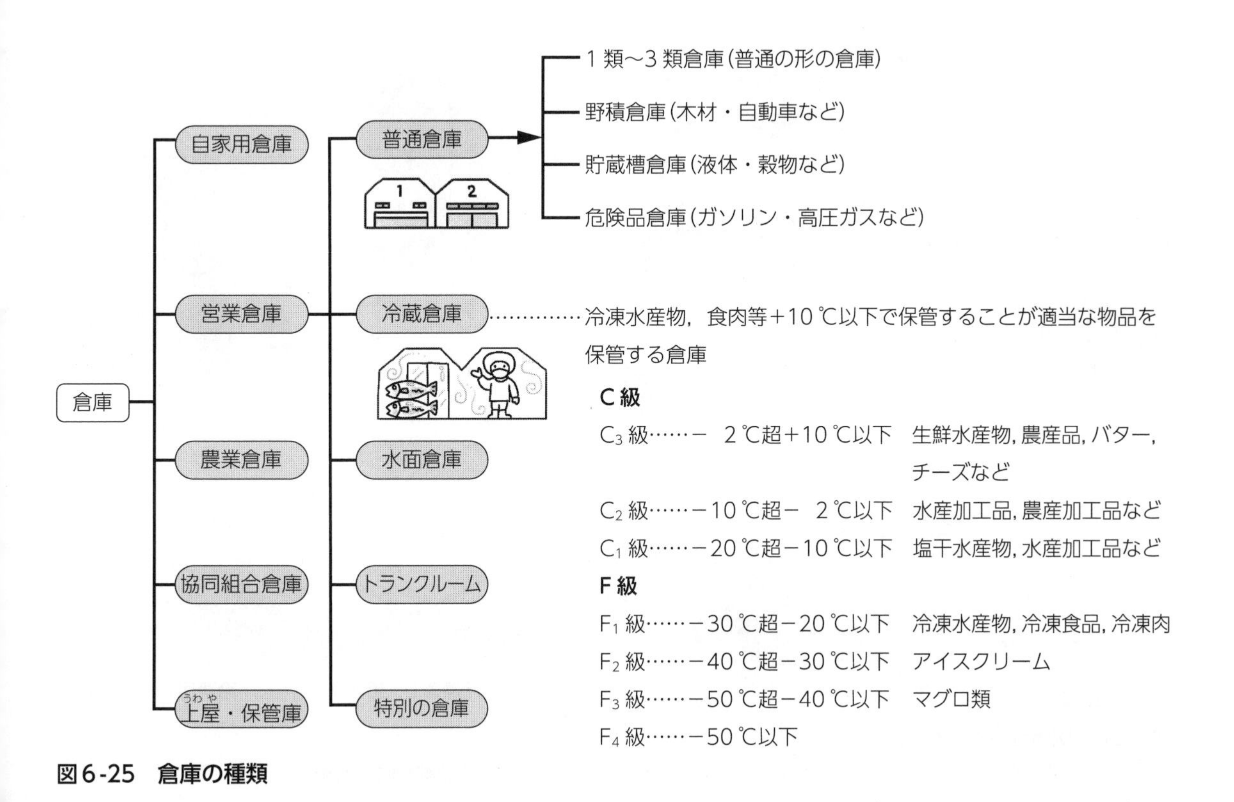

図6-25　倉庫の種類

立体冷蔵倉庫

省力化，スペースの有効活用の観点から，近年では立体冷蔵倉庫が数多く建設されている。建物とラック[1]が一体構造になった大規模なラックビル式，ラックを独立して設置するプレハブ式などの倉庫がある。入出庫，ピッキングなどの荷役作業がコンピュータ制御により自動化されているのが特徴である。

❶物品を保管するために使用する支柱と棚で構成される構造物。

物流センター

倉庫が本来もっている保管機能に加えて，商品の入出荷，ピッキング，仕分け，荷ぞろえ，流通加工などを総合的にとり扱う施設を**物流センター**とよぶ。物流センターは，センター内に在庫をもつか否かによって配送型センター(DC[2])と通過型センター(TC[3])に分けられる。DCでは商品を保管し，注文に対応して出荷する。TCでは入荷した商品を直ちに納品先別に仕分け・荷ぞろえして出荷する。物流センターによって，物流の高効率化やコストの低減が期待されている。

物流センターには，とり扱う商品によって，生鮮食品センター・日配品センター・加工チルド食品センター・冷凍食品センターなどさまざまな種類がある。

❷Distribution Centerの略。在庫型センターともいう。

❸Transfer Centerの略。

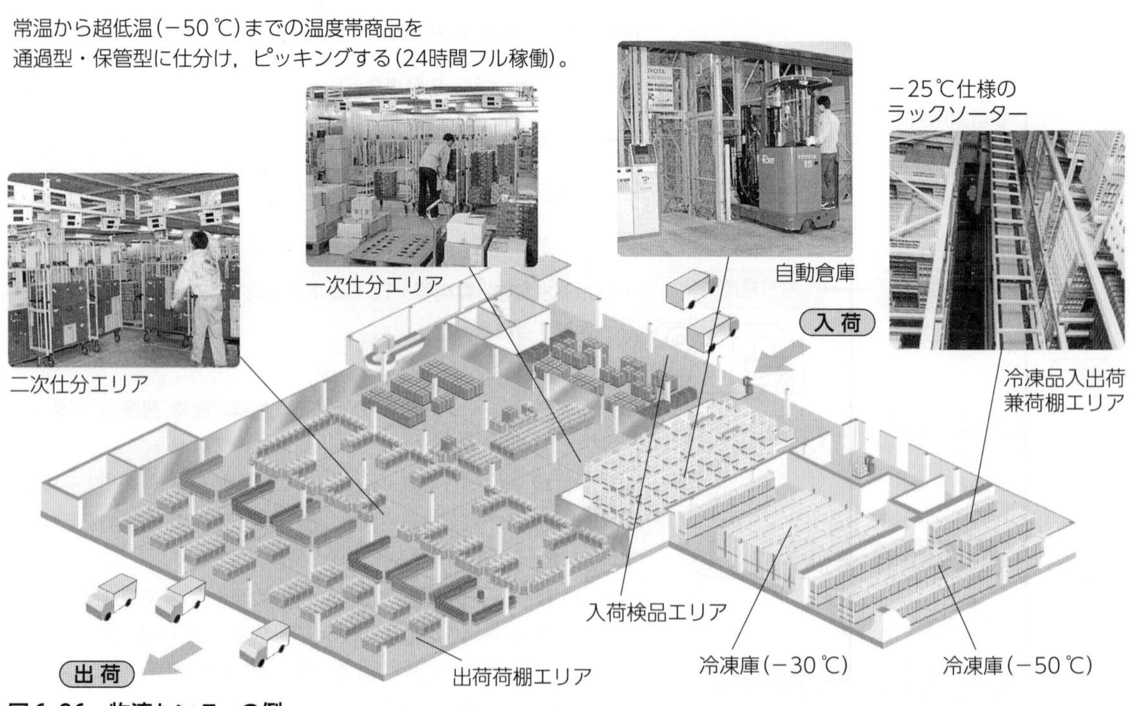

図6-26　物流センターの例

常温から超低温(−50℃)までの温度帯商品を通過型・保管型に仕分け，ピッキングする(24時間フル稼働)。

小売店の保管設備

小売店では，商品展示にショーケースを用いているが，これは同時に商品を保管するための設備でもある。ショーケースには，温度帯によって**冷凍ショーケース**と**冷蔵ショーケース**があり，形状別には，**多段形ショーケース**，**平形ショーケース**，そして多段形と平形を組み合わせた**デュアルケース**がある。また，扉などの有無により，**クローズドタイプ**と**オープンタイプ**[1]に分類できる。これらの組み合わせにより次のようなものがある。

◆多段式ショーケース　多段形でオープンタイプのショーケースで，商品が目の高さに陳列され，展示効果がよく，販売がしやすい。

◆平形ショーケース　オープンタイプで，冷凍食品などに用いられる。とくに，すべての側面から消費者が近づくことができるものを**アイランドショーケース**という。

◆リーチインショーケース　多段形でクローズドタイプのショーケースで，正面に大型のガラス扉をつけた構造で，コンビニエンスストアに多い。背面にウォークイン冷蔵庫を設けたものは，商品をあらかじめ冷却できるとともに，店員が歩いてはいり，背面から商品の補充を行うことができる。

◆カートインショーケース　カートやパレットなどを，直接入れられる。

❶閉店しているとき，オープンタイプのショーケースでは，庫内への熱の侵入を減らすために，ナイトカバーとよばれるブラインドやふたなどのおおいが用いられる。

調べてみよう
スーパーマーケットやコンビニエンスストアで，ショーケースの種類によってどのような食品が入れられているか調べてみよう。

図6-27　多段式ショーケース

図6-28　アイランドショーケース

図6-29　デュアルケース

図6-30　リーチインショーケース

4 ……… 情報処理と物流情報システム

- 物流における情報処理の役割を学ぶ。
- 物流情報システムの事例を学ぶ。

1 物流活動における情報

これまで学んできた物流活動には，さまざまな情報が必要である。たとえば，輸送手段の選択，輸送**ロット**[1]の決定，保管場所や期間の決定などには，いずれも情報が欠かせない。このような情報を正確かつ迅速に収集し，適切に処理して，物流の効率化をはかるために，**ICT**[2]が積極的に活用されている。

生鮮食品である青果物の取引を例にあげると(図6-31)，青果物が出荷者から小売業者に輸送(納品)され，支払いが完了するまでに，業者間でさまざまな情報がやり取りされている。青果物は，生育状況や天候などにより出荷量が変動するので，それらの情報には出荷予定・出荷要請・出荷確定などが含まれている。さらに，生鮮食品であるため，適切な環境下での迅速な輸送や保管のための情報が必要である。物流活動において，情報は重要な役割を担っている。

❶生産や出荷の単位としての同一製品・材料の1回あたりのとり扱い量。

❷Information and Communication Technologyの略。「情報通信技術」のことで，情報・通信に関する技術一般の総称。

調べてみよう
加工食品，食肉，水産物の取引では，どのような情報がやりとりされているか調べてみよう。

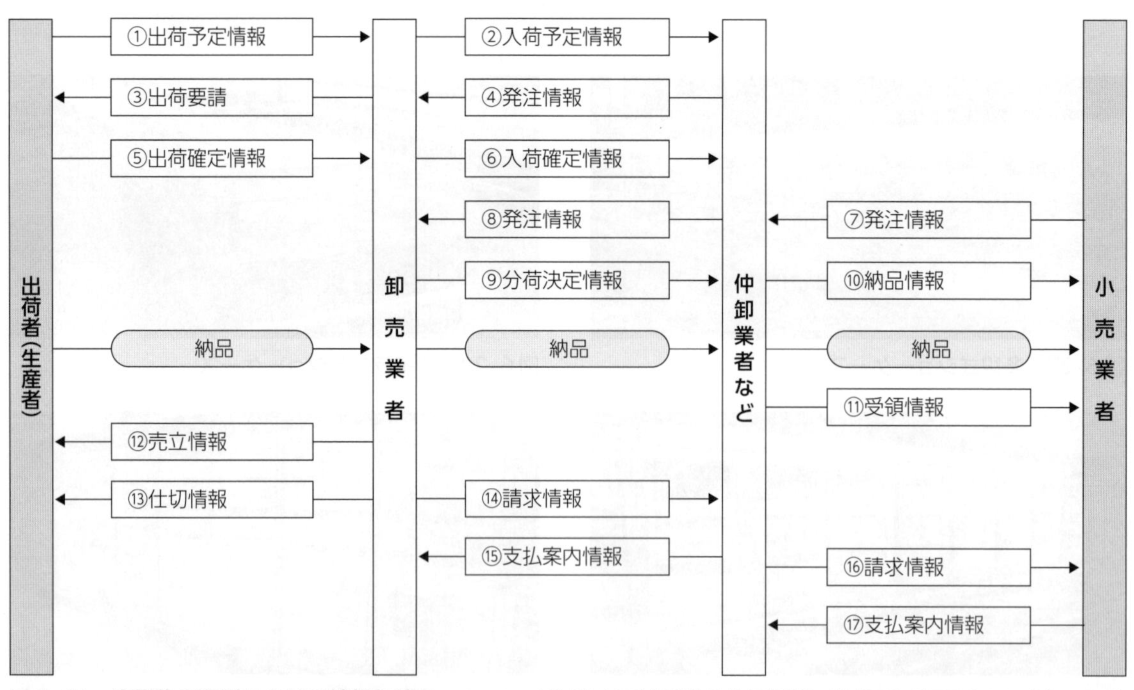

図6-31 青果物の取引における情報の流れ ((公財)食品流通構造改善促進機構「生鮮品取引電子化Q&A集」による)

2 物流情報システム

物流では，いろいろな手段・経路でさまざまな商品が流れていく。商品が移動するときどきにおいて，それが何であるかを識別し確認することが，物流情報システムの基本である。そのしくみの一つに**バーコード**[1]技術がある。わが国では，おもに**JAN**[2]**コード**，**ITF**[3]**コード**などが用いられている。JANコードは，商品の販売単位である個装などに記されている商品識別コードであり，ITFコードは，企業間の取引単位である集合包装(ケース，パレットなど)に記された商品識別コードである。これらのバーコードには，メーカー名や商品名などの情報が入力されているので，データベースと照合することにより，その商品を識別し，確認することができる。

POSシステム

POS[4]**(販売時点情報管理)システム**は，商品を販売した時点において，商品ごとの売り上げ情報を収集・蓄積し，それを分析して，商品の在庫量の把握，欠品の防止，売り上げ予測，品ぞろえの見直し，経営管理などに活用するものである。POSシステムのしくみは，図6-34のようになっている。

①商品ごとにバーコード*1をつける。その商品に関する情報とバーコードをあらかじめ対応させて，データベースを作成する。

②販売時点で，キャッシュレジスタ(POS レジスタ)からバーコードを読み込ませ*2，ストアコントローラ*3に情報を蓄積する。

③ストアコントローラに蓄積された情報は，各店舗で集計され，在庫管理や売り上げ予測などに活用されると同時に，通信回線を使ってチェーン本部に送信される。

④チェーン本部では，各店舗からの情報をもとに，在庫管理を行うとともに，経営戦略の立案や新商品の開発などに役立てる。

図6-34　POSシステムのしくみ

＊1　一般にJANコードが利用される。ついていないものには，インストアコードとよばれる店舗内のみ有効なバーコードがつけられる。
＊2　バーコードがつけられない商品は，POSレジスタのワンタッチボタンで情報が送られる。
＊3　小売店舗に設置された店舗管理のためのコンピュータのことである。

❶数字，文字，記号などの情報を一定の規則に従って一次元の縞模様状の線の太さによって表し，ディジタル情報として入出力できるようになっている。

❷Japanese Article Numberの略。JANコードには，標準タイプ(13桁)と短縮タイプ(8桁)があり，コードの登録・管理は(一財)流通システム開発センターが一元的に行っている。

❸Interleaved Two of Five の略。ITF コードは，JANコード標準タイプ13桁の先頭に物流コード1桁を加えた14桁が標準となっている。

❹Point of Salesの略。

図6-32　商品(個装)につけられたJANコード

図6-33　企業間取引単位であるケース(外装)につけられたITFコード

まとめ買いに対応したJANコードもつけられている。

EOS

EOS[1]**(電子受発注システム)**は，スーパーやコンビニエンスストアなどの小売店舗から，チェーン本部，取引先などに対して，コンピュータネットワークを介して，商品の発注を行うシステムである。小売店舗から発信される発注情報は，POSシステムのものを用いたり，専用端末やパソコンなどから入力されたりする場合もある。

EOSを利用することによって，次のようなメリットがある。

1)受発注に要する時間とリードタイムの短縮

2)ミス防止

3)**少量多頻度受発注**により，きめ細かい在庫管理が可能　など。

◆EDI標準　EOSの導入には，取引にかかわる業者間で，商品コード，取引先コード，通信手順などを，事前にとり決めておかなくてはならない。業界ごとに標準化したとり決めを，**EDI**[2]**標準**という。

流通業界全体のEDI標準として，流通標準EDI(JEDICOS[3])が1997年に開発された。ICTの急速な発展により2007年には，インターネットに対応した流通ビジネスメッセージ標準(**流通BMS**[4])基本形ver.1.0が公開され，改良を重ねながら普及が進められている。

❶Electronic Ordering Systemの略。

❷Electronic Data Interchangeの略。電子データ交換または電子情報交換のこと。具体的には，異なる組織間で，取引のための情報(メッセージ)を，通信回線を介し標準的な規約を用いて，コンピュータ間で交換すること。

❸Japan EDI for Commerce Systemsの略。(一財)流通システム開発センターにより開発された。

❹Business Message Standardの略。(一財)流通システム開発センターにより開発され，センター内に設置された流通システム標準普及推進協議会(流通BMS協議会)により，その維持管理と普及推進が行われている。

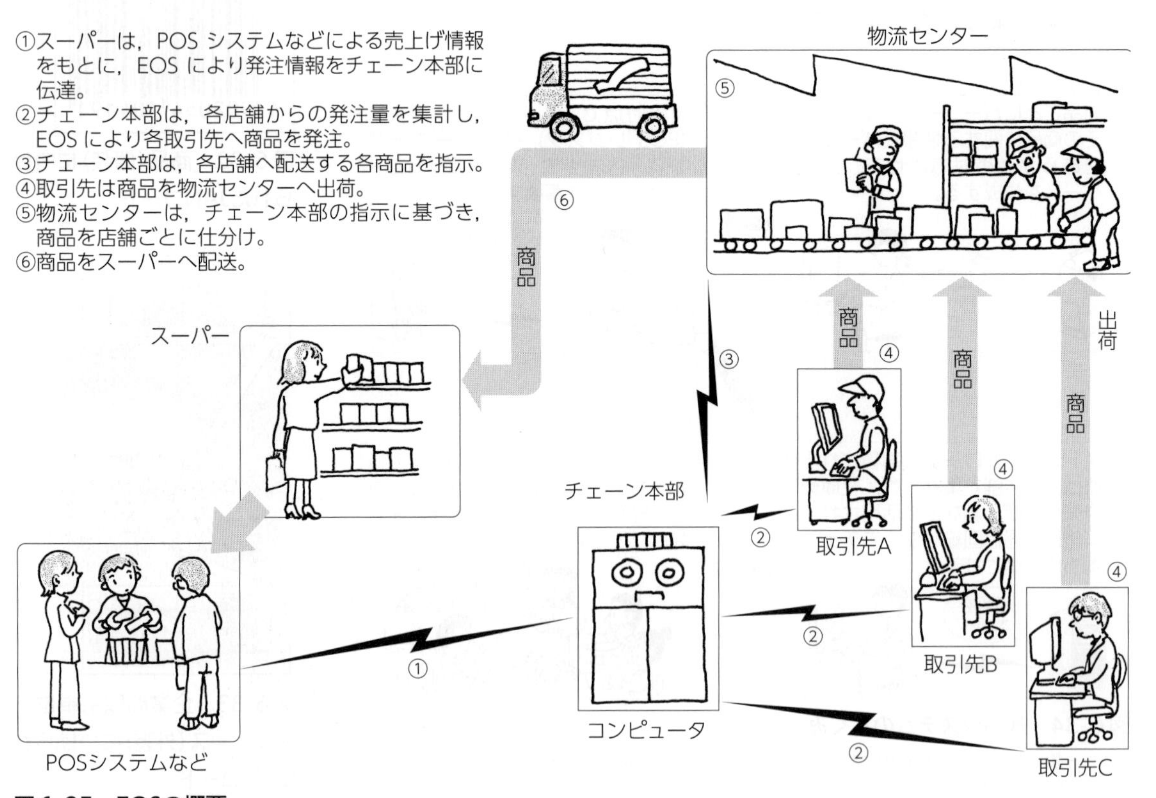

図6-35　EOSの概要

発注情報がチェーン本部を経由し，商品が物流センターを経由して納品される場合を示す。

生鮮品のEDI

青果物，水産物，食肉などの生鮮食品の取引形態は，その商品特性から他の食品と異なる。その情報交換には電話，ファクシミリ，郵送，面談が主となり，多大な労力と時間を要していた。

そこで，取引の電子化を進めるため，青果物，水産物，食肉に花きを加えた４つの生鮮品のEDI標準として，2002年に**生鮮EDI標準**[1]が開発された。生鮮EDI標準では，商品を表す生鮮共通商品コードや取引に関する情報などが定められた。

また，青果物に対しては，POSシステムやEOSに対応できるように生鮮JANコード[2]も定められた。しかし，生鮮EDI標準が小売段階まであまり浸透しなかったので，流通BMSのなかで生鮮食品もとり扱えるよう，生鮮EDI標準のみなおしと再構築が行われ，2008年に流通BMS生鮮版ver.1.0[3]が公開された。2009年には生鮮版が基本形に統合された流通BMS基本形ver.1.3が公開され，流通BMSは食品全般の取引におけるEDI標準となった。

生鮮EDI標準では，1974年に策定された青果物統一品名コード[4]が青果物の生鮮共通商品コードの基本となっている。青果物統一品名コードは，以前より**ベジフルシステム**[5]に利用されてきた。ベジフルシステムとは，農協などの出荷団体と卸売会社とのあいだで，出荷・売立(うりたて)[6]・仕切(しきり)[7]・情報などのやり取りを行うシステムで，1984年から運用され，事実上の標準とされてきた。ファクシミリや電話回線がおもな通信手段であったが，2003年からはインターネット利用により迅速化した**ベジフルネット**が運用されている。

❶(公財)食品流通構造改善推進機構内の生鮮取引電子化推進協議会(生鮮EDI協議会)により開発された。

❷一般のJANコードとは異なる形式であるため，生鮮JANコードとよばれている。

❸生鮮EDI標準で定められた生鮮共通商品コードは，生鮮標準商品コードとして流通BMSにひきつがれた。コード体系の維持管理は流通BMS協議会が行い，コードそのものの維持管理は生鮮EDI協議会が行っている。

❹ベジフルコードとよばれ，予備１桁を含む６桁で運用されている。ベジフルコードの維持管理を行う青果物流通情報処理協議会は，流通BMSの生鮮標準商品コードの追加申請ができる。

❺青果物売立・仕切情報システム。

❻市場における販売結果の速報。競売決定価格そのもの。一部に価格・数量などが変更となる場合がある。

❼変更のない最終決定価格・数量。

表6-5　食品の生鮮標準商品コード体系

品目		生鮮標準商品コード		
青果	野菜	4922　3■■■■P	VS	C/D
	果実	4922　4■■■■P	VS	C/D
	青果加工品	4922　5■■■■P	VS	C/D
水産物	生鮮品	4922　6■■■■T	S_1S_2	C/D
	塩蔵・塩干・加工品	4922　6■■■■T	P_1P_2	C/D
食肉	精肉	4922　7■■■■■	00	C/D
	枝肉・部分肉	4922　8■■■■■	00	C/D

先頭の「4922」は生鮮フラグとよばれ，生鮮品を意味する。「4922」に続く1桁の数字は生鮮品の品目を表す。■は各品目の標準品名コードがはいる。C/Dはチェックデジットといい，読みとりの誤りを検出するために使われる。青果の「P」は栽培方法区分を，「VS」は規格を表す。水産物の「T」は態様，「S_1S_2」は形状・部位，「P_1P_2」は加工方法を表す。

コンビニエンスストアの物流システム

コンビニエンスストアは，店舗が比較的狭いため，多くの在庫をもつことができない。したがって，多種の商品の在庫管理を適切に行い，品切れのないように商品の補充をしていくことが重要である。また，コンビニエンスストアでは，**温度帯別共同配送システム**(図6-37)とEOSを結びつけ，効率的な物流システムを実現させている。温度帯別共同配送システムでは，複数の供給業者が納品を行う**共同配送センター**を設置する。ここに集まった商品は，同一の温度帯で管理する商品ごとにまとめられ，それぞれの店舗に配送される。一度，共同配送センターで商品をまとめることにより，小口で多品種の物流を効率的に行っている。さらに，温度帯の異なる商品を同時に配送できる2室式冷凍車により，店舗に向かう配送車両が削減され，環境への負荷も低減されている(図6-36)。

異なる温度
16〜20℃
3〜8℃
焼きたてパンなど
調理パンなど

図6-36　2室式冷凍車

ネットスーパーの物流システム

消費者ニーズの多様化とインターネットの普及にともない，**ネットスーパー**が増えている。ネットスーパーとは，スーパーマーケットの店頭で販売されている食品や日用品などを，パソコンや携帯電話などからインターネット経由で注文すると，店員が店頭から直接商品を集め，指定された場所へ即日配達するサービスを行う，オンライン版スーパーマーケットである。従来のネットショッピングや生協などの宅配事業と異なり，生鮮食品や惣菜などを注文から数時間以内に配達する点が特徴である。店舗の商品が売り切れになれば，注文を受けることができなくなるため，ネットスーパーの受注システムは，店舗の在庫管理システムと連携している。また，配達は専任スタッフや委託した配送業者によって行われている。このようなネットスーパーを**店舗型**とよぶ。またこのほかに，注文を受け，配送センターから宅配業者などが商品を配達する，**センター型**(**無店舗型**，**倉庫型**)がある。

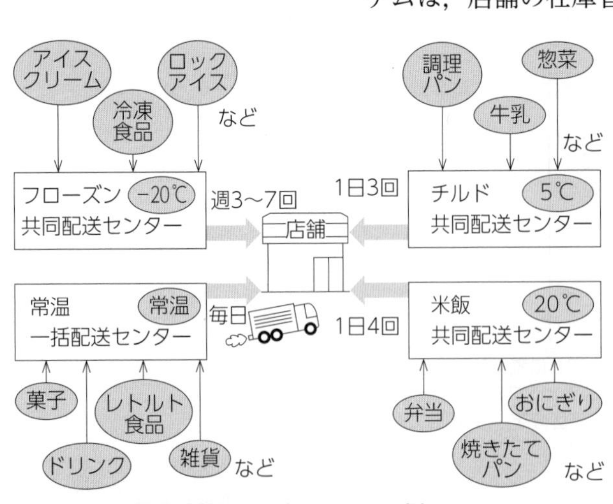
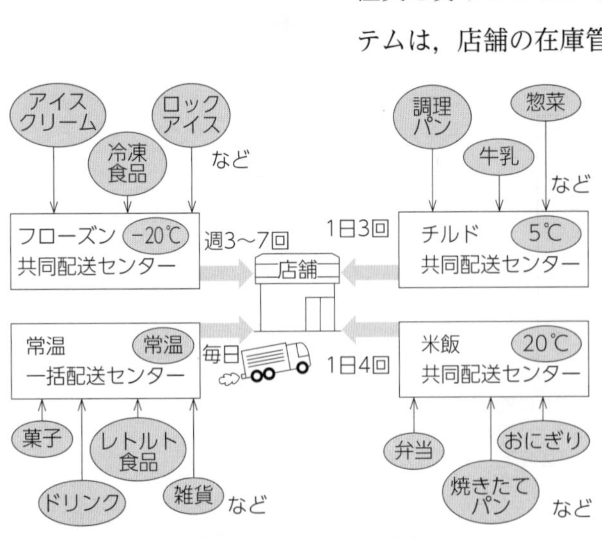

図6-37　温度帯別共同配送システムの例

食品トレーサビリティシステム

食品トレーサビリティシステムとは，食品トレーサビリティ[1]確保のための，**識別**，**対応づけ**，**情報の記録**，**情報の蓄積・保管**，**検証**を実施するための一連のしくみである。

まず第1段階として，食品を扱う事業者が，「いつ，どこから(どこへ)，何を，どれだけ入荷(出荷)したのか」を記録し，データを保存する**基礎トレーサビリティ**というとり組みがある。もしも問題が起こった場合，各事業者間で入荷と出荷の情報を照合し，流通経路を追跡[2]することで，商品を回収できる。また同時に，流通経路を遡及(そきゅう)[3]し，原因となった原材料や加工処理などを特定することが可能となる。しかし，事業者内で食品(原材料)の入荷と出荷の対応関係の記録がない場合，流通経路を追跡・遡及するごとに調べるべき対象となる食品(原材料)の量が増えていく。そのため，第2段階として，入荷品と出荷品をロットによって対応づける**内部トレーサビリティ**というとり組みがある(図6-38)。

内部トレーサビリティでは，入荷品のロットが別のロットと統合されたり二つ以上のロットに分割されたりしたとき，出荷品のロットが入荷品のどのロットと対応しているかという情報をロットごとに記録・保存する。このとり組みにより，対象となる食品を追跡・遡及するさいに，ロットによってしぼり込むことが可能となる。さらに，原材料から最終の商品にいたるフードチェーン全体で，各事業者が基礎トレーサビリティだけではなく内部トレーサビリティにもとり組み，迅速で確実な商品の回収や原因か所の特定を可能とすることを**チェーントレーサビリティ**のとり組みという。

❶農林水産省の定義によれば，「生産，加工および流通の特定の一つまたは複数の段階を通じて，食品の移動を把握できること」となっている。

❷食品を購入した消費者に向かって流通経路をたどること。

❸原材料を生産した生産者に向かって流通経路をさかのぼること。

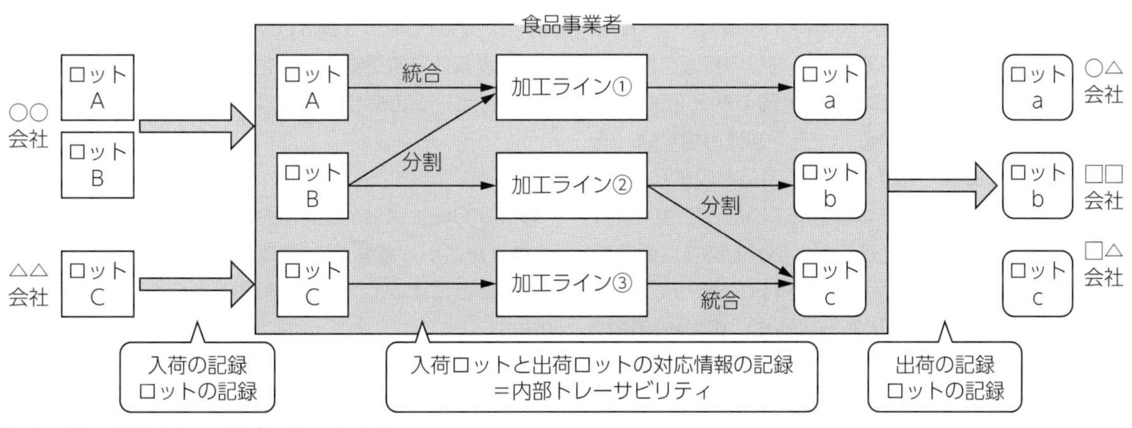

図6-38　基礎トレーサビリティと内部

研究問題

1 食品の身近な物流についてまとめて，図解してみよう。

2 輸送の担い手として，自動車輸送・海上輸送・鉄道輸送・航空輸送があげられるが，それぞれのおもな輸送対象食品をあげ，輸送の利点・欠点をまとめてみよう。

3 近年に起きた，農作物の豊作と凶作の具体例を調べ，その後の食品の製造や流通にどのような影響を与えたか調べてみよう。

4 食品の保管に影響を及ぼす環境要因について，具体的な食品の例をあげ，図解してまとめてみよう。

5 食品の低温流通がいつ頃普及したかについて調べてみよう。

6 身近な食品の保管施設を見学に行き，特徴をまとめてみよう。

7 身近なスーパーに行き，ショーケースにより保管している食品がどのように違うか，表にしてまとめてみよう。

8 食品に記載されているバーコードを集め，分類してみよう。

9 食品の具体例をあげ，その食品の物流情報システムについて図解してまとめてみよう。

10 コンビニの物流システムについて，図解してまとめてみよう。

11 共同配送センターで，いったん商品をまとめることによって，小口で多品種の商品の物流が効率的に行えるようになるのはなぜか，調べてみよう。

コラム　青果物のコールドチェーン

わが国のコールドチェーンは，科学技術庁(現文部科学省に統合)の資源調査会から1965年に出された「食生活の体系的改善に資する食料流通体系の近代化に関する勧告」を契機に整備が進められた。そのため，この勧告はコールドチェーン勧告ともよばれている。コールドチェーンの普及により，“要冷凍”，“要冷蔵”の食料品が広域で流通できるようになり，また一般家庭や小売店での低温保管もあたりまえとなった。

青果物では，農林省(現農林水産省)がコールドチェーンの入口(産地)での予冷施設の整備を推進した。その結果，2006年には全国で約3,700の予冷施設が設置されている。一方，卸売市場では，低温貯蔵庫はあってもすべての予冷品が収まらない。荷おろしや荷さばきをする場所にいたっては，空調すらない建屋のみのところが大部分であり，卸売市場でコールドチェーンが切断されてしまっている。ところが，第4章3節にあるように，青果物流通が多様化したことにより，2000年以降にコールドチェーン対応の市場が登場してきた。また，流通加工まで行う低温の物流センターなども増加し，産地から小売までのコールドチェーンが実現されてきている。

予冷と低温流通は，青果物の品質保持の点で重要である。しかし，低温にしすぎるとエネルギー消費が増大して環境への負荷が大きくなり，不十分であれば青果物の品質劣化をまねき，消費されずに廃棄されるものが増加して，やはり環境への負荷が増大する。そのため，今後はLCA❶により最小のコストと環境負荷で青果物の品質を最高に維持できるコールドチェーンのあり方を探していく必要があるだろう。

❶Life Cycle Assessmentの略。製品やサービスの“ゆりかごから墓場まで”の環境に対する負荷を見積もることによって，環境に対する影響を評価する手法。

第7章

食品マーケティング

1 マーケティングとは何か

2 マーケティングの発展

3 マーケティング戦略の手法

4 食品マーケティングの実際

1  マーケティングとは何か

目標
- ●マーケティングの始まりを理解する。
- ●マーケティングがうまれた背景を理解する。

1 マーケティングの始まり

マーケティングはいつから

人々の暮らしは，むかしから**モノ**の生産を基本としながら，モノの**交換**や**運送**，**保管**などの流通活動があって，初めてなりたっていた。これに対して，**マーケティング**[1]という活動がとり組まれるようになったのは，ここ1世紀ほどのことにすぎない。マーケティングは，20世紀初めのアメリカにおいてうまれた。日本では，1950年代末頃に，マーケティングという言葉が紹介されてから，マーケティング活動が本格的にとり組まれるようになった。

◆つくれば売れた「供給不足」の時代　こんにち日本では，米が主食となっている。しかし，むかしから庶民が米を満足に食べられたわけではない。大正，昭和の時代を経て，品種改良や栽培技術の向上により，米の生産量が増加したことで，米消費は大衆化していった。

日本における米に限らず，人類の長い歴史は，いかにして生産を増やすのかに，多くの努力が注がれた**供給不足**の時代であった。こんにちのように，欧米の先進国を中心に，生産力が著しく高まり，大量の商品を供給できる豊かな時代を迎えたのは，20世紀になってのことである。

❶マーケティング(Marketing)とは，市場(Market)にingをつけた用語であり，市場に働きかける多面的な活動のことである。単なる販売(Selling)とは異なる点が重要である。

図7-1　1940年代の日本の食卓

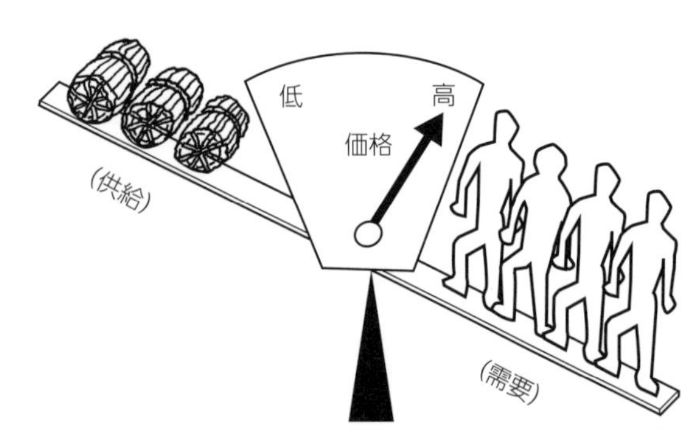

図7-2　供給不足

2 供給過剰とマーケティング

◆消費の限界 生産力が技術の改善により高まり，市場に大量の商品が出回るようになると，消費者は豊富な商品を安く入手できるようになる。しかし，消費者はモノを限りなく消費するわけではない。とくに食料については，「胃袋の大きさ」に限度がある。

消費者がすでにある商品を十分に入手しているとき，あるいは十分に消費していないとしても，それを購入するだけの十分な所得をもたないとき，せっかく生産された商品は買い手をみつけることができない。このとき，生産者は，**供給過剰**[1]という新たな問題に直面することになる。

◆マーケティングの意味 かつて生産者にとって最も重要な課題は，できるだけ安く大量に生産することにあった。供給不足の時代には，売ることにそれほどの苦労はなかった。しかし，こんにちの市場では，商品があふれ，かつ消費者のモノ離れが生じている。生産者にとって，生産することよりも，その生産した商品をいかにして売り切るのかということがはるかに切実な課題となった。

こうして消費者のニーズを的確に把握し，新たな需要を創造し，さらには他の競争者との販売競争に打ち勝っていく手法として，マーケティングが注目されるようになった。いまや，農家や食品メーカーなどのあらゆる食品の生産者にとって，マーケティングは欠かすことのできない活動となっている。

❶日本の農産物需給は，全体として供給過剰基調にある。だが，それはあくまで輸入を前提としてのことである。輸入がなければ，国内の需要にみあった十分な供給は確保できない。どのような水準の自給率をめざすのかが政策上の問題となる。

考えてみよう

下図にみるように，耐久消費財はすでに高い普及率を示し，買いかえ需要が中心となる商品が多い。一方，食品では，市場が飽和化しているのかどうかの判断は簡単ではない。食品の品目別消費量の推移からは，どのような特徴がみられるのだろうか。

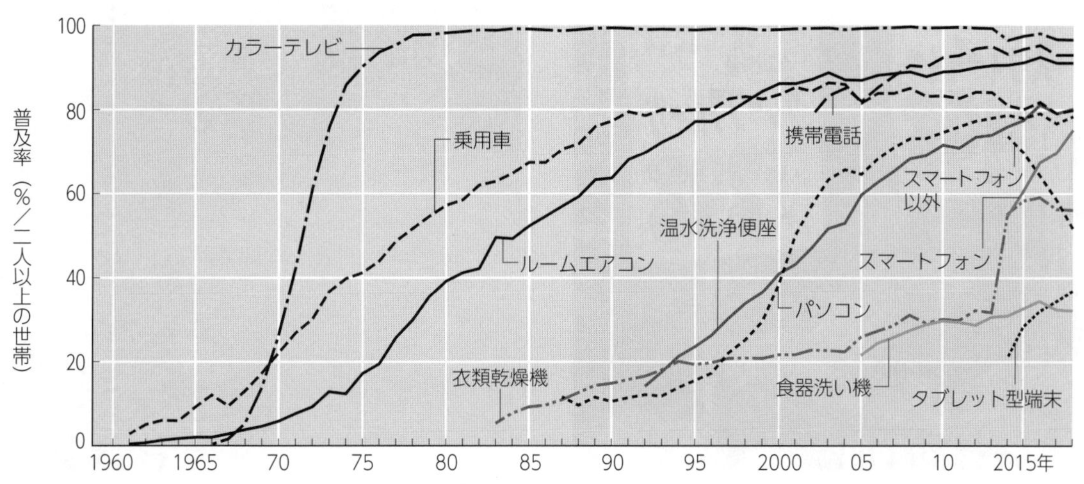

図7-3 2人以上の世帯におけるおもな耐久消費財の保有状況(1985～2018年) (内閣府「家計消費の動向」による)

3 広がるマーケティングの意味

マーケティング活動の主体

生産した商品を売るための手法であるマーケティング❶は，利益を追求するビジネス活動であり，それゆえ，マーケティングを実行する主体は企業であると考えられてきた。しかし1980年代にはいると，マーケティング活動を行うのは利益を求める企業だけではないとの見方が広がってきた。実際に，政府や地方公共団体などの非営利組織においてもマーケティングが積極的に採用されるようになった。

◆生産志向　生産力が低い時代には，つくれば売れたことから，マーケティングという考え方は不要であった。このような生産が優先されていた段階を，**生産志向の時代**とよんでいる。

◆消費志向　その後，生産力が高まり，供給が需要を上回ると，つくっても売れない時代が到来した。生産者は，つくった商品をいかに売るのかが問われることとなった。売れるもの，つまり消費者が求める商品の供給をめざす消費志向のマーケティングがうまれた。

◆社会志向　さらに，経済社会が成熟化してくると，生命や健康，文化あるいは環境問題への消費者の関心が高まってきた。その結果，企業は利益だけを目標にするのではなく，社会性や公共性にも配慮した行動が求められるようになった。こうした社会志向❷のマーケティングを**ソーシャル・マーケティング**とよんでいる。

❶アメリカ・マーケティング協会(AMA)ではマーケティングを1960年に「消費者または使用者への財およびサービスの流れを方向づける種々のビジネス活動の遂行である」と定義した。その後，1985年，2004年の変更を経て，最新の2007年の定義は「顧客，依頼人，パートナー，社会全体にとって価値のある提供物を創造・伝達・配達・交換するための活動，一連の制度，そしてプロセスである」となっている。

❷企業にとって利益追求だけでなく，社会への貢献を重視するCSR(企業の社会的責任)の重要性が指摘されてきた。最近では，企業の持続的成長には，環境，社会，ガバナンスの3要素が重要とするESGの考えが提起されている。また，2015年国連サミットで採択されたSDGs(持続可能な開発目標)も，国家のみならず企業経営の戦略に影響を与えつつある。

図7-4　安さや品質を訴求する店頭広告

図7-5　企業イメージを訴求するPR広告

2 ……… マーケティングの発展

- こんにちのマーケティングの特徴を理解する。
- こんにちのマーケティングの基本的な課題を理解する。

1 マーケティング管理と4P

◆マーケティング管理　マーケティングは，当初，まとまりのないハウツー(how-to)の寄せ集めであった。しかし，企業がもつヒト・モノ・カネ[1]などの経営資源には限りがある。それらの経営資源を効率的かつ有効に活用するには，マーケティング活動を適切に管理することが課題となる。

◆PDCAサイクル　マーケティング管理とは，企業がかかげる目標を柱に，計画を立て，業務を実行し，それら全体を統御[2]することである。「計画－実施－評価－改善」(Plan，Do，Check，Action)の流れは**PDCAサイクル**とよばれている。

企業は，それぞれ独自のマーケティング目標をもっている。消費者の多様なニーズに応える商品の供給をめざすこともあれば，地域経済の支援のため地場産品の販路拡大，あるいは食の国際交流の促進などの目標もあるだろう。それらのマーケティング目標に即して，具体的なマーケティング計画は決められる。その計画を実施したあと，マーケティング計画で設定された目標と実績との違いを比較し，評価する。目標と実績に違いがある場合，その原因を調べて，次期の計画をより適切なものに改善しなければならない。

[1] ヒトとは人材，モノとは設備，カネとは資金のことである。

[2] まとめ，支配することを統御という。

調べてみよう
こんにちの企業は，どのような経営理念やマーケティング目標をかかげているだろうか。食品メーカーの場合について，各社の違いを比べてみよう。

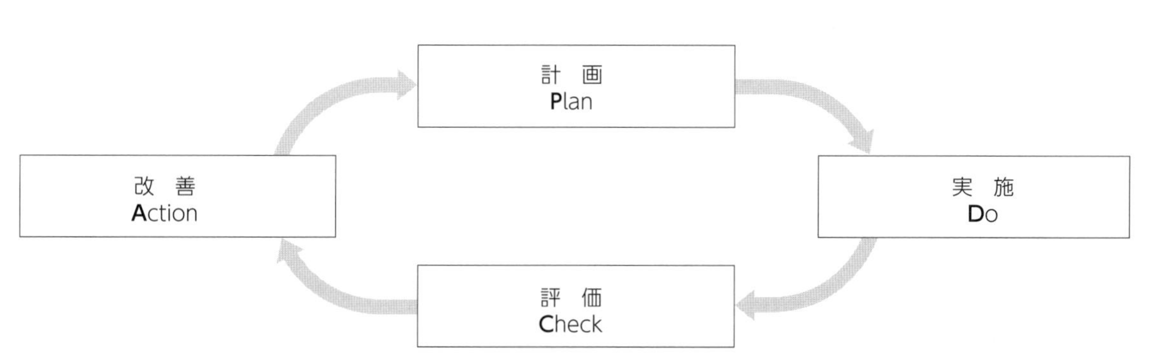

図7-6　PDCAサイクル

マーケティング計画

マーケティング計画は，マーケティング活動を調整し，統合するために立てられる。その柱は，標的市場の設定[1]とそれに適したマーケティング・ミックスの決定にある。

マーケティング活動をとりまく環境には，①組織や個人が管理できない経済的，文化的，法的な外部要因，②みずからがもつ経営資源を活用することで，自由に計画し実行できる内部要因，の２つがある。最も重要な外部要因は消費者である。消費者ニーズが多様であれば，標的市場をしぼり込むことが必要になる。そのうえで，管理可能な内部要因を対象にマーケティング・ミックスを決定する。

◆マーケティング・ミックス　マーケティング・ミックスとは，主要なマーケティング手段の組み合わせのことである。その構成要素は一般に商品(Product)，価格(Price)，販売促進(Promotion)，場所(Place)の**４つのP**[2]にまとめられている。これらの要素が相乗効果を発揮するよう最適の組み合わせを追求することが課題となる。

たとえば，一般の食品では，価格をおさえ，安さを伝える広告を行い，販路はスーパーが選ばれる。これに対し，贈答用などの高級果実では，高品質の製品をつくり高価格をつけ，ブランド価値を訴える広告を行い，百貨店や高級専門店を通して販売される。

マーケティング・ミックスの組み合わせは無限にある。消費者ニーズの変化や競合する他の企業のマーケティング・ミックスの動向を客観的に分析しながら，たえず自社のマーケティング・ミックスをみなおしていくことが求められる。

❶STP(Segmentation, Targeting, Positioning)における，Targetingが標的市場の設定である。消費者が豊かになればなるほど，また，企業が販路を拡大すればするほど，多様な消費者ニーズに直面することになり，標的市場の設定が重要になる。

❷マーケティング・ミックスを４つのPに整理したのはマーケティング研究者のJ. A. マッカーシーである。これに政治(Politics)を加え，５Pにする場合など，さまざまな整理がある。

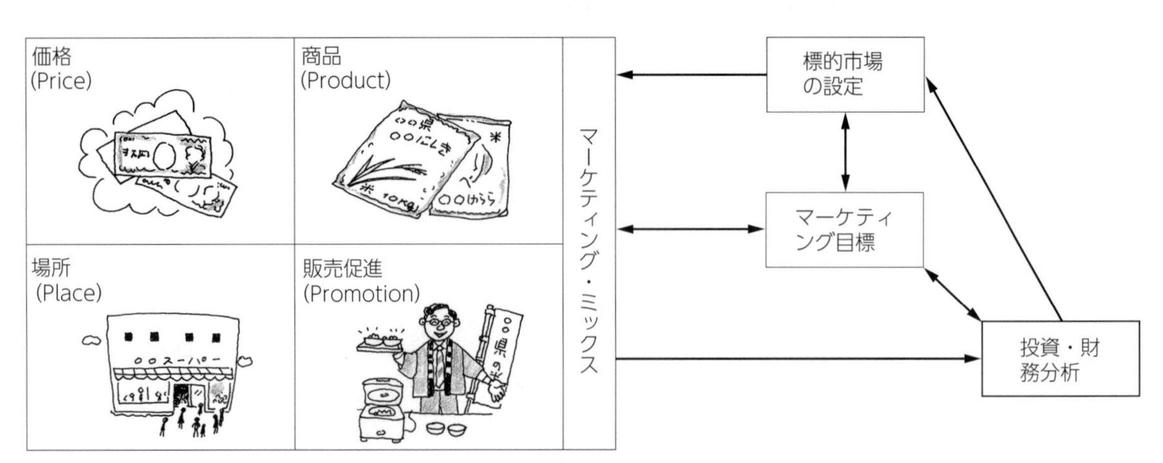

図7-7　マーケティング計画の策定とマーケティングミックス

(田村正紀「マーケティング論」その他によって作成)

2 マス・マーケティングからの転換

◆大衆消費社会　大衆消費社会[1]では，近所の人がテレビを買うと，自分もテレビが欲しいというように，消費者は「人並み」あるいは「横並び」の生活を求めた。このとき，生産者や流通業者が採用した戦略は，画一的な大量の商品を消費者に提供するマス･マーケティングであった。

◆消費者ニーズの多様化　ところが，生産力がよりいっそう高まり商品が消費者に行き渡ると，事態は一変する。今度は，消費者は，他人と同じモノでは満足しなくなり，他人と違うモノを求めるようになる。まさに，十人十色のニーズをもつようになる。最近では，一人の消費者であってもTPO（Time, Place, Occasion）に応じて，異なるニーズを示す。平日は簡便食品ですます消費者が，週末になると高級食材を購入したり高級外食店を利用したりする場合である。

消費者のニーズが多様化するなか，生産者や流通業者は，同じ種類の商品を供給する他の業者との競争に打ち勝つために，商品の違いを強調するようになる。消費者は，その商品が他の商品と比べて，何らかの違いをもつのであれば，それを他の商品と比較し，たとえ価格が高くても，すすんで購入する指名買い[2]をすることがあるからである。

❶モノ不足の時代から物質的に豊かな時代へと移行した社会をいう。日本では，高度経済成長期に大衆消費社会が実現し，消費者は横並びの消費を追求した。しかし，1970年代以降になると，一人ひとり異なったニーズをもつ傾向が強まっていった。これを，大衆から分衆・小衆への変化という。

❷消費者が買い物をするさいに，複数の商品を比較・検討するのではなく，あらかじめ，ある特定のメーカーの商品の購入を決定している購買行動のこと。たとえば，同じ商品であっても，A社よりB社の商品のほうを選好するというとき，ブランド･ロイヤルティが確立されているという。

図7-8　大衆消費社会の消費者

図7-9　分衆社会の消費者

製品差別化戦略と市場細分化戦略

消費者ニーズの多様化に対応して企業が採用するマーケティング戦略には，大きく分けて**製品差別化戦略**と**市場細分化戦略**とがある。両者の違いは，標的とするのが市場全体なのか細分化された市場なのか，あるいは競合する他社との競争に注目するのか，消費者に注目するのか，ということにある。

◆製品差別化戦略　ある特定の部分的な市場にしぼり込むのではなく，あくまで市場全体を対象に，他社の競合品とは異なる商品を開発し，売上を大きく伸ばそうとする戦略のことである❶。

◆市場細分化戦略　全体市場を対象とするのではなく，部分的な市場をとり出して，その限られた市場を確保しようとする戦略である。消費者の年齢別，性別，世帯別，地域別，所得階層別，ライフスタイル別，時期別，用途別などを基準に，何らかの共通性をもつ特定の部分市場(セグメント)を選び出し，そのニーズにより的確に応えることをめざすものである。

かつては，この２つの戦略のうち製品差別化戦略が一般的であり，市場細分化戦略は消費量が頭打ちになった成熟商品でのみ採用されるとの見方があった。しかし，消費者ニーズの多様化と個性化がよりいっそう強まるなか，市場細分化戦略の有効性が注目されるようになっている。地域別の新商品の投入はその一例である。

❶製品の差別化(Product Differentiation)には，商品そのものの物的・機能的な違いだけではなく，たとえば，店舗の立地なども含まれる。

調べてみよう
食品は地域別にし好が異なることから，市場細分化戦略が採用されることが多い。その具体例にはどのようなものがあるだろうか。

プロが研いだお米，無洗米

お米のおいしい部分や栄養そのまま。

わが家のお米

独自基準により味と価格の調和を実現した商品。

減農薬栽培米

農林水産省ガイドラインに基づき栽培された商品。

純づくり

品質No.1をめざすK社がお届けするピュア100%の商品。

玄米

健康志向・スローフードし好の方に好まれる玄米食。

独特の芳香と，やわらかな食感。パエリアやエスニック料理などの用途に。

図7-10　市場細分化戦略に基づく製品政策の例

3 消費者主権の実現

コンシューマリズム

生産力が高まり，流通やマーケティングが発展し，モノが豊富に供給される時代を迎えた。消費者の生活は，平均としてみれば，豊富なモノで満たされるようになったのである。

しかし反面で，商品の品質や安全性をめぐる問題，あるいは必要以上の購買とそれにともなう廃棄や環境破壊という消費者や社会に不利益をもたらす事態が深刻になってきた。こうしたなかで，生産第一主義をみなおし，消費者の権利を最優先に考える，**コンシューマリズム**とよばれる思想がうまれた[❶]。

◆公的規制の広がり　それでは，どうしたら実際に消費者の権利を守ることができるのだろうか。まず，生産や流通を担う企業がその社会的な責任を正しく認識し，適切な事業活動を行うことが求められる。商品を選択し，企業の行動を監視する消費者に十分な，かつ正確な情報が提供されなければ消費者主権は実現できない。

しかし，企業の良識に期待するだけでは十分ではない。守るべき最低の基準は法律によって規制することが必要である。現在，独占禁止法や製造物責任法，食品衛生法，JAS法，景品表示法など事業活動を規制するさまざまな法律がある。**コンプライアンス**[❷]の観点からも，マーケティング活動はこれらの法律に照らして適切なものでなければならない。

❶アメリカのJ.F.ケネディ(1917～1963年)大統領は，消費者の権利として，安全である権利，知らされる権利，選択できる権利，意見を反映させる権利，の4つをあげた。

❷法律や規則に従う法令遵守のことである。CSR(→p.184)には，当然，法令遵守の立場が含まれている。

調べてみよう
消費者利益の観点にたつ，食品の広告にはどのようなものがあるか。

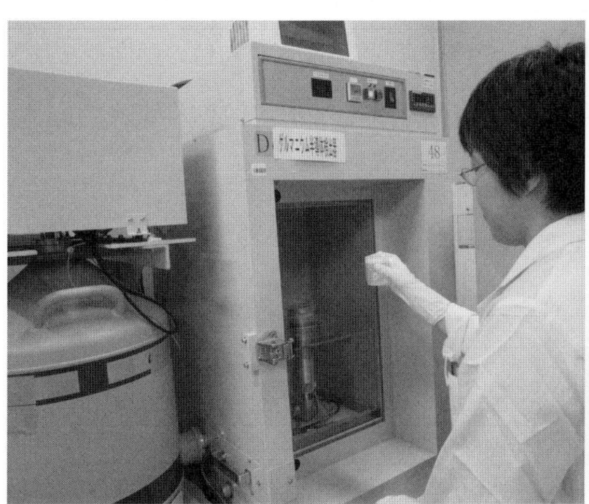

図7-11　食品中の放射性物質検査

図7-12　食品安全性の監視

3 ……… マーケティング戦略の手法

- マーケティング戦略の手法を理解し，市場調査を計画し実施することができるようになる。
- 製品計画，販売計画，仕入計画の考え方を知り，それらの計画を立てることができるようになる。

1 市場調査とは

市場調査の目的と内容

こんにちの企業は，つねに変化する市場にすばやく適応することが求められている。つい最近までよく売れていた商品が，ある日突然，売れなくなるということはしばしば起こる。その原因はさまざまである。消費者の**ニーズ**や**ウォンツ**[1]の変化や他社の新商品の発売，あるいは自社のマーケティング戦略の不適切さによることも考えられる。

この問題を解決するには，市場の現状と変化について正確な情報を収集し，加工・分析・解釈する**市場調査**[2]が必要になってくる。

市場調査の内容は，次の三つに分けることができる。

1）**需要の分析**　需要量[3]がどれくらいなのか，とくに商品を購入する消費者がどこにどれくらい存在し，どれくらいの数量を購入するのか，などを分析する。

2）**販売効率の分析**　販売員活動の売上実績，広告効果，流通業者による自社製品のとり扱い状況などの分析。

3）**企業環境の分析**　競合企業の行動，景気や為替（かわせ）の動向や法律・規制がどう変化するのかなどの外部環境の調査・分析。

❶ニーズとは必需的な欲求であり，ウォンツとは必要をこえた贅沢品などに対する欲望を意味する。

❷市場調査は，たんに市場についての調査ではなく，市場に関連するあらゆることを対象とする。そのため，マーケット調査ではなく，マーケティング調査ともよばれる。

❸需要には，すでに市場に現れている顕在需要と，現在は市場に現れていない潜在需要がある。

考えてみよう
潜在需要の例として，高齢者など買い物難民の買い控え行動がある。なぜ，買い控えが生じるのか，またこれを解消するには，どのような対策が必要なのだろうか。

表7-1　消費者の分析に用いられる指標（例）

指標	分類例
年齢	子ども，ティーンエイジャー，青年，中年，老年
性	男性，女性
職業	作業労働者，事務労働者，専門職
所得水準	低所得，中所得，高所得

指標	分類例
教育水準	中学校卒以下，高校卒，大学卒以上
婚姻状況	独身者，既婚者，離婚者
家族の人数	1人，2人，3人，4人，5人以上
居住地域	都心，郊外，地方(，下町，山の手)

市場調査の方法

◆市場調査の目的と方法　市場調査の実施にあたって，まず，その調査の目的を明確にしておかなければならない。それに従って，①どのような資料を収集し，②いかなる分析を行うか，を決めることになる。

◆既存資料の活用　市場調査に利用できる既存資料には，企業が公開している内部資料と，民間および公的な機関が提供する外部資料がある。内部資料としては財務諸表[❶]や営業実績などがあり，また外部資料としては，白書や統計資料などの政府刊行物，あるいは研究所や調査会社が刊行する報告書，業界誌や業界新聞がある。これらの既存資料から多くの有益な情報を入手することができる。

◆オリジナル資料の収集　より深い分析を行うために，既存資料だけでは必要な情報が十分に得られないことはしばしばある。こうした情報を入手するには，独自の実態調査が必要になる。消費者に対する**モニター調査**[❷]や**アンケート調査**がその一つである。これらの実態調査には，かなりの費用と時間がかかる。実態調査を行う前に，周到な準備がなされなければならない。

　実態調査に先立って，既存資料により可能な限り分析を進め，実態調査の項目をしぼり込むことが必要である。そのうえで，少数の標本を対象に，略式調査ないし予備調査を実施し，調査目標，調査対象集団，実施時期，調査票などの調査方法を十分につめて，本格的な実態調査を実施する。最後に，資料を収集，集計し，分析，解釈を行い，報告書にまとめる。

❶財務諸表とは，損益計算書，貸借対照表，キャッシュ・フロー計算書などの企業活動の数値的な結果を示す決算書である。

❷選定された消費者集団に対し一定期間にわたる継続的調査への協力を依頼し，その消費者を対象に行われる調査のことである。最近では，多くの調査で，少ない費用で実施できるインターネットの活用が増えている。

調べてみよう
企業の資料としては，有価証券報告書が多くの情報を提供している。最近では，Webページから多くの情報を入手できる。複数の食品メーカーやスーパーの内部資料を整理し，比較分析してみよう。

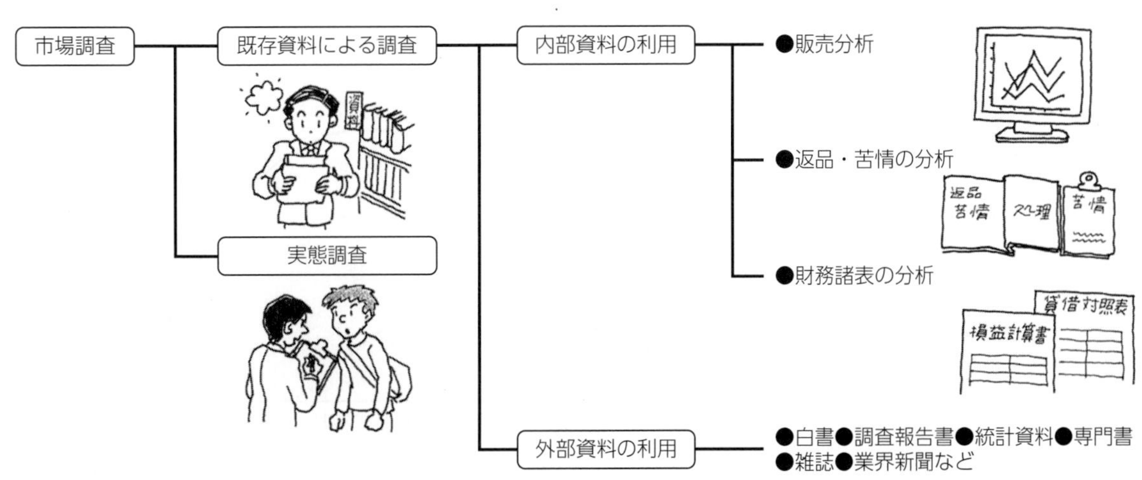

図7-13　市場調査の方法

2 製品計画とライフサイクル

製品計画とは，生産者が消費者にとって魅力的で適切な商品[1]をつくるための計画である。その内容には，①新商品の開発，②既存商品の改良，③既存商品の新用途の開拓，などがある。近年，重要視されるのは新商品の開発である。それは，消費者のニーズが短期間に変化し，また技術[2]進歩のスピードが速くなってきたからである。

製品のライフサイクル

商品にはそれぞれの寿命がある。新たな商品が市場に投入されてから，生産が打ち切られ市場から姿を消すまでの期間を**製品のライフサイクル**とよんでいる。通常，次の四つの時期に分けられる。

◆導入期　新製品であるため，知名度が低く生産量も少ない。市場への投入にともなう多額の資金が必要なため，利益が出ないことが多い。

◆成長期　製品の知名度が高まり，消費者に広く受け入れられ，売上高が急激に増加する。大きな利益を得ることになるが，同時に他社が類似品を市場に投入しはじめ，競争は激しくなる。

◆成熟期　製品の売上高の増加は頭打ちになり，大手数社の市場占有率が高まり，かつ安定化する。他社製品との差別化などの戦略が採用されるが，利益の低下に歯止めがかからなくなる。

◆衰退期　市場に競合製品や代替製品があふれ，その製品の市場は縮小し，利益確保がむずかしくなる。製品の不良在庫や廃棄が発生し，生産・販売の打ち切りを迫られることになる。

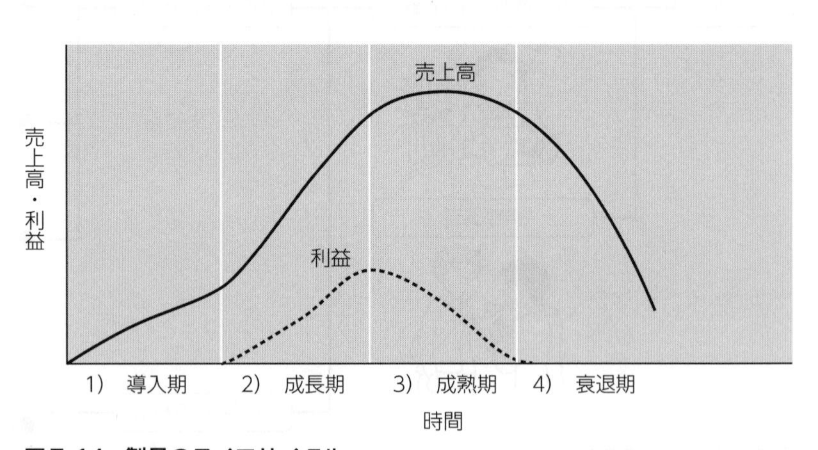

図7-14　製品のライフサイクル

❶本章では，商品と製品の二つの用語を用いている。マーケティングはもともと，生産者の活動としてとらえられていたため，製品(Product)という用語を使うことが多い。もっとも，始めから販売を目的に生産された製品は商品にほかならない。ここでは製品が定着している用語以外は，商品という用語を用いた。

❷新商品は，消費者ニーズをふまえて開発される。しかし同時に，それが技術的に可能でなければならない。技術をシーズともいうことがある。ニーズとシーズの二つが同時に満たされていないと，新商品開発は成功しない。

調べてみよう
加工食品で，製品のライフサイクルが導入期であるものや，衰退期であるものには，それぞれどのような食品があるだろうか。

3 商品開発の実際

商品開発の方法

商品開発は，はじめに基本コンセプトを決めたうえで，機能・品質・サイズ・デザイン・包装・表示・ネーミング・ブランドイメージなどの多面的なマーケティングの観点から企画し，生産技術とすり合わせながら仕様を何度もみなおしつつ進められる。

通常，単一の商品では売上の拡大に限界があり，その商品の売上が減少すると，急速に経営がいきづまるリスクがある。そのため，多くの製造業者は，生産する製品を多様化する方向をめざすことになる。**製品多様化**[1]には，三つの方向がある。

◆水平的拡大 現在と同じ分野のなかで製品ラインを広げる方法であり，たとえば，牛乳だけを生産していた乳業メーカーが新しい乳製品を開発するなど，同種の製品や関連製品の生産にとり組むことである。

◆垂直的拡大 現在の製品をもとにして，二次加工品を製造したり，逆に，現在の製品の原材料にさかのぼって生産を始めたりすることである。食肉加工メーカーが原料家畜の生産に進出する場合もその一例である。

◆異質的拡大 既存の製品とはまったく異なる，新しい分野に進出する方法である。もっとも，その場合も，実際にはすでにもっていた技術が活用される場合が少なくない。

❶製品多様化により不利益が生じることもある。たとえば，あまりに製品ラインを多様化すると，規模の経済性が働かなくなり，利益率が低下したり，コストが高くなったりすることである。

考えてみよう
新商品を開発するとき，どのような価値を商品に与えるのかから出発する。これは基本コンセプトともよばれる。いまの時代，いまの消費者はどのような価値をもった商品を求めているのだろうか。

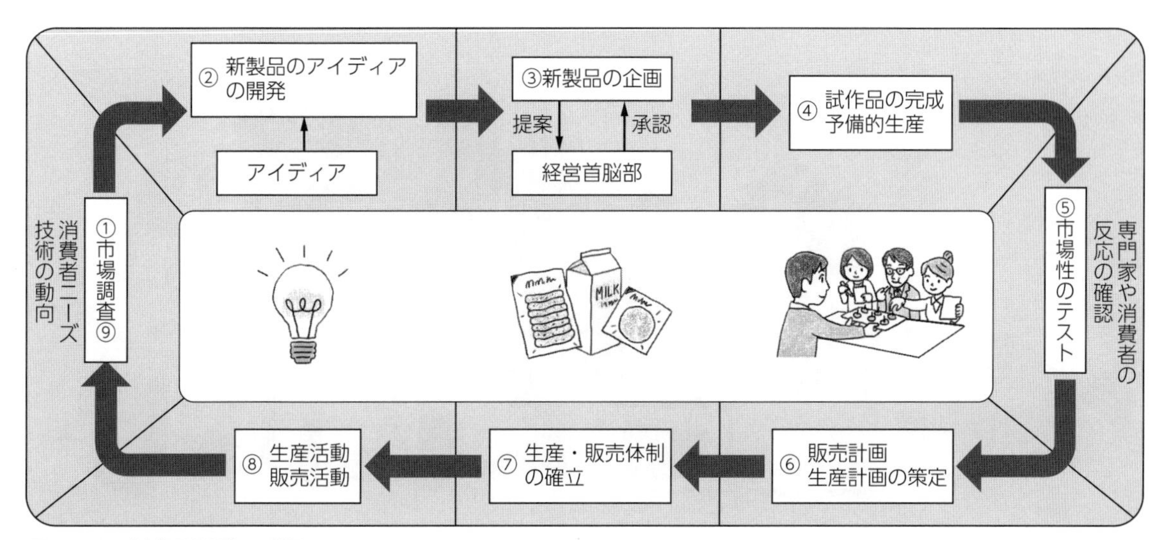

図7-15 新商品開発の手順

協働による商品開発

製品計画は，元来，生産者・製造業者が行う活動である。しかし，最近では，流通業者，とくに大手小売業者が製品計画に参加したり，主導したりすることが増えている。

製造業者が市場に投入し強力なブランド力をもっている商品を**ナショナル・ブランド(NB)商品**とよんでいる。これに対し，小売業者などの流通業者が中心になって商品の機能や品質，パッケージ，ネーミング，そしてブランドを決定する商品を，**プライベート・ブランド(PB)商品**[1]あるいは**自主企画商品**という。

❶PBのほかに**ストアブランド(SB)**という名称も使われる。流通業者の開発商品のなかで，包装が簡素でブランド名がつけられていない低価格を重視した商品は**ノーブランド商品**とよばれる。

◆増えるPB商品　PB商品が増加してきたのはなぜか。理由の一つは，大規模な小売業者がうまれ，製造業者に対する発言力を強めてきたことである。もう一つに，小売業者が消費者情報を直接収集する立場にあり，生産者よりも消費者のニーズを正確に理解している強みがあげられる。もっとも，商品開発には，消費者のニーズにかかわる情報だけではなく，それを実際に商品化する生産者のもつ技術がなければならない。PB商品を持続的に開発するためには，製造業者と小売業者との協働が欠かせない。

食品のPB商品は，従来は加工食品が中心であった。しかし，最近では加工食品だけではなく，生鮮食品のPB商品もみられるようになっている。また以前は，NB商品に対する価格の安さを優先するPB商品が多かったが，最近では，高品質や安全・安心，あるいは労働者福祉や環境重視を訴える商品が増えてきている。

図7-16　プライベートブランド商品の開発例

4 販売・仕入計画，商品管理

販売計画とは，通常，１会計年度あるいは６か月，１か月など将来の一定の期間に，「これだけ売りたい」という，販売にかかわる一連の計画のことである(図7-17)。

販売計画の設定

◆販売予測　販売計画立案の第一歩が販売予測である。市場調査から得られたさまざまな情報に基づいて，販売高実績法[1]などの方法を用いて，達成可能な販売予測が立てられる。

◆売上目標高の設定　販売予測を基礎に，財務，人事，販売，仕入の責任者，メーカーであれば製造の責任者を加えた，販売計画会議において売上目標高[2]は設定される。ふつう，売上が多いほど利益が増えるので，売上目標高は高く設定されがちである。しかし，企業の販売能力には限界があるので，無理のない目標を設定しなければならない。

◆実施計画と販売予算の立案　売上目標高を達成するための実施計画を立て，また，商品の仕入原価，景品や催し物のための販売促進費，広告費などの販売予算を組み立てる。

◆販売割当　企業全体の売上目標高を確実に実現するために，販売部門別や商品別，時期別，地域別，支店・営業所別に，チェーン小売企業の場合には店別に，それぞれの販売割当を決定する。

販売計画は，つねに販売実績と比較して検討が加えられ，もし計画と実績が大きく異なるようであれば，ただちにその原因を調べて，適切な対応をとらなければならない。

❶過去数年間の販売実績を用い，販売高の増加率の平均を出し，これを前年度の販売高に乗じて，次年度の販売高を算出する方法が，販売高実績法である。

❷売上目標高が販売部門だけでなく，各部門の責任者による会議の場で決定されるのは，企業にとって販売・売上が利益のみなもとだからである。

考えてみよう
販売高実績法による予測には，どのような問題点があるのであろうか。

やってみよう
地域の直売所や道の駅などを事例に，実際に，売上目標高，実施計画，販売予算をつくってみよう。

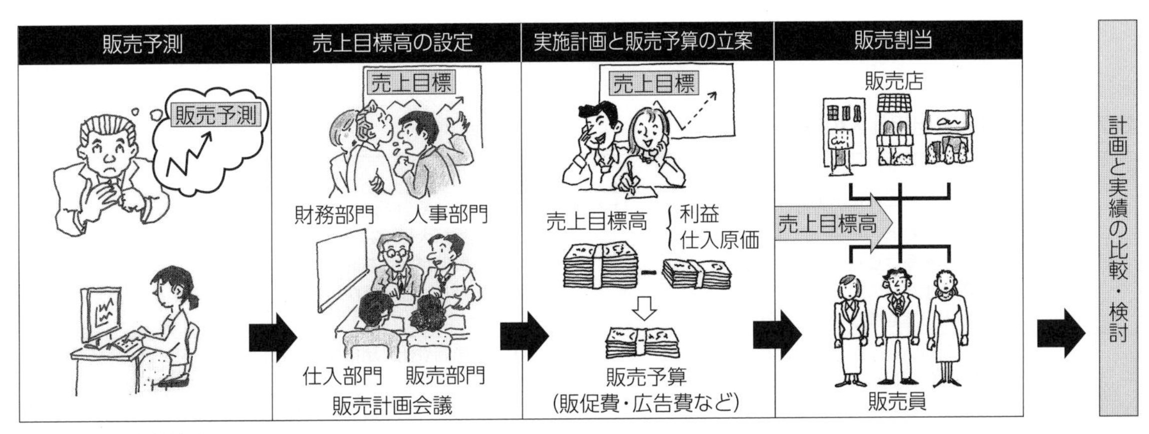

図7-17　販売計画

仕入計画の内容と手順

小売業者が販売計画に基づいて，仕入れる商品の種類・品質・価格などのほか，仕入先や仕入方法・仕入時期などを決定することを仕入計画という。商品種類が多様化し，商品流通がますます広域化し国際化するなかで，商品の仕入は，従来よりもはるかに複雑で多くの知識を必要とする活動となっている。

◆仕入商品の決定　小売業者にとって，どのような商品を仕入れるのかは，品揃え戦略と直接に結びついている。仕入に当たっては，とり扱い商品の種類を拡大する総合化の方向と，同種の商品のなかでとり扱い品目を増やす専門化の方向がある❶。いずれを選択すべきなのかは，その小売店の経営理念や規模，形態，立地条件，仕入先の状況などによって異なり，一概にはいえない。

◆たしかな商品の仕入　たしかな品質の商品を仕入れることはますます重要になっている。商標などの知名度や信用度，あるいはJIS(日本産業規格)や日本農林規格(JAS)などの規格に合格した商品を仕入れることがその一つの方法である。また，有機農産物などについては第三者の認証を受けていれば信頼度が高くなる。最近では，安全で信頼できる食品を提供するために，どのような農薬や添加物が使われているかなどについて，トレーサビリティ(追跡可能性)❷を確保するしくみが整備されつつある。

◆仕入先・仕入量の決定　仕入先の決定には，複数の仕入先のなかから，そのつど，最も有利な条件の仕入先を選ぶ方法と，特定の仕入先との継続性を重視し仕入先をしぼり込む方法とがある。仕入量の決定についても，まとめて大量に仕入れる大量仕入と，必要なとき必要な数量だけ仕入れる当用仕入がある❸。

❶総合化とは，とり扱い商品の種類を増やし品揃えの幅を広くすることである。専門化とは，同種の商品のなかで品揃えの奥行きを深くすることをいう。

❷トレーサビリティとは，食品でいえば，生産資材調達から生産，処理・加工，物流，小売販売などにいたるサプライチェーンの各段階における食品自体およびそれに関連する情報を，川上にさかのぼって確認できることである。

❸生鮮食品では，鮮度のよい商品を確保し，売れ残りの危険を避けるために，当用仕入が行われる。

表7-2　大量仕入と当用仕入の長所と短所

	長所	短所
大量仕入	①産地やメーカーからの直接仕入が可能になり，仕入価格の低減がはかれる。 ②数量割引を受けられる。 ③将来の値上がりに対応できる。 ④運賃などの諸経費が相対的に安くなる。	①仕入には多額の資金が必要であり，資金の固定化により金利負担が大きくなる。 ②保管費用がかさむ。 ③値下がり，流行遅れ，品質の低下，損傷などの危険がある。
当用仕入	①いつも新しい商品が販売できる。 ②商品の回転が速く，資金が節減できる。 ③保管費用などの経費が少なくてすむ。	①仕入単価や仕入諸掛が割高となる。 ②在庫切れなどにより，販売機会を失う危険がある。 ③季節的な商品の値上がり期には，割高の商品を仕入れることになる。

商品管理の方法

小売業者が売上を増加させるには，顧客のニーズに合った売場づくりが欠かせない。とくに販売計画で決められた品揃えをつねに実現する必要がある。適切な商品管理のための柱となる業務が**在庫**[1]**管理**である。

❶倉庫にあるものだけでなく，店頭に陳列されている商品も在庫に含まれる。

◆適正在庫高の算定　適切な在庫管理を行うために，まず適正な在庫高を算定しておく。一つは**商品回転率**[2]による算出方法である。商品回転率とは，年間の売上高を平均の商品在庫高で割った数値である。これを業界他社と比較したり，目標値を設けて実績と比較したりすることで，業務の改善に活用することができる。目標とする商品回転率と年間売上高がわかっていれば，**標準在庫高**[3]は，年間売上目標高を目標商品回転率で割ることで求められる。

❷商品回転率
$$=\frac{年間売上高}{平均在庫高}$$

❸標準在庫高
$$=\frac{年間売上目標高}{目標商品回転率}$$

◆実際の在庫管理　発注は，商品の売れ行きと在庫状況をふまえて行われる。発注が不適切であると，せっかくその商品を買いに来店した消費者がいても欠品のために売り逃しが生じたり，逆に余分に発注したために不良在庫をかかえ込んだりすることになる。

発注のタイミングは，**リードタイム**[4]の長短によって変化する。小売業者の側からすると，リードタイムは短ければ短いほど好都合である。リードタイムが短いと，商品を補充したい時点に近いタイミングで，売れ行きをみながら発注することができるからである。

❹リードタイムとは，注文してから納品されるまでにかかる時間のことである。

◆商品の物的管理　商品管理においては，数値的在庫管理とともに，実際の商品の物的な管理を適切に行うことが大切である。仕入先から納品された商品が注文どおりかを確認することも必要になる。この作業を**検収**という。もっとも最近では，仕入先が納品のミスを減らす努力により，小売店での検収作業がはぶかれることもある。

やってみよう
標準在庫高を計算してみよう。ある小売店の本年度売上目標が500,000,000円，目標商品回転率が25回転の場合，標準在庫高は次のように求められる。

$$標準在庫高=\frac{年間売上目標高}{目標商品回転率}=\frac{500,000,000}{25}=20,000,000円$$

表7-3　小売業・卸売業における品目別の商品回転率

小売業	回転率	卸売業	回転率
織物・衣服・身のまわり品	4.4	衣服・身のまわり品	6.6
くつ	3.8	くつ	5.5
飲食料品平均	20.0	飲食料品平均	17.1
野菜	40.0	野菜	60.0
茶	4.6	茶	6.0
家具(製造小売を除く)	4.1	家具・建具	8.6
医薬品(調剤薬局を除く)	3.9	医薬品	8.6
平均	8.6	平均	10.0

(日本政策金融公庫「小企業の経営指標調査」2017年度調査結果より作成)

5 販売戦略

商品価格の設定方法

◆販売価格とコスト　販売価格をどう設定するのかは，企業がどれくらいの利益を確保できるのかに直接に影響する。小売業者の場合には，仕入価格をふまえて販売価格が決められる。

売上高から仕入原価(売上原価)を引いた利幅を**粗利益**(あらりえき)または**マージン**[❶]という。営業利益は，このマージンから，さらに販売費および一般管理費(販管費)を差し引いた残りとなる。

最近，個々の商品ごとに発生しているコストを把握することで，より正確な利益管理がめざされている。たとえば，生鮮食品では，マージン率が高くても，人件費が大きいために，必ずしも大きな利益をうみ出していない。それゆえ，仕入価格だけでなく，諸経費を考慮して，販売価格を設定する必要がある。

◆価格決定の方法　販売価格を決定する方法には，①原価に一定の利幅を加えて販売価格を決定する**原価志向型の方法**，②消費者の値ごろ感を重視する**需要志向型の方法**，あるいは，③他の競合企業の価格動向に配慮した**競争志向型の方法**，がある。

価格水準と店舗や商品のイメージのあいだには密接な関係がある。消費者は，小売店の格や品揃えされている商品の品質を価格水準から判断する傾向がある。それゆえ，価格設定は，利益確保の観点とともに，商品や店のイメージづくりの観点にも配慮して行われなければならない。

❶マージンを百分率で示したのがマージン率である。マージン率のほかにマークアップ率がある。

マージン率

$$=\frac{\text{利幅}}{\text{販売価格}}\times 100\%$$

マークアップ率

$$=\frac{\text{利幅}\times 100\%}{\text{仕入原価(製造原価)}}$$

調べてみよう
値ごろ感を重視した価格設定の例にはどのようなものがあるのか。また，それにはどのような問題点があるのか。

いま，A商店で，仕入原価80円の商品に20円の利幅を加えて，販売価格を100円に決定したとする。その場合，値入率は25%，利幅率は20%，そして原価率は80%となる。

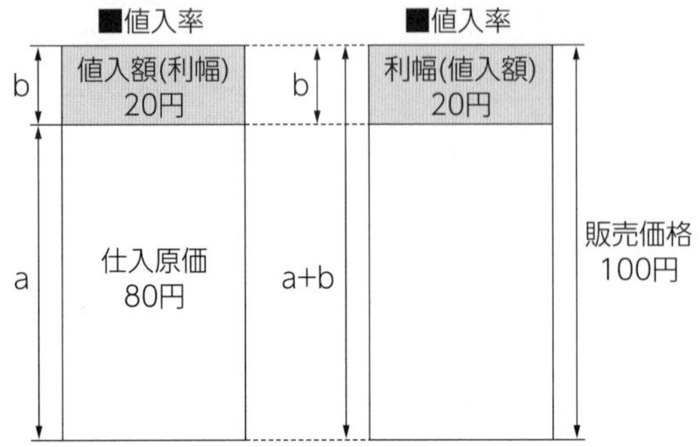

■値入率
b　値入額(利幅) 20円
a　仕入原価 80円

■値入率
b　利幅(値入額) 20円
a+b　販売価格 100円

マークアップ率(値入率)

$$=\frac{\text{利幅}}{\text{仕入原価}}=\frac{b}{a}$$

$$=\frac{20\text{円}}{80\text{円}}=0.25(25\%)$$

マージン率(利幅率)

$$=\frac{\text{利幅}}{\text{販売価格}}=\frac{a}{a+b}$$

$$=\frac{20\text{円}}{100\text{円}}=0.2(20\%)$$

$$\text{原価率}=\frac{\text{仕入原価}}{\text{販売価格}}=\frac{a}{a+b}$$

$$=\frac{80\text{円}}{100\text{円}}$$

$$=0.8(80\%)$$

図7-18　値入率・利幅率と原価率

販売促進とその組み合わせ

◆販売促進の目的と内容　販売促進(プロモーション)[1]活動の目的は，自社の商品やサービスに関する情報を消費者に提供し，市場を維持し，開拓することにある。

販売促進の内容には，次のようなものがある。

1)広告　新聞や雑誌，テレビ，放送，インターネットなどさまざまな媒体を通して，商品情報や企業のメッセージを消費者に伝える活動である。

2)販売員活動　販売員が顧客に対して，企業や商品についてのメッセージや情報を一対一で口頭で伝え，説得する活動である。

3)信用販売　消費者が商品やサービスを購入するさいに，代金の後払いで商品を先に引き渡す販売方式のことである。

4)その他の販売促進　販売サービス，景品つき販売，試食やサンプルの提供，イベントの開催などの広告や販売員活動を支援する活動である。

5)店舗の立地と設計　店舗の立地や設計は，集客力や購買の動機づけに大きな影響を与えるため，重要な販売促進の手段である。

◆プロモーション・ミックス　実際には，これら複数の販売促進の手法を適切に組み合わせたプロモーション・ミックス[2]がめざされる。販売促進活動が効果を発揮するには，消費者の購買に関する心理を理解することが前提になる[3]。

販売促進活動は，本来，企業が売上を維持・拡大するために実行される。しかし，最近では，消費者に対し企業の目標を伝え，顧客とのコミュニケーションをはかることを目的とするものもある。

❶販売促進は価格以外の方法で他の企業との差別化をはかろうとする方法であり，非価格競争をめざす手法の一つである。

❷プロモーション・ミックスとは，たとえばテレビ広告をしながら，セールスマンが小売店に売り込みをするような，販売促進の異なった手法を組み合わせ，全体としてより大きな効果を得ようとする戦略である。

❸AIDMA(アイドマ)理論とは，まず商品に注意を払い(Attention)，興味をもち(Interest)，欲し(Desire)，記憶し(Memory)，購買行動に移す(Action)という消費者の行動をとらえたものである。

図7-19　販売促進の内容

チャネル政策と流通系列化

◆チャネル政策　生産者が自社の商品をどの流通経路を通じて販売するのかの方針と方法がチャネル政策である。流通経路政策ともいう。流通を統制する程度により，次のように分けられる。

1）開放的流通経路政策　流通経路をいっさい限定せずに，多数の卸売業者や小売業者に商品を供給する政策である。自社商品の販路を拡大するのに好都合である反面，流通経路の管理ができない。

2）選択的流通経路政策　自社商品を供給する卸売業者や小売業者を，販売量や協力の度合いによって選別し，選ばれた業者に優先的に供給する政策である。

3）特約流通経路政策　販売会社[1]を設置したり，専属の代理店をつくったり，あるいは特定の流通業者のみに販売権を与える方法である。販売方法や販売価格などを管理する政策である。

❶メーカーが自社の商品を販売するために設けた販売事業を行う会社のことであり，略して販社ともよばれる。

4）直接流通経路政策　生産者がみずから直営店を経営したり，訪問販売や通信販売を実施したりする方法である。

◆流通の系列化　生産者が卸（おろし）や小売などの流通業者を組織化して，お互いの結びつきを強めながら，流通経路全体を管理しようとする動きを流通の系列化[2]という。資本参加や資金援助に始まり，人員派遣，店舗設計や品揃えの指導，広告やその他の販売促進の実施などが行われる。

❷流通系列化の主導権をにぎる企業をチャネル・リーダーまたはチャネル・キャプテンとよぶ。

しかし，近年は，大手小売業者により生産者や卸売業者が系列化される場合もみられる。生産者の側からの系列化が**前方統合**，小売業者側からの系列化が**後方統合**とそれぞれよばれる。

■前方統合型

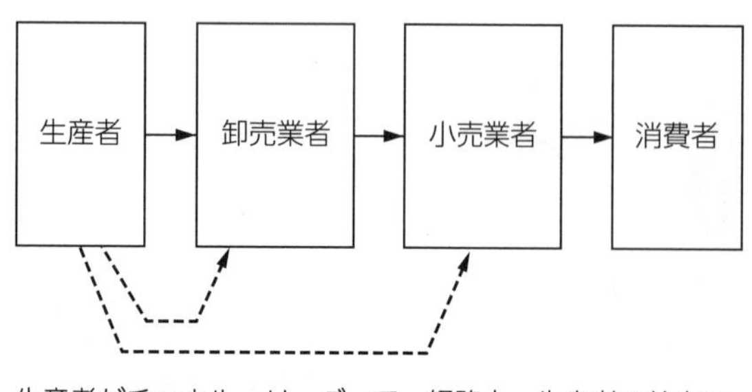

生産者がチャネル・リーダーで，経路上，生産者の前方に位置する卸売業者や小売業者を統合する。

■後方統合型

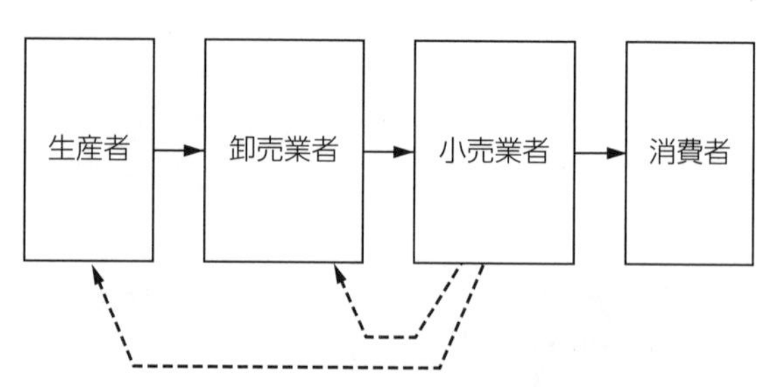

小売業者がチャネル・リーダーで，経路上，小売業者の後方に位置する卸売業者や生産者を統合する。

→ 商品の流れ　- - - -→ コントロールないし制御

図7-20　流通経路の系列化・統合

4 ……… 食品マーケティングの実際

●食品マーケティングの実態を理解する。
●食品マーケティング技術を習得する。

1 産地のマーケティング

市場まかせの販売＝出荷

農産物の生産者や,農協などの出荷組織は,どのようなマーケティング活動を行っているのだろうか。産地におけるマーケティングの対象となるのは，おもに生鮮食品であると考えてよい❶。もっとも,生鮮食品といってもさまざまな品目があり，商品特性も異なるので,一括してとらえにくい。ここでは青果物を例にみてみよう。

青果物が生産者から消費者に届けられる流通において，これまで中心的な役割を担ってきたのは**卸売市場**である。生産者にとって,卸売市場に出荷さえすれば，受託を拒否されることはなく，価格は公正に決まり，代金回収の心配もない。卸売市場が便利で安心できる販路であることから，生産者や出荷者はすべて市場業者まかせで,そこから先の販売のことを考える必要がなかった。それゆえ，産地のマーケティング活動は卸売市場への出荷業務に限られ，プロダクト・アウト❷の販売対応にとどまっていた。

しかし，最近は，卸売市場を経由しない**産地直結**(**産直**)とよばれる流通が着実に増加している。同時に，産直の増加にともない，卸売市場流通も契約的な取引を導入するなど，大きく変化しつつある。

❶従来は，産地で加工される農産物はそれほど多くはなかった。しかし，最近では,6次産業化の政策支援もあり,産地段階で付加価値を高めるために加工事業を行う動きが広がりつつある。

❷プロダクト・アウト(Product Out)はつくり手の立場に立った考え方である。これに対し，マーケット・イン(Market In)は消費者の立場に立った考え方である。

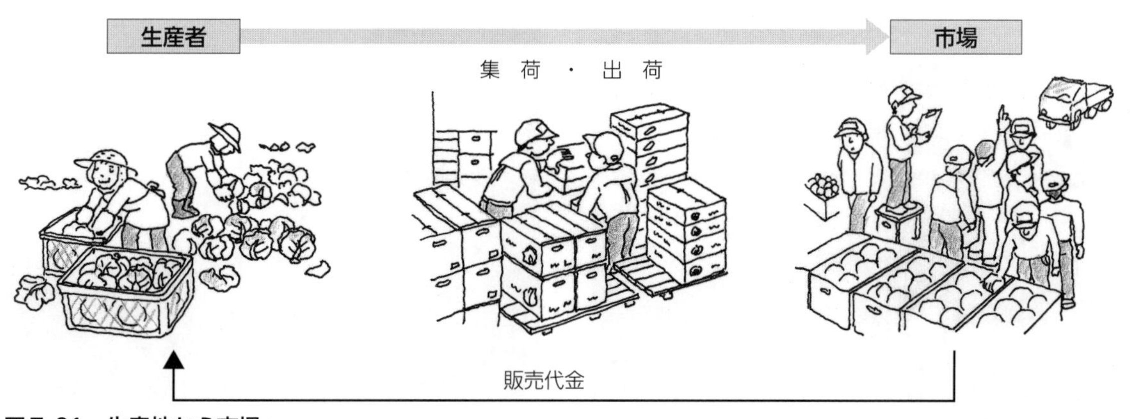

図7-21　生産地から市場へ

産地マーケティングのとり組み

最近，生産者や農協，産地商人，生産出荷組織などによる，さまざまなマーケティング活動が活発化している。

調べてみよう
近隣や地域で生産者や農協の直売所は，どのように運営されているのだろうか。たとえば，値決めや売れ残りの処理は誰が担当しているのだろうか。

◆チャネル政策の変化　卸売市場一辺倒の出荷をみなおし，小売店や外食業者などとの取引を始めたり，直売所やインターネットを通じて，消費者に直接，販売するとり組みも広がっている。新たな販路の開拓は販売機会の拡大につながり，また販売チャネルの多元化はリスク分散の利益をもたらす。

◆製品計画と価格政策　使用農薬，選別基準，包装量目などの商品規格・仕様を小売店などの買い手と事前に話し合って決めることで，消費者ニーズに応じた商品の供給を実現できる。取引価格についても，事前に決定され，価格の安定化がもたらされる。

もっとも，取引の数量や価格をめぐり対立が生じることもある。たとえば，天候不順で収量が減り，契約通りに供給ができないときにどう対処するのかが問題となる。取引を継続するには，産地側と買い手側での公平な取引条件と相互の十分なコミュニケーション，そして信頼関係が不可欠となる。

◆販売促進活動　産地が小売店と契約的な取引をすると，生産者による店頭での試食や宣伝，生産者の顔写真が入った**POP広告**[1]の提供など，産地側からの販売促進活動が積極的にとり組まれる。

❶POP広告とは，Point of Purchase Advertisingの略で，購買時点広告と訳される。店内ポスターやセールなどの棚札，あるいは店頭のキャラクター人形などのことを指す。

このように，生鮮食品の産地マーケティングは，「生産したものを売る」プロダクト・アウト型から「売れるものを生産する」マーケット・イン型の戦略に転換しつつある。

図7-22　農協経営のアンテナショップ

図7-23　生産者のプロフィールを伝えるPOP

2 食品メーカーのマーケティング

食品メーカーは，自社の製品の売上を伸ばすために，さまざまなマーケティング活動[1]を活発に行っている。

◆新商品開発　消費者ニーズが多様化しつつ変化し，また小売店が販売情報に基づいて品揃えを頻繁にみなおすことにより，食品のライフサイクルはますます短命化している。長年にわたって定番商品として小売店の棚に並んでいるロングセラー製品もある。しかし，多くの製品は短期間のうちに市場から姿を消していく。食品メーカーにとって，売上や利益に大きく貢献するヒット商品を出すことが最大の課題であり，毎年，膨大な数の新商品を開発している。

◆チャネル政策と販売促進　商品は，通常，最寄品，買回品，専門品[2]の三つに区分される。食品は，衣服のような買回品とは異なり，近所の店で買物をすませる最寄品である。

消費者に買ってもらうには，まずは店頭に品揃えされていなければならない。食品メーカーはどのチャネルで販売するかを決め，小売店に自社製品を品揃えするよう販売員活動を中心に販売促進を行う。なお，食品は単価が安く，食品種類が豊富で，販売地域も広いことから，メーカーがみずから販社[3]を設けることは例外的である。

[1] マーケティング活動のうち，販売員活動のように商品を消費者に向かって押し出していく戦略をプッシュ(push)戦略といい，広告のように買い手をひきつける戦略をプル(pull)戦略とよぶ。

[2] 専門品は，自動車や貴金属などの高価な商品で，消費者がブランドやデザイン，信用を重視して選ぶ傾向がある。

[3] メーカーが自社の製品を販売するために出資・設立した販売会社。

調べてみよう
生鮮食品は基本的に最寄品であるが，専門品や買回品的なものもある。どのような具体例があるだろうか。

〈1958年〉	〈1971年〉	〈1980年〉	〈現在〉
インスタントラーメン誕生	カップ麺登場	高級化路線	多様化
●「お湯をかけて2分間」	●発泡スチロール容器入り	●グルメへの対応 ●デパート向け	●本物志向 ●ご当地シリーズ ●共同開発 （メーカー，小売，有名店） ●PB
メーカー希望小売価格 35円	100円	●袋　120～130円 ●カップ 280～300円	●袋　約100円 ●カップ 100～300円

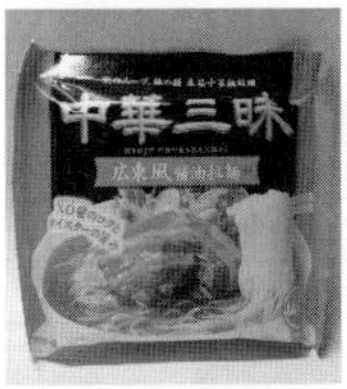

図7-24　新開発商品（ラーメンの場合）

食品メーカーの広告戦略

食品メーカーにとって重要なマーケティング手段の一つが広告である。広告を利用して，消費者の指名買いをうながし，流通業者からも指名注文を受けることができる。

広告の種類には，**商品広告**と**企業広告**があり，そのほかには企業が意見を述べる**意見広告**などもある。

加工食品では，生鮮食品と比較すると，消費者は知名度の高い**ブランド**(商標)❶の商品を購入する傾向がみられる。とはいえ，特定のブランドが品揃えされていないとき，他の店舗まで出かけるまでのこだわりはなく，それにかわる他のブランドの商品を買うことが多い。つまり，食品の**ブランド・ロイヤルティ**❷は家電製品や化粧品ほどに強いとはいえない。

食品メーカーは，ますます多数の新商品を市場に投入するなかで，消費者の認知と新商品の売上を高めるために，商品広告を継続して行わなければならなくなっている。

◆広告媒体　従来は，新聞，雑誌，テレビなどのマスメディアが広告媒体の主流であった。しかし，現在，最も大きな割合を占めるのは**SP広告**❸である。マスメディア以外の交通広告や看板，イベント，チラシなどさまざまな媒体がこれに含まれる。また，インターネットやスマートフォンの普及により，ニューメディア広告も増えている。広告以外に，パブリシティ(広報)も注目されている。

❶ブランドの役割は，自社の製品を他社の類似の製品から消費者が識別できるようにし，品質を保証し，かつイメージや話題性・情緒性などの付加価値をつけるところにある。

❷ある特定のブランドに対して，顧客がいだく愛顧のこと。

❸SP(Sales Promotion)広告には，屋外広告以外にダイレクト・メール(DM)，POP，電話帳，展示などが含まれる。

調べてみよう
最近，食に関連する企業がパブリシティを活用したすぐれた事例には，どのようなものがあるのだろうか。

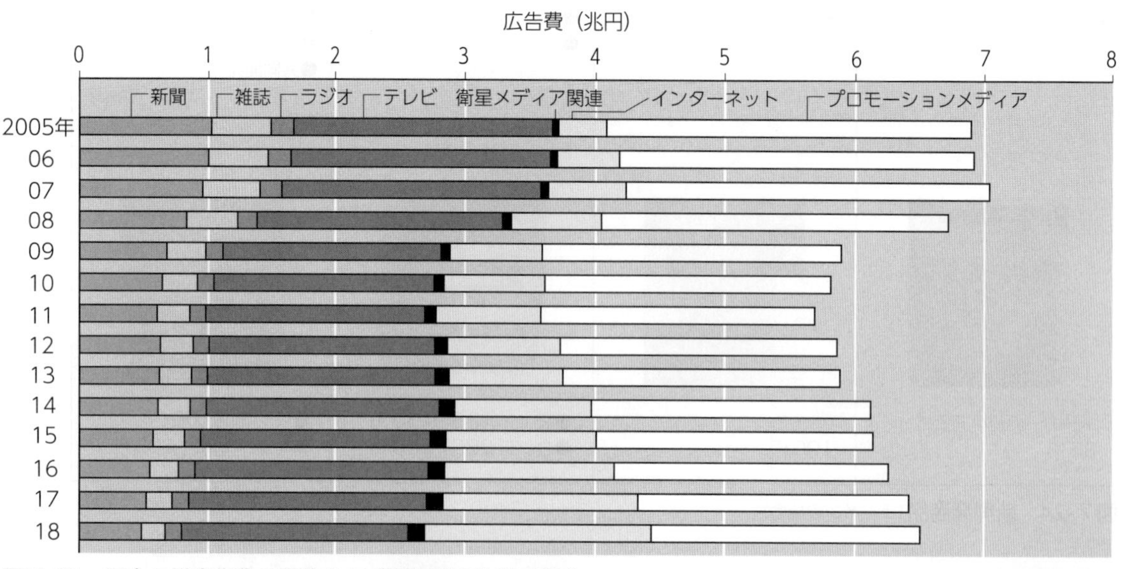

図7-25　日本の総広告費の推移および媒体別広告費の割合　(電通による)

3 食品小売業者のマーケティング

店舗設計と店内設計

◆店舗設計　小売業は，**店舗小売業**と**無店舗小売業**[1]に分けられる。現時点において中心的な役割を担っている店舗小売業を中心に考えてみよう。

店舗小売業にとって，何よりも重要なことは店舗の立地である。立地場所が適切でないと，他のマーケティング活動がいかにすぐれていても，売上を伸ばすことはむずかしい。店舗の設計では，外装・看板，入口，ショーウインドーなどの調和が必要である。たとえば，青果店や鮮魚店，惣菜店などは，顧客が気軽に入店できるよう入口が開放型となっている。また，コンビニエンスストアでは，壁面にガラスが多用され，外から店内がみえるように工夫されている。

◆店内設計　店内設計は，どのような販売方式を採用するのかによって決定される。食品スーパーは，セルフサービス方式を採用していることから，消費者が商品をさがしやすく，みやすく，選びやすい店内でなければならない。商品の陳列は，商品の種類に応じて決められる。主力商品や定番商品は，ゴールデン・ゾーンとよばれる消費者が商品を最もみつけやすく，とりやすい高さに置かれる。販促商品や**目玉商品**[2]は，エンドというゴンドラの両端や，コーナーとよばれる店舗通路の交差点の角に陳列される。商品陳列の技術は店頭マーケティングの要(かなめ)である。

❶古くからの行商に始まり，19世紀にアメリカで農村部の消費者向けに発達した通販など，無店舗小売業の歴史は古い。近年，電子商取引(E-Commerce)などの新たな形態の無店舗小売業が増えつつある。

❷ロス・リーダーともよばれ，消費者を店にひきつけるために大幅に値引きされた商品のこと。

調べてみよう
近所のスーパーでは，商品陳列にどのような工夫をしているのであろうか。複数のスーパーをみて，ストコン(店舗比較)をしてみよう。

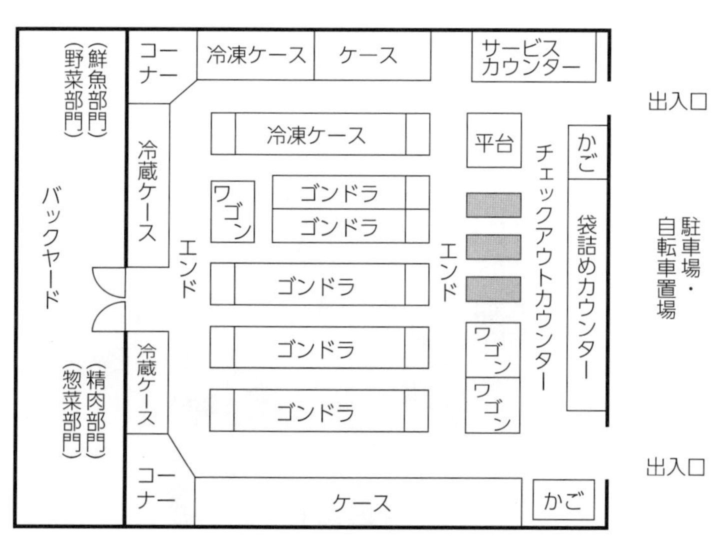

図7-26　スーパーマーケットの店内構成

図7-27　ボリューム陳列

インストア・プロモーションの活用

商品の売上を増やすには，メーカーによる広告だけでは不十分であり，小売店頭での**インストア・プロモーション**[1]の効果が大きい。その手法には，特売と組み合わせたエンド陳列，POPのほかに，サンプリング(試食)，**クーポン(値引券)**[2]，**クロス・マーチャンダイジング**などがある。

❶インストア・プロモーションが効果を発揮する理由は，消費者の食品購買の多くが非計画購買であることにある。消費者がスーパーで購入する商品のうち，店内にはいる前にあらかじめ決めていた計画購買は2～3割にすぎない(流通経済研究所調べ)。

考えてみよう
非計画購買の割合は店舗の大きさや業態によって異なる。コンビニエンスストアの場合には，どれくらいになるのだろうか。

❷クーポンには，メーカーが発行するものと，小売店が発行するものとがある。

◆クーポン　日本ではあまり普及していないが，アメリカではよく用いられる販促手法である。クーポンの利点は，通常の値引きとは異なり，その商品のブランド・イメージをそこねることが少ないことにある。

◆クロス・マーチャンダイジング　ハクサイなど鍋用野菜の横にポン酢を置くというように，消費者がついでに買う商品を，並べて陳列する手法である。季節や行事などに合わせて，すばやく臨機応変にとり組まれる提案型の戦略である。

調べてみよう
スーパーマーケットで行っているクロス・マーチャンダイジングの例をいくつかあげてみよう。

これらのインストア・プロモーションは，その効果を検証しながら，たえずみなおすことが必要である。たとえば，目玉商品では，値引きによる売上の増加や集客効果を確認しなければならない。エンド陳列の商品は，通常，定番陳列の10倍にも売上が増える。しかし，その効果が続くのは1週間程度でしかない。そのため，つねに対象商品を変更することが求められる。

以前はプロモーション効果の測定は困難かつ負担となるものであった。しかし，最近では，多くの小売店でPOSが普及し，単品ごとの販売情報を簡単に把握できることとなった。プロモーション効果の測定は容易かつ正確にできるようになってきている。

図7-28　レジクーポンの例

図7-29　店内試食の例

小売価格政策

小売価格は，消費者の購買心理を正確にふまえて設定されなければならない。従来は，大手食品メーカーが小売価格の設定に大きな影響力[1]をもっていたが，近年では，小売業者が大規模化し価格決定の主導権をにぎるようになった。そこではスーパーなどがPOS情報などを活用し，消費者の「値ごろ感」に即した価格設定が行われている。食品小売店が採用する小売価格政策には次のようなものがある。

◆定価政策　**正札**(しょうふだ)**販売**ともいわれ，あらかじめ商品の価格を表示し，あらゆる消費者に対して，表示された同一の価格で販売する方法である。百貨店では，この正札販売により，顧客の信頼を獲得し，同時に価格交渉がいらないことで取引を効率化した。

◆特価政策　期日や時間帯などを限定して，通常のマージン率を大幅に下回る低価格で特定の商品を販売することを特価政策[2]という。この対象となる商品が目玉商品であり，食品スーパーが得意とする政策である。

◆端数価格政策　たとえば，298円などの端数をつけて価格を設定する方法である。大台の数字を下げることで，消費者に対し安いとの印象を与え，購買をうながすことができる。

◆見切り価格政策　売れ残った商品を大幅に値引きして販売する方法である。生鮮食品などの場合，鮮度が落ちて商品価値を失う前に，損失や廃棄を減らすために用いられる。

◆名声価格政策　高級品の場合，価格の高さが品質の高さを連想させることがある。このような場合，意識的に高い価格をつけることになる。贈答用高級果実でみられる価格政策である。

❶メーカーが小売店の販売価格を拘束する行為は，再販指定商品(書籍，雑誌，新聞，音楽ソフトなど)を除き，独占禁止法違反となる。ただし，近年は小売業者のバイイング・パワーによる低価格要求がより大きな問題となっている。

❷特価政策は，日本の食品スーパーではしばしば用いられている。アメリカのスーパーでのEDLP(エブリディ・ロー・プライス)政策は，かなり長期にわたって一定の価格にすえ置かれる。

図7-30　特価政策と端数価格政策

図7-31　EDLP

価格表示と情報提供

食品の価格表示には，個々の商品にラベルや値札をつける方法と，商品の置かれている棚に値札などでまとめて価格を表示する方法がある。

衣料品や家電製品では，標準小売価格またはメーカー希望小売価格が設定されていることが多い。小売店では，このメーカー希望小売価格を赤線で消し，その下に，何割引といった実売価格を表示していることがある。しかし，このとき二重価格表示の疑いが生じることがある。最近では，希望小売価格をなくし，初めからオープン価格制を採用する動きがみられる。もっとも，食品では希望小売価格が表示されていることはあまりない。食品の価格表示で特徴的なのは次のような点である。

◆単位価格表示　商品の価格を100 g あたりというように，単位あたりで表示することを**単位価格表示**[1]あるいはユニットプライス制という。たとえば，食肉では，実際の量目と売価以外に，100 g あたりの単価が表示されている。店頭に陳列されている商品は，それぞれ量目などが異なっているため，量目と売価のみの表示だと，消費者がその商品が安いのか高いのかを判断しにくい。単位価格表示により，こうした消費者の商品選択の不便さを解消することができる。

新たな情報技術を利用した電子価格表示を用いる小売店も出てきている。売価変更の手間をはぶき，迅速化し，かつレジでの代金清算ミスをなくすなどの利点がある。

最近では，価格のみならず商品関連のさまざまな情報をデジタルサイネージを通して消費者に提供する動きが広がりつつある。

❶多くの地方自治体で，特定の食品について単位価格表示を義務づけている。

図7-32　一括しての価格表示

商品名	○○ケチャップ
100g当たり	71.7円
内容量	300g
販売価格	215円

商品名	△△ケチャップ
100g当たり	85.7円
内容量	210g
販売価格	180円

図7-33　単位価格表示

図7-34　デジタルサイネージによる情報提供

進化するマーチャンダイジング

◆マーチャンダイジング　**マーチャンダイジング**[1]は小売マーケティングの柱である。商品化計画ともいわれるように，個々の商品について，適正な品質の商品を，適正な価格で，適正な時期に，適正な数量提供するとともに，とり扱い商品全体についても，適正な品揃えを確保しようとする計画・活動のことである。

どの商品を調達し品揃えするのかは，効率性の点では，販売情報の**ABC分析**[2]を用いて，売上の多い主力商品を中心に行うことが好ましい。ただし，食品では品揃えの多様性が重要であり，行きすぎたしぼり込みは消費者の支持を失いかねない。

◆PB開発　**PB商品**の導入は，小売業者にとって，利益率の改善，店舗の差別化と消費者のストア・ロイヤルティを高める効果をもつ。日本の小売業のPB比率[3]は，欧米の小売業と比較するとかなり低いが，大手小売業者を中心に高まりつつある。本格的なPB開発では，原料調達から店頭販売まで一貫するサプライチェーンの構築がめざされ，NBを上回る高品質PBも開発されている。

◆グローバル調達　海外からの国際的な商品調達は，従来のように，商社などを通じて仕入れるだけではなく，小売業者が海外の生産者から直接輸入する動きが増えている。さらに，巨大小売企業を中心に，海外の最適なサプライヤーと協働して商品を開発し，安定的な供給を受ける，グローバル調達がとり組まれている。しかし，取引の大量性と継続性，さらにリードタイムが長く，為替変動[4]も避けられないことから，リスクが大きくなる場合もある。

❶マーチャンダイジングとは，必ずしも明確な学術的な定義はないが，おもに流通業者による仕入れ，品揃え，在庫形成，販売などの計画と管理をいう。略してMDともよばれる。

❷ABC分析とは，通常，上位20％の商品が売上の80％を占めるという経験則を前提に，売上上位20％をA(主力商品)，それ以下をB(準主力商品)とC(非主力商品)に分類する手法である。

❸イギリスのスーパーのPB比率は約4割であるのに対し，日本の大手スーパーのPB比率は急速に高まりつつあるが，現状では2割にも満たない。高いのはコンビニエンスストアであり，ブランド訴求はしていないオリジナル食品を含めると約7割に達する。

❹日本円と外貨との交換比率の変化を為替変動という。

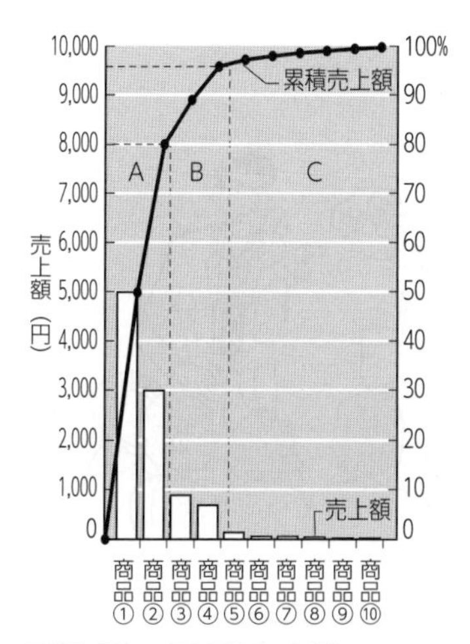

図7-35　ABC分布の例

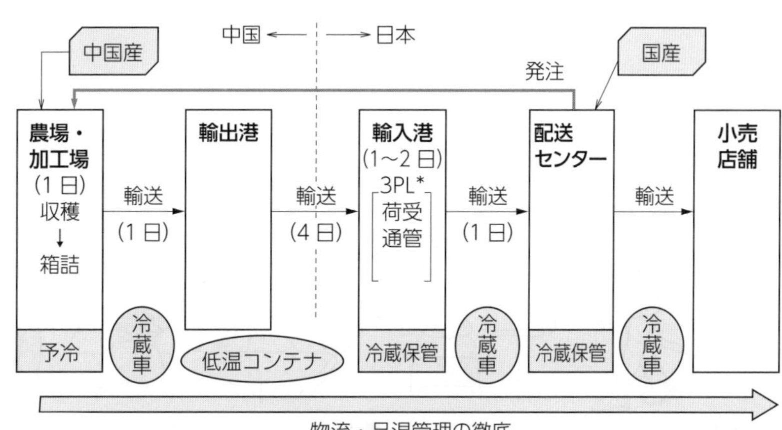

図7-36　国際調達のしくみ　(木立・辰馬「流通の理論・歴史・現状分析」による)

4 外食業者のマーケティング

◆外食マーケティングの特徴 経済のサービス化が進むなかで，外食産業[1]は，こんにち約26兆円(2018年度)の売上高をほこり，一大産業を形成している。外食店は，モノではなくサービスを提供する点で小売店とは異なる機能を果たしているが，消費者と直(じか)に接する点では小売店と共通の性格をもつ。さらに，ファストフード店では，店内飲食よりも持ち帰りの売上が多く，小売業的側面が強い。コンビニエンスストアが扱う調理食品との競争をより強く意識した対応が求められる。

外食業者のマーケティングは，立地選択，店舗設計，マーチャンダイジングをはじめ小売業者のマーケティングと共通する部分が多い。しかし，サービス業である外食店にとって，店員による接客など消費者とのコミュニケーションの質が競争上，重要な要素となる。

◆顧客とのコミュニケーション 店員による接客の基本は，**顧客満足(CS)**[2]を高めることにある。消費者は，提供されるメニュー・食事とサービスの両方を求めている。店員は，自分が店を代表しているという自覚と，消費者の立場に立ったサービスを提供することを心がけるホスピタリティの精神をもつことが大切である。

多数の店舗をもつチェーン企業では，サービスの質を一定に保つために，従業員の接客マニュアルを作成し，その徹底をはかっている。同時に，その場に応じた機敏な対応も欠かせない。パート比率が高まるなかで，従業員の動機づけをどう実現するのかがますます重要になっている。

[1] 食のマーケットは，消費者の食行動の視点からは，外食，中食，内食に分けることができる。

[2] 顧客満足を高めるには日々の従業員教育が欠かせない。従業員の教育は，オン・ザ・ジョブ・トレーニング(OJT)という現場での訓練と，オフ・ザ・ジョブ・トレーニング(Off JT)という現場を離れた訓練がある。

調べてみよう
ファストフード店の売上は，店内飲食(イートイン)と持ち帰り(テークアウト)があり，通常，後者の比率が高い。ドライブスルーは，後者のニーズに対応した方式である。もっとも，駅前，中心市街地，郊外などの立地により，両者の割合は異なる。実際に，近所の店舗ではどうなっているのだろうか。

■オン・ザ・ジョブ・トレーニング
●職場教育

■オフ・ザ・ジョブ・トレーニング
●講義法

●ロール・プレイング

図7-37 販売員の訓練法

安全・安心のための食材戦略

外食経営にとって人件費と並ぶ大きな費用は食材費であり，低価格での調達が優先されがちである。しかし，食材[❶]は外食店が提供するメニューの品質に決定的な影響を与える。たとえば，新鮮な食材を確保できなければ，鮮度のよい食事を提供することはできない。

多数の店舗をかかえる大型チェーン店の場合，一定の品質の食材を大量かつ安定的に確保することが，事業展開のための前提条件となる。いいかえれば，必要な食材を安定的に確保できる見通しがなければ，多店舗化もできないということになる。

外食店では，メニューが固定されているため，小売店よりも特定の品質の食材への要求がはるかに強い。そのため，外食業者は産地との契約取引など，安定調達のためのとり組みを進めている。野菜の場合，事前に，品種，栽培方法，作付け量・取引量，供給期間，さらには取引価格などを話し合いのうえ決定し，安定的・継続的な取引がめざされる。なかには，海外の農場と契約をしたり，さらには海外に食材の加工工場を設けたりする場合もある。

食市場が成熟化するなか，外食業者にとって差別化の必要性がますます高まっている。安い食材への要求が根強いものの，差別化された食材へのニーズも少なくない。国内の生産者には，海外の農産物・食材供給と比べて，外食業者にとって何らかの優位性をもつ農産物・食材を提案し，供給することが課題となっている。産地と外食業者との連携に向けてのさまざまな試行錯誤が続いている。

❶外食店では，仕入れた食材をセントラル・キッチンや店舗で調理する。とくに，セントラル・キッチンは食材の大量集中加工を行うことで，店舗作業の軽減，提供するメニューの標準化，食材費の引き下げを実現した。

調べてみよう
自分がよく利用する外食店のメニュー数はいくつあるか。それに対し，食材の種類はいくつあるだろうか。

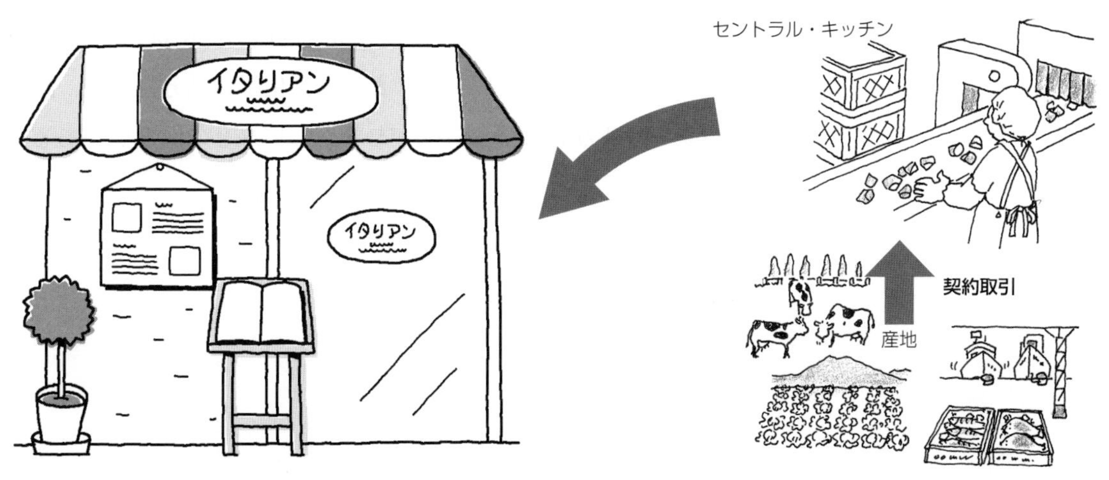

図7-38　外食産業の食材戦略

5 IT活用と食品マーケティング

◆ITによる消費者情報の収集　マーケティングを実行する生産者，製造業者，卸売業者，小売業者などのすべての主体にとって，情報技術(IT)[❶]は欠かせないツールになっている。

1980年代以降，小売業者はPOSシステム[❷]を導入し，店頭の販売情報をリアル・タイムで収集し，これを品揃えの変更や在庫管理，商品調達に積極的に活用していった。また，**EOS**[❸]**(電子受発注システム)**や**EDI**[❹]**(電子データ交換)**により，卸売業者や製造業者との受発注の効率化が進められた。最近では，商品によっては**ICタグ**[❺]などを用いて，生産者から店頭にいたるすべての過程を追跡するシステムが導入されている。これにより，顧客からのクレーム処理や事故処理を迅速に行うことができる。

◆食品の電子商取引　21世紀にはいると，インターネットが広く普及し，パソコンやスマートフォンが消費者にとって身近なものとなった。商品の購入にあたり，電子商取引(EC)を利用する機会が増えている。

電子商取引は，消費者からは，いつでもどこでもアクセスし注文できる利便性が高く評価されている。小売業者からみた革新性は，一つに通常の小売店舗では達成不可能な高い商品回転率を低コストで実現できることにある。もう一つには，大量の正確な顧客情報を容易に収集し，それらを活用した精緻(せいち)な販促を展開できることである。ネット通販で一般化しているリスティング広告[❻]はその一例である。

ただし，食品小売販売額に占める電子商取引比率は2.6%(2018年)にとどまっている(表7-4)。とくに，生鮮食品分野では，品質劣化や現物をみないと品質評価がむずかしいなどの問題点がある。

❶情報技術(IT：Information Technology)の利用が経済や社会に対して大きな影響を与えることをIT革命という。

❷POSは Point of Salesの略であり，販売時点情報管理システムとよばれる。

❸EOSはElectronic Ordering Systemの略。

❹EDIはElectronic Data Interchangeの略。

❺ICタグは，RFID(Radio Frequency Identification)ともよばれる。コストの低下や送受信距離の精度の向上などにより，活用場面が拡大している。

❻ユーザーの検索結果を活用して，画面の一部に関連する広告を表示する手法。

食品マーケティングのこれから

◆サプライチェーン・マネジメント　情報ネットワークでつながることで，小売業者，卸（おろし），物流業者，生産者がリアル・タイムで情報を交換できるようになった。消費者がいつ，どこで，どれだけ購入したかという需要情報を起点に，生産，物流などを効率的に組み立てる**サプライチェーン・マネジメント（SCM）**が広がりつつある。

SCMの導入は，サプライチェーンの構成主体が連携して消費者の購買への適合化をめざす点で，消費者主権の実現に向けたとり組みということができる。そこでは，従来型の生産者がつくったものを消費者に供給していくというプロダクト・アウトの発想から，消費者の購買に即して小売店が品揃えをし，物流業者が運び，生産者が生産するというマーケット・インの発想への転換がめざされているからである。とはいえ，農水産物の生産が自然の力に大きく左右され，自然からの恵みである限り，その生産物を有効に消費につなげるプロダクト・アウトの視点も欠くことはできない。

◆デジタル化と食品マーケティング　最近のIoT❶やAI❷，デジタル化など情報技術の新たなイノベーションの到来は第４次産業革命とよばれている。AIが人間では処理できない膨大なデータの分析を通して，客数や価格を予測することがめざされている。その効果として，人間の作業を代替したり，さらにはより効率的に高い精度でそれを実行したりすることが期待されている。

「情報を制する企業が競争を制する」という言葉がある。マーケティングを計画し実行するうえで，情報のもつ価値は重い。新しい情報技術にどう向き合うのかが食品事業者に問われている。

❶IoT（Internet of Things）とは，モノがインターネットに接続され，モノを通して情報交換をしたり，管理したりするしくみのことである。

❷人工知能（AI：Artificial Intelligence）の合意された定義はない。収集したビッグデータを機械学習やディープラーニングを通して分析し，予測する能力をもつコンピュータのことである。

❸第４次産業革命との表現は，1980年代頃からの情報化を第３次産業革命とよんで，区別するものである。

表7-4　電子商取引比率

分類	市場規模（億円）	電子商取引（EC）比率（%）
食品，飲料，酒類	16919	2.64
生活家電，AV機器，PC・周辺機器など	16467	32.28
書籍，映像・音楽ソフト	12070	30.8
化粧品，医薬品	6136	5.8
生活雑貨，家具，インテリア	16083	22.51
衣類・服飾雑貨など	17728	12.96
自動車，自動二輪車，パーツなど	2348	2.76
事務用品，文房具	2203	40.79
その他	3038	0.85
合計	92992	6.22

研究問題

1 近所のスーパーマーケットやコンビニエンスストアの店舗では，商品陳列にどのような工夫がされているのだろうか。

2 自分がスーパーマーケットの店長であるならば，どのような売り場のレイアウトをするのか，近所のスーパーなどいくつかの例を参考に独自のレイアウトを図に描いてみよう。

3 スーパーマーケットにとって，目玉商品は消費者を店にひきつける重要な手段である。しかしながら，仕入原価を下回るような極端な安売りを継続的に行うことには注意が必要である。それはなぜか，独占禁止法，不当廉売（れんばい）の観点から調べてみよう。

4 地域の外食店で，どのような食材を使っているのかを調べ，地元の農水産物を利用するプランをまとめてみよう。

5 地元にある卸売市場をとり上げて，施設の現状と管理，取引のしくみ，業者の数とその役割，現在の課題と今後の方向について考察してみよう。

6 地元の農林水産物を原料とする新商品を考え，価格設定，販促方法，販売チャネルについて企画書をつくってみよう。

7 地元の農協や生産者グループなどの販売戦略について調査し，今後のマーケティング戦略の課題について整理してみよう。

8 何人かでグループをつくって，同じ高校の生徒の食品購買行動に関する調査を企画し，アンケート調査を実施し，報告書をまとめてみよう。

9 地域の農業者が観光農園を始めるさいの品目とそのビジネスモデルについて考えてみよう。

コラム 中食食品とサプライチェーン

日本の食市場が全体として飽和化傾向を示すなか，中食市場は成長を続けている。日本惣菜協会の推計によると，中食市場規模は2018年に10兆円をこえるにいたった。中食とは，弁当やおにぎり，サンドイッチ，寿司，コロッケ，唐揚げなど，家庭や職場などに持ち帰り，すぐに食べられる調理食品のことである。消費者の中食利用の目的は次のようである。１つに調理の手間と時間の節約，２つにおいしいもの，あるいは自分ではつくれないものの入手，３つに食のバラエティの実現である。

現在，消費者が調理食品を購入するおもなチャネルは，総菜専門店，スーパー，コンビニエンスストア，百貨店である。これらの事業者が高品質で安全な調理食品を販売するうえで，高度なサプライチェーンが欠かせない。調理食品の多くは消費期限の短い日配品であり，温度管理された多頻度の短リードタイムでの物流のしくみが必要だからである。

調理食品売上比率の高いコンビニエンスストアは，他社工場を専用ベンダー（供給業者）として組織し全国の店舗への配送を行っている。一方，豊富な品揃えを強みとするスーパーは，揚げ物などの店内のインストア製造，おにぎりなどの自社工場製造，麺類などの他社工場からの仕入れというように，商品特性に応じた複数の調達方式を採用している。中食産業が高齢者や単身者をはじめとする消費者の多様な食ニーズに応じて，簡便性，できたて，食味，栄養などの付加価値を高めていくには，サプライチェーンにおける分業と連携がますます，重要になっている。

（「中食2025」，木立，佐久間「現代流通変容の諸相」）

第8章

食品流通・マーケティングの実践

1 ……… 市場調査・環境分析

- 市場調査や市場環境の分析方法を学ぶ。
- マーケティングのためのアイディア整理の方法を学ぶ。

1 マーケティングの実践

顧客のニーズを理解しなければ顧客にとって魅力的な商品は開発できない。また，魅力的な商品を開発しても，その商品を適切に顧客に届けないと，利益にはつながらない。本章では，実際に高校の授業で行われた例をみながら，マーケティングの手法を実践的に学ぶ手がかりを紹介する。

校内販売や文化祭などにおいて，製造した食品を校内で販売するさいには，本章の内容を参考にして，マーケティングを実践してみよう。

2 市場調査と環境分析

商品開発やマーケティングを考える場合，需要の動向や消費者ニーズの所在をみるために市場調査を行うことが必要となる。また，市場をとりまく環境，競合する企業，商品の動向などの環境分析❶も重要である。

❶とりまく環境を分析すること。

3 関連情報の収集

市場調査や環境分析のためには，情報を収集しなければならない。企業のマーケティングにおいては，販売記録や営業情報など，企業の内部のデータが活用されている。学校での商品開発の実習についての過去の記録も参考になるだろう。また，社会状況を知るため，新聞などの記事や公的統計などを収集してもよい。実際に店舗を訪れて，商品ラインナップや商品展示，POPの状況を観察してもよい。関係者から話を聞くことも重要である。

自分たちでモニター調査を行うことも考えられる。大規模な調査を行って，需要量の予測を行うことが理想的である。しかし，それがむずかしい場合には，少数の消費者(たとえば保護者など)を対象にフォーカスグループインタビュー❷をしてもよい。

❷少人数(5～6名程度)の対象者に対し，座談会形式で，司会者がインタビューを行う手法。

4 情報を整理する方法 ―SWOT分析とKJ法―

情報を集めたら，それらを整理して分析する必要がある。チームで議論する場合には，議論の内容も整理しておこう。

SWOT分析

SWOT分析では，自分たちの状況と，市場や環境の状況を整理して分析する。まず，市場や環境の状況を整理して，自分たちが企画している事業にとっての機会(Opportunity)と脅威(Threat)に分類する。続いて，自分たちの強み(Strength)と弱み(Weakness)を整理する。さまざまな情報を整理することで，今後の計画をはっきりさせる手がかりが得られる。

KJ法

チームの議論で得られたさまざまなアイディアを整理する方法としてKJ法[1]がよく用いられる。KJ法では次の４つのステップをとる。

1)アイディアの書き出し　アイディアをカードや付せんなどに書き出して，模造紙や黒板，ホワイトボードなどに貼っていく。

2)グループ化　アイディアが出そろったら，似ているアイディアをまとめてボードに貼りなおして，グループ化していく。その後，グループをまとめる簡潔で具体的な見出しをつける。

3)関係性の整理　それぞれのグループとグループの間の関係を整理していく。意味合いが近いグループを近くに配置したり，因(いん)果(が)関係や，相関(そうかん)関係，背反(はいはん)関係などをボードに書き込んでいく。

4)関係性の文章化　ボードにまとめたグループ間の関係を文章化してみる。これによって，さまざまなアイディアが整理され，さらに新しいアイディアがうまれることもある。

❶文化人類学者の川喜田二郎が考案した手法である。

表8-1　A高校でのカップケーキ開発のSWOT分析の例

	プラス要因	マイナス要因
内部環境	強み(Strength) ・高校生の若い感性 ・県産農産物についての知識	弱み(Weakness) ・商品開発や販売などのビジネス経験がとぼしい ・参加生徒のモチベーションを維持していくことがむずかしい
外部環境	機会(Opportunity) ・消費者の美容健康志向の高まり ・教育機関と地元業者との連携事例としての魅力	脅威(Threat) ・すでに競合商品が多く存在している ・競合他社と比べて生産ロットが小さく，製造原価が高い ・カップケーキへの需要量が不明瞭

2  マーケティング戦略の策定

目標
- ●マーケティング戦略の立案プロセスを学ぶ。
- ●立案プロセスを学校の実習などで体験する。

1 マーケティング戦略の考え方

ここでは，食品流通業が行っている，商品開発や販売の手法をもとに，マーケティング戦略の策定について学ぶ。マーケティング戦略を立案するさいに重要な考え方は，セグメンテーション(S：市場の分割)，ターゲッティング(T：標的設定)，ポジショニング(P：商品特徴の設定)であり，まとめてSTPとよばれている。これらは市場調査や環境分析の結果をふまえたうえで行われる。

セグメンテーションでは，開発する商品の特徴に合わせて，消費者を分割・整理する。性別や年齢，家族構成やライフステージなど消費者の特徴や，安全性や健康・美容への関心，価格に対する反応など消費者のニーズや行動の特徴などが，セグメンテーションの分割軸として利用されることが多い。

ターゲティングでは分割した消費者グループのうちで，どのグループを商品販売の標的とするかを決定する。商品へ関心が最も高そうな消費者グループを標的として設定する。

ポジショニングでは，標的とした消費者グループの特徴，自身がもつ強みと弱み，競合商品の特徴も検討しながら，開発する商品にどのような特徴をもたせていくかを決める。

すべての消費者を対象とするのではなく，自身の強みを発揮できるよう，標的とする消費者をしぼり込んで，商品設計や販売方法を考えていくことが重要である。

2 マーケティング戦略の策定の実践例

図8-1　商品開発の計画立案のようす

埼玉県A高校では，実習の一環として地元に立地している大手スーパーと商品の共同開発にとり組んでいる。ここでは，A高校で行われたカップケーキの開発実習を実践例としてとり上げる。

実習では，学校・大手スーパー・製造業者の3者による打合せを行い，大手スーパーに来店する消費者を対象として，性別やニーズを手がかりにセグメンテーションを行った。そうして，美容・健康に関心のある女性をターゲットとしてしぼり込んだ。

学校の授業で学んだ県産農産物についての知識を強みとして，商品のポジショニングを行い，「県産農産物を利用した健康的で女性に優しい商品」をコンセプトとして，商品開発を進めることとした。

続いて，女性の好む農産物として「芋，栗，カボチャ，豆」のなかから販売時期にみあった農産物を選択した。この実習では大手スーパーのイベントに合わせて発売時期を10月に設定し，旬の素材であるカボチャを選択した。さらに，学校周辺は葉菜類の産地であることから，ホウレンソウを追加した。これらを原材料として利用したカップケーキを開発することとした。

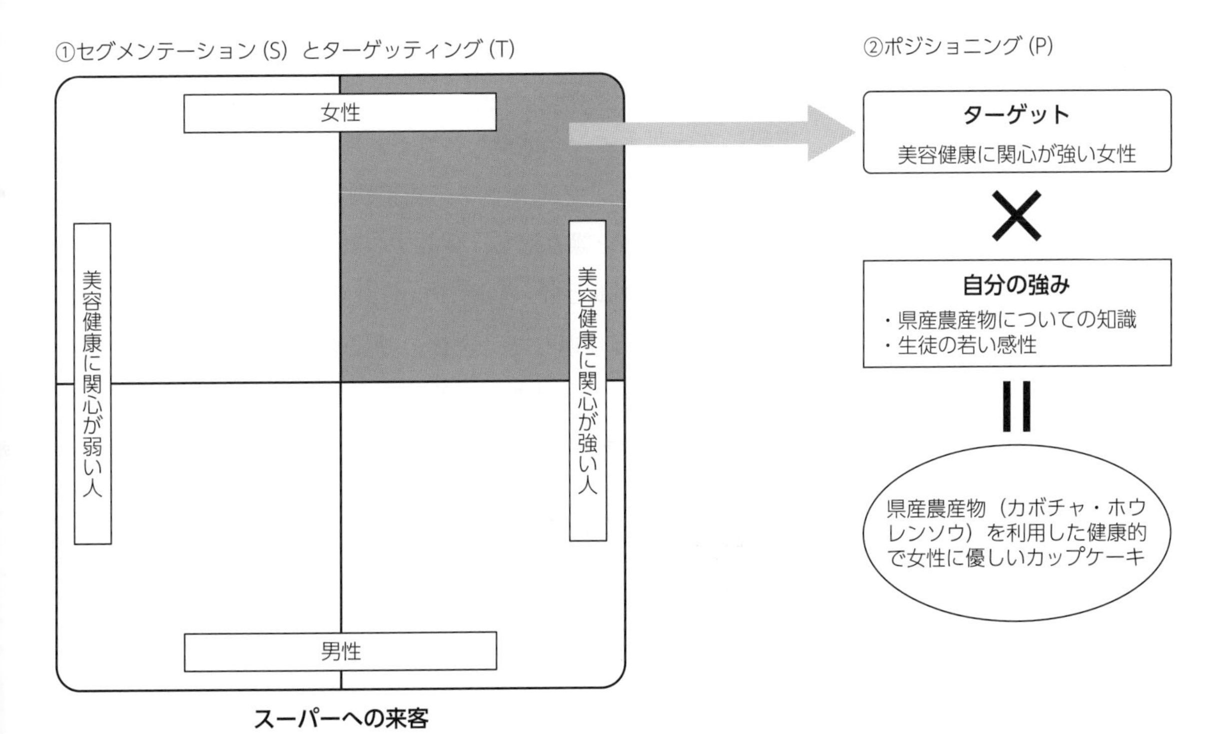

図8-2　実践例におけるSTP

3 ……… マーケティングの実践と評価

- マーケティング・ミックスの立案を行えるようになる。
- PDCAサイクルを実践する。

1 マーケティング・ミックスの立案

セグメンテーション,ターゲティング,ポジショニングによりマーケティング戦略を決めたら，具体的な商品設計ならびに販売方法を考えていくことになる。そのときに注目するべき要素は，商品(Product)，価格(Price)，場所(Place)，販売促進(Promotion)の４つのPとして整理されることが多い。マーケティング戦略で設定したSTPを実現させるように，４つのPを適切に実践する必要がある。

４つのPの要素は，それぞれを十分に関連づけて検討する必要がある。たとえば，高級感のある特徴をもたせているのに，競合品よりも価格を安くしてしまったり，ディスカウントストアで販売したりすると，標的となる消費者に商品を届けられなくなってしまう。４つのPに相互に関連性をもたせて総合的なマーケティング活動を行うことを，マーケティング・ミックスとよぶ。

PDCAサイクルの実施

実際にマーケティング活動を行うと，期待通りにいかないことも多い。マーケティング・ミックスを計画して，実施し，評価して，改善していくことを繰り返し，少しずつ効果を高めていく必要がある。PDCAサイクルとは，計画(Plan)，実施(Do)，評価(Check)，改善(Action)を繰り返して，全体の効果を高めていくものである。マーケティング・ミックスの実施においても，PDCAサイクルを回すことが重要である。

2 マーケティングの実践例

ここでは，A高校によるカップケーキの商品開発の実践例に基づいて，マーケティング・ミックスがどのように行われたのかを確認してみよう。

商品の仕様決定：Product

試作を繰り返し，商品の仕様を検討していった。試作段階ではカップケーキの生地にホウレンソウとカボチャを練り込んだが，ありきたりの発想なのでホウレンソウをソースに仕立てトッピングすることにした。ソースがカボチャを練り込んだ生地に映え，色調のアクセントになった。商品のデザインに先立ち，食品サンプル制作会社から講師をまねいて，商品をおいしくみせるためには何が必要かを学び，食品サンプルの作成体験を行った。

ホウレンソウやカボチャに含まれる栄養素や食物繊維などを摂取できる。また味つけは，低カロリーかつヘルシー志向に合わせ，クリームの甘さをおさえさっぱりしたヨーグルト風味に仕上げ，美容健康に関心が強い消費者への訴求をねらった。ただし，特定保健用食品や機能性表示食品とは異なり，栄養面や健康面の過度なアピールはできないので，栄養効果や医学的な内容には触れないよう留意した。

パッケージデザインは学校のオリジナルキャラクターをアレンジして，季節に合わせたデザインにした。商品名についてはターゲットである女性消費者を意識しフランス語で「かぼちゃの夕べ」を意味する『Soir de Potiron』とし，購入者に商品の特徴がわかりやすいように「かぼちゃとほうれんそうのcupcake」と併記することにした。なお，商品名を決定するにあたり，すでに商標登録されていないか，類似の商品名がないか，あらかじめ調べておく必要がある。

図8-3　試作のようす

図8-4　実習でデザインしたラベル

図8-5　さまざまな試作品

図8-6　開発商品の外観

図8-7　商品化に向けた大手スーパーとの打合せ

価格の設定：Price

商品の製造に必要な原材料を選定し，原価計算を行った。さらに大手スーパー・製造業者・購入者にみためや味を評価してもらうとともに，販売価格とのバランスなどについて評価を求めた。

場所の設定：Place

この実習では，大手スーパーの協力を得ているので，販路については，そのスーパーの店舗とした。めだつ場所に売り場を設置して，なるべく来店者の目にとまるようにした。

販売促進の実施：Promotion

A高校の生徒が売り場に立ち，対面での宣伝を行い，口頭で商品の特徴をアピールした。野菜を使ったカップケーキはあまり一般的ではないので，積極的に試食してもらい，商品のおいしさを伝えた。大手スーパーや製造業者と地元高校の共同開発であることを示すPOPを設置して，来店者に興味をもってもらうようにした。

販売成果の評価と改善点の検討

販売個数，試食販売時の消費者の反応，試食販売の効果などは，重要な評価項目となるので，毎回記録しておいた。予定した販売数を売り上げることができたかをつねにチェックした。

販売が終わり，各評価項目をもとに，次回の商品開発に向けて問題点を整理し，それぞれ解決に向けた改善点を検討した。とくに，カップケーキの商品開発に関しては，カップケーキに対する消費者の認知度を高め，イメージを定着させるにはどのような工夫が必要かを考えていくことが，今後のテーマである。これらの情報は次年度の実習に生かされることになる。

表8-2　評価項目と改善点の例

成果の評価	・みためのインパクトが弱かった。 ・食感がパサパサしていた。
対応する改善点	・材料を工夫して色彩をより豊かにする。 ・商品をアピールするポスターやPOPを工夫する。 ・乾燥しないように密閉可能なパッケージにする。

図8-8　試食販売のようす

略字辞典

	略字	英語	和訳	ページ
A	ADI	Acceptable Daily Intake	一日摂取許容量	130
	AI	Artificial Intelligence	人工知能	30, 213
	AIDMA理論	Attention,Interest,Desire,Memory, Action		199
	AMA	American Marketing Association	アメリカ・マーケティング協会	184
	ASEAN	Association of Southeast Asian Nations	東南アジア諸国連合	44
	Aw	Water Activity	水分活性	148
B	B to B	Business to Business	企業対企業の取引	66
	B to C	Business to Consumer	企業と消費者の取引	66
	BMS	Business Message Standards	ビジネスメッセージ標準	176
	BRICs	Brazil,Russia,India,China	ブラジル・ロシア・インド・中国の頭文字＋複数国のs	32
	BSE	Bovine Spongiform Encephalopathy	牛海綿状脳症	20, 22
C	CA貯蔵	Controlled Atmosphere Storage	気体調節貯蔵	169
	CSR	Corporate Social Responsibility	企業の社会的責任	184
	CS	Customer Satisfaction	顧客満足	210
D	DC	Distribution Center	配送型(在庫型)センター	172
E	EDI	Electronic Data Interchange	電子データ交換，電子情報交換	176, 212
	EDLP	Every Day Low Price	エブリディ・ロー・プライス	207
	EOS	Electronic Ordering System	電子受発注システム	176, 212
	EPA	Economic Partnership Agreement	経済連携協定	44
	EU	European Union	欧州連合	34
F	FAO	Food and Agriculture Organization	国連食糧農業機関	126
	FDA	Food and Drug Administration	アメリカ食品医薬品局	126
	FSC	Forest Stewardship Council	森林管理協議会	36
	FTA	Free Trade Agreement または Free Trade Area	自由貿易協定，自由貿易地域	44
G	GAP	Good Agricultural Practice	適正農業規範	139
	GATT	General Agreement on Tariffs and Trade	貿易および関税に関する一般協定	82, 88, 102
	GDP	Gross Domestic Product	国内総生産	26, 60
	GFSI	Global Food Safety Initiative	世界食品安全イニシアチブ	127, 140
	GM作物	genetically modified organism	遺伝子組換え農作物	133
	GNI	Gross National Income	国民総所得	26
	GNP	Gross National Product	国民総生産	26
H	HACCP	Hazard Analysis and Critical Control Point	危害要因分析重要管理点方式	127, 157
I	ICT	Information and Communication Technology	情報通信技術	174
	IMF	International Monetary Fund	国際通貨基金	33

	略字	英語	和訳	ページ
	IPハンドリング	Identity Preserved Handling	分別生産流通管理	132
	ISO	International Organization for Standardization	国際標準化機構	126
	IoT	Internet of Things	モノのインターネット	30, 213
	IT	Information Technology	情報技術	18
	ITF	Interleaved Two of Five		175
J	JA	Japan Agricultural Cooperatives	農協の愛称	68
	JAN	Japanese Article Number		175, 177
	JAS	Japanese Agricultural Standard	日本農林規格	121, 189
	JECFA	Joint FAO/WHO Expert Committee on Food Additives	FAO/WHO合同食品添加物専門家会議	126
	JEDICOS	Japan EDI for Commerce Systems	流通標準EDI	176
	JHFA	Japan Health Food and Nutrition Food Association	(公社)日本健康・栄養食品協会	132
	JIS	Japanese Industrial Standards	日本産業規格	160
L	LCA	Life Cycle Assessment	ライフサイクルアセスメント	180
	LL	long Life	ロングライフ	136, 170
	LOLO	lift-on lift-off	リフトオン・リフトオフ方式	162
M	MA	Minimum Access	義務的最低輸入量	80, 82
	MA包装	Modified Atmosphere Packaging		145
	MD	Merchandising	マーチャンダイジング	209
	MDGs	Millennium Development Goals	ミレニアム開発目標	31
	MSC	Marine Stewardship Council	海洋管理協議会	36
N	NB	National Brand	ナショナル・ブランド	194
	NI	National Income	国民所得	26
	NIEs	Newly Industrializing Economies	新興工業経済地域	32
	Off JT	Off the Job Training	職場を離れた訓練	210
	OJT	On the Job Training	職場訓練	210
P	PB	Private Brand	プライベート・ブランド	194, 209
	PCB	polychlorinated biphenyl	ポリ塩化ビフェニル	194
	PDCA	Plan,Do,Check,Action		185, 220
	PFC	Protein,Fat,Carbohydrate	タンパク質・脂質・炭水化物の頭文字	39
	POP広告	Point of Purchase Advertising	購買時点広告	202
	POS	Point of sales	販売時点情報管理	18, 71, 175, 207, 212
	５つのP	Product,Price,Promotion,Place,Politics	マーケティングの５つの手段	186
	４つのP	Product,Price,Promotion,Place	マーケティングの４つの手段	186
R	RCEP	Regional Comprehensive Economic Partnership	東アジア地域包括的経済連携, アールセップ	44
	RORO	roll-on roll-off	ロールオン・ロールオフ方式	162
	RSPO	Roundtable on Sustainable Palm Oil	持続可能なパーム油のための円卓会議	36
	RTA	Regional Trade Agreement	地域貿易協定	44

	略字	英語	和訳	ページ
S	SB	Store Brand	ストアブランド	194
	SBS	Simultaneous Buy and Sell	売買同時契約	88
	SCM	Supply Chain Management	サプライチェーン・マネジメント	213
	SDGs	Sustainable Development Goals	持続可能な開発目標	31
	SP広告	Sales Promotion Advertising	マスメディア以外の媒体広告	204
	SPF	Specific Pathogen Free	特定病原体不在	135
	STP	Segmentation,Targeting,Positioning	標的市場の設定	186
	SWOT分析	Strength, Weakness, Opportunity,Threat		217
T	TC	Transfer Center	通過型センター	172
	TPO	Time,Place,Occasion もしくは Opportunity		187
	TPP	Trans-Pacific Partnership	環太平洋パートナーシップ協定	44
U	ULD	Unit Load Device	ユニットロードデバイス	163
	UR	Uruguay Round	ウルグアイ・ラウンド	82, 88, 102
W	WHO	World Health Organization	世界保健機関	126
	WTO	World Trade Organization	世界貿易機関	35

	単位	読み	意味	ページ
	ha	ヘクタール	面積を表す単位。1a=100㎡，1ha=10,000㎡	40, 48
	ppm	ピーピーエム	百万分率。parts per million	139, 144

さくいん

す

せ

■編修

筑波大学教授
茂野隆一

中央大学教授
木立真直

千葉大学教授
小林弘明

明治大学教授
廣政幸生

日本大学准教授
川越義則

筑波大学准教授
氏家清和

元埼玉県立いずみ高等学校教諭
石井克佳

神奈川県立相原高等学校教諭
髙橋とみ子

神奈川県立吉田島高等学校総括教諭
細野徳昭

実教出版株式会社

写真提供・協力――秋田県農林水産部　イオン(株)　(有)伊豆沼農産　イフコ・ジャパン(株)　岩手県食品衛生検査所　海洋管理協議会日本事務所　神奈川県立相原高等学校　神奈川県立中央農業高等学校　栃木県立真岡北陵高等学校　鹿児島県黒豚生産者協議会　(一社)漁業情報サービスセンター　緑川聡　(株)群馬県食肉卸市場　サミット(株)　(株)商船三井　素材事典　(株)豊田自動織機　(株)ニチレイ　(公)日本分析センター　(株)明治屋　木徳神糧(株)　(財)日本穀物検定協会　高木コンテナ工業(株)　(一財)東京水産振興会　栗原修　東京都市場衛生検査所　東芝テック(株)　徳島阿波尾鶏ブランド確立対策協議会　日本貨物航空(株)　(一社)日本パレット協会　農林水産省　ホクレン農業協同組合連合会　輸入食糧協議会　若杉祥彰　Adobe Stock

表紙・本文基本デザイン――スギヤマデザイン

食品流通

ⓒ著作者　茂野隆一　ほか9名(別記)

●編者　実教出版株式会社編修部

●発行者　実教出版株式会社
代表者　小田　良次
東京都千代田区五番町5

●印刷者　図書印刷株式会社
代表者　川田和照
東京都北区東十条三丁目10番36号

●発行所　実教出版株式会社
〒102-8377　東京都千代田区五番町5
電話〈営業〉(03)3238-7777
〈編修〉(03)3238-7781
〈総務〉(03)3238-7700
https://www.jikkyo.co.jp

002402020　ISBN978-4-407-34875-0

通いコンテナ流通システム

コンテナ貸出・回収業者

軽くて丈夫な折り畳み可能のコンテナを貸し出す。生産者にとっては必要なときに必要なだけ借りられるので，経費削減ができる。また破損したコンテナは破砕→ペレット化→成形という工程を経て，新しいコンテナに再生される。

コンテナ貸出

レンタル料＋デポジット（保証金）

生産者

（農協など）

冷却時間の短縮が可能。蓄熱もしない。さらに，水濡れにも強く，雨天での作業もOK。

組立作業が非常に簡単。箱の作成や最後のフタ締めが不要。また，従来の通い容器に比べ軽量で保管場所をとらないため，農作業の合理化ができる。

コンテナの外からも，中の商品の状態が確認できる。

国際規格に適合したサイズなので，物流センターなどでの荷作業が標準化され，合理化・自動化にも容易に対応できる。

コンテナで出荷

デポジット（保証金）

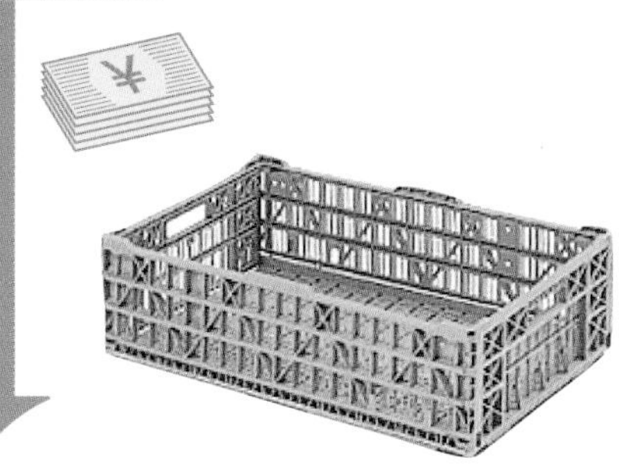

デポジット（保証金）

コンテナ回収

小売業者

（スーパー・生協など）

包装ゴミが発生せず，店舗などでのゴミ処理に必要な経費の削減ができる。そのままディスプレイできるので，陳列用の容器も不要。

牛

牛個体識別情報の伝達制度

平成15年12月1日施行
（2003年）

牛の両耳に個体識別番号が印字された耳標を装着（取り外し禁止）

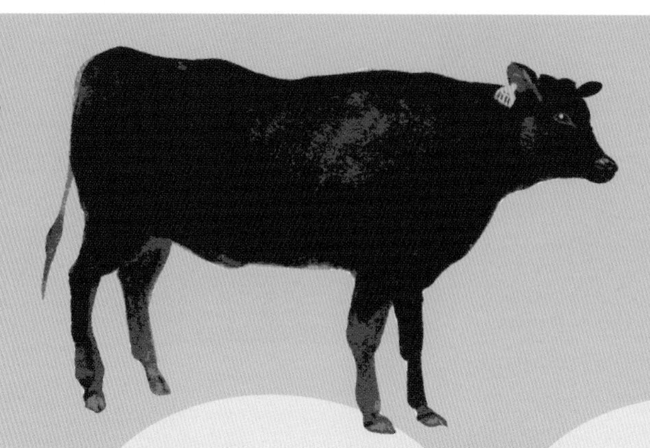

出生

他の農家への異動など（譲渡し・譲受け等）

と畜

管理者 輸入者・輸出者

と畜者

農林水産大臣への届け出

出生の届出
- 出生年月日
- 雌雄の別
- 母牛の個体識別番号
- 牛の種別など

輸入牛の届出
- 輸入年月日
- 雌雄の別
- 牛の種別
- 輸入先の国名など

＊届出により個体識別番号決定

譲渡し等の届出
- 個体識別番号
- 譲渡し等の年月日
- 譲渡し等の相手先など

譲受け等の届出
- 個体識別番号
- 譲受け等の年月日
- 譲受け等の相手先など

死亡の届出

輸出の届出

と畜の届出
- 個体識別番号
- と畜年月日
- 譲受け等の相手先など

農林水産大臣による個体識別台帳の作成〈（独）家畜改良センターに委任〉

個体識別番号

この牛の情報
出生年月日／雌雄の別／母牛の個体識別番号など

この牛を管理した者の情報
管理者の氏名／飼養施設の所在地／飼養の開始年月日など
（注）出生からと畜までのすべての管理者の情報

この牛のと畜・死亡の情報
と畜・死亡の年月日／と畜場の名称など